경상 · 인문계열을 위한

대학수학

수학교재편찬위원회

KYOWOO

머리말

현대 과학 기술 시대의 급속한 발전에는 삼천년이라는 수학의 발전이 있어왔다. 특히 갈릴레오의 지동설이후 데카르트의 해석기하학의 도입과 뉴턴과 라이프니쯔의 미적분학의 발명은 과학 기술을 눈부시게 발전시키는 데 원동력이 되었다. 근대 모든 학교에서는 미적분학을 필수적으로 가르치고 있다. 그만큼 근대를 상징하는 학문이기 때문이다. 한편으로 우리나라 중고등학교의 수학 실력은 세계적으로 상위에 속하지만 왜해야 하는지, 실생활에서 얼마나 필요한지를 모르고 입시 위주의 시험 공부를 해 온 것도 부인할 수 없다. 그리고 대학 수학이라 하면 이공계를 위한 미적분학이 주류를 이루고 경상계열, 인문계열, 농생물계열 등의 다양한 분야에서 수학을 위한 기초적인 교재는 별로 없는 실정이다.

이 책에서는 이공계열이 아닌 경상계열, 인문 계열 학생들이 주로 고등학교에서 문과 계열 출신이라는 점을 고려하여 전공분야에서 만나게 되는 수학적인 상황에 기초 지식을 제공하기 위해 만들어진 교재다. 한 학기에 이수할 수 있도록 총 6장 분량으로 구성하였다.

제1장은 '방정식과 부등식'에 관한 기초지식을 제공하는 단원으로 여러 가지 유형의 방정식과 부등식을 소개하고 그 풀이 방법에 관하여 다룬다.

제2장은 '함수와 그래프'로서 실생활에서 일어나는 다양한 현상을 표현하는 여러 가지 함수를 정의하고 그에 관한 주요한 성질과 그래프에 관하여 다룬다.

제3장은 '미분법'으로서 함수의 극한을 통한 도함수 개념, 미분법, 그리고 도함수의 응용을 다룬다.

제4장은 '적분법'으로서 부정적분, 정적분의 개념, 그리고 정적분의 활용을 다룬다.

제5장은 '다변수 함수'로서 여러 변수의 도입이 필요한 상황에서 실함수 개념을 확장한 2변수, 3변수 함수를 소개하고, 특히 편도함수 개념을 소개한다.

제6장은 '행렬과 행렬식'로서 연립방정식, 게임이론 등에서 필요한 행렬, 행렬식을 다룬다.

그리고 각 장 각 절에는 학습 결과를 확인할 수 있는 연습문제를 수록하였다.

다양한 전공에 부합하는 대학수학 기초 교재를 쓰는 것이 무척 어렵다는 것을 실감하였다. 부족함이 많은 책이지만 전공 공부에 일조할 수 있기를 기대한다. 그리고 이 책이 출판되도록 애써주신 교우사 관계자분들께 감사드린다.

저자 일동

차례

제 1 장

방정식과 부등식

1.1 방정식

방정식은 미지수를 포함한 등식이다. 미지수는 현재는 모르지만 알아야 할 수라는 의미가 있다. 자연현상이나 인간사회생활 속에는 당장 그 답을 모르지만 조건이나 관계를 통해 그 답을 구할 수 있는 경우가 있다. 이처럼 자연현상이나 사회현상 속에 포함되어있는 조건이나 관계를 식으로 표현하여 해를 구하는 것을 방정식 풀이라 한다.

방정식을 푸는 기본은 다음 등식의 성질이다.

$A=B$ 이면 ① $A+m=B+m$ ② $A-m=B-m$

③ $A\times m=B\times m$ ④ $\frac{A}{m}=\frac{B}{m}$ (단, $m\neq 0$)

1) 일차방정식

일차다항식의 등식을 **일차방정식**이라 한다. 즉, 식을 정리하였을 때 $ax=b(a\neq 0)$ 꼴이 되는 방정식을 일차방정식이라고 한다. 일차방정식 $ax=b$의 해는 다음과 같다.

(a) $a \neq 0$인 경우

$(ax) \cdot \left(\frac{1}{a}\right) = b \cdot \left(\frac{1}{a}\right)$ 이므로 $\quad x = \frac{b}{a}$

(b) $a = 0,\ b \neq 0$인 경우

$0 \cdot x \neq b$이므로 이 식에 어떤 x를 대입하여도 거짓이므로 $ax = b$의 해는 없다. 이 경우를 우리는 **불능**이라 한다.

(c) $a = 0,\ b = 0$인 경우

$0 \cdot x = 0$이므로 이 식에 어떤 x를 대입하여도 참이므로 모든 $x \in R$(R은 실수집합)가 $ax = b$를 만족하는 해가 된다. 이 경우를 우리는 **부정**이라 한다.

예제 1

다음 방정식을 풀어라.

(a) $ax - a^2 = bx - b^2$ (b) $(a^2 + 6)x + 2 = a(5x + 1)$

풀이 (a) $ax - a^2 = bx - b^2$

$ax - a^2 + a^2 + (-bx) = bx - b^2 + a^2 + (-bx)$

$(a - b)x = a^2 - b^2$

$(a - b)x = (a + b)(a - b)$이므로

$a \neq b$이면 $\ x = a + b$

$a = b$이면 $\ 0 \cdot x = 0 = (a + b) \cdot 0$이 되어 부정

(b) $(a^2 + 6)x + 2 = a(5x + 1)$

$a^2x + 6x + 2 = 5ax + a$

$a^2x + 6x + 2 + (-2) + (-5ax) = 5ax + a + (-2) + (-5ax)$

$(a^2 - 5a + 6)x = a - 2$

$(a - 3)(a - 2)x = a - 2$이므로

$a \neq 2,\ a \neq 3$이면 $x = \frac{1}{a - 3}$

$a = 2$이면 $0 \cdot x = 0$이 되어 부정

$a = 3$이면 $0 \cdot x = 1$이 되어 불능

2) 이차방정식

이차다항식 ax^2+bx+c $(a\neq 0,\ a,\ b,\ c$는 상수)의 등식 $ax^2+bx+c=0$을 이차방정식(quadratic equation)이라 한다. 이차방정식 $ax^2+bx+c=0$의 해를 구하는 방법은 인수분해에 의한 방법, 근의 공식에 의한 방법이 있다.

(1) 인수분해에 의한 방법

임의의 두 실수 $A,\ B$에 대하여 $AB=0 \Leftrightarrow A=0$ 또는 $B=0$ 이다. 식 ax^2+bx+c가 일차식의 곱으로 인수분해 되어 $ax^2+bx+c=(Ax+B)(Cx+D)$이면 $Ax+B=0$ 또는 $Cx+D=0$이므로 일차방정식의 해를 구하는 방법에 의해 근을 구할 수 있다.

예제 2

인수분해를 이용하여 다음 이차방정식의 근을 구하여라.

(a) $6x^2+x-2=0$ (b) $4x^2-4x+1=0$

풀이 (a) $6x^2+x-2=(3x+2)(2x-1)=0$이므로 $3x+2=0$ 또는 $2x-1=0$이다. 따라서 근은 $x=-\dfrac{2}{3}$ 또는 $x=\dfrac{1}{2}$이다.

(b) $4x^2-4x+1=(2x-1)^2=0$이므로 $2x-1=0$이다. 따라서 근은 중근으로 $x=\dfrac{1}{2}$이다.

■

(2) 근의 공식에 의한 방법

$$ax^2+bx+c=0$$

$$x^2+\frac{b}{a}x+\frac{c}{a}=0 \quad (a\neq 0)$$

$$x^2+\frac{b}{a}x+\left(\frac{b}{2a}\right)^2-\left(\frac{b}{2a}\right)^2+\frac{c}{a}=0$$

$$x^2+\frac{b}{a}x+\left(\frac{b}{2a}\right)^2=\left(\frac{b}{2a}\right)^2-\frac{c}{a}$$

$$\left(x+\frac{b}{2a}\right)^2=\frac{b^2}{4a^2}-\frac{4ac}{4a^2}$$

$$\left(x+\frac{b}{2a}\right)^2=\frac{b^2-4ac}{4a^2}$$

$$x+\frac{b}{2a}=\pm\sqrt{\frac{b^2-4ac}{4a^2}}$$

$$\therefore\ x=\frac{-b}{2a}\pm\sqrt{\frac{b^2-4ac}{4a^2}}=\frac{-b\pm\sqrt{b^2-4ac}}{2a}$$ 이다.

> **[참고]** 이차방정식 $ax^2+bx+c=0$ ($a\neq 0$, a, b, c는 상수)에서
> $D=b^2-4ac$라 하면
>
> [1] $D=b^2-4ac>0 \Leftrightarrow$ 서로 다른 두 실근을 갖는다.
>
> [2] $D=b^2-4ac=0 \Leftrightarrow$ 중근(같은 두 실근)을 갖는다.
>
> [3] $D=b^2-4ac<0 \Leftrightarrow$ 서로 다른 두 허근을 갖는다.
>
> 이때 $D=b^2-4ac$를 **판별식**(discriminant)이라 한다.

예제 3

근의 공식을 이용하여 다음 이차방정식의 근을 구하여라.

(a) $x^2-4x+2=0$　　　　(b) $2x^2+6x+2=0$

풀이 (a) $x^2-4x+2=0$의 해는 $a=1$, $b=-4$, $c=2$이므로

$$x=\frac{-(-4)\pm\sqrt{(-4)^2-4\cdot 1\cdot 2}}{2}=\frac{4\pm\sqrt{8}}{2}=\frac{4\pm 2\sqrt{2}}{2}=2\pm\sqrt{2}$$

(b) $2x^2+6x+2=0$의 해는 $a=2$, $b=6$, $c=2$이므로

$$x=\frac{-(6)\pm\sqrt{(6)^2-4\cdot 2\cdot 2}}{2\cdot 2}=\frac{-6\pm\sqrt{20}}{4}$$

$$=\frac{-6\pm 2\sqrt{5}}{4}=\frac{-3\pm\sqrt{5}}{2}$$

■

이차방정식의 두 근의 합과 곱은 그 이차방정식의 계수로 간단히 구할 수 있다.

이차방정식 $ax^2+bx+c=0$ ($a \neq 0$, a, b, c는 상수)의 두 근을

$$\alpha=\frac{-b+\sqrt{b^2-4ac}}{2a}, \quad \beta=\frac{-b-\sqrt{b^2-4ac}}{2a}$$

라 하자. 이 두 근의 합 $\alpha+\beta$와 곱 $\alpha\beta$를 구하면

$$\alpha+\beta=\frac{-b+\sqrt{b^2-4ac}}{2a}+\frac{-b-\sqrt{b^2-4ac}}{2a}=-\frac{b}{a}$$

$$\alpha\beta=\frac{-b+\sqrt{b^2-4ac}}{2a}\times\frac{-b-\sqrt{b^2-4ac}}{2a}=\frac{c}{a}$$

이다.

예제 4

두 수 $1-\sqrt{2}$, $1+\sqrt{2}$를 근으로 하고 이차항의 계수가 1인 이차방정식을 구하여라.

풀이 $\alpha=1-\sqrt{2}$, $\beta=1+\sqrt{2}$라 하면

$$\alpha+\beta=(1-\sqrt{2})+(1+\sqrt{2})=2$$

$$\alpha\beta=(1-\sqrt{2})(1+\sqrt{2})=-1$$

따라서 구하는 이차방정식은 $x^2-2x-1=0$

3) 연립방정식

두 개 이상의 미지수를 포함하고 있는 2개 이상의 방정식의 쌍을 연립방정식이라고 하며 각 방정식을 동시에 만족시키는 미지수의 값의 쌍을 주어진 연립방정식의 해라 한다.

(1) 가감법

미지수가 2개 있는 연립방정식에서 우선 하나의 미지수를 소거한 후 1개의 미지수에 관한 방정식을 만들어 푼다.

예제 5

연립방정식 $\begin{cases} x+2y=6 \\ x-3y=1 \end{cases}$ 를 풀어라.

풀이 $\begin{cases} x+2y=6 & \cdots ① \\ x-3y=1 & \cdots ② \end{cases}$ ① − ②를 계산하면 $y=1$이고

이 값을 ①에 대입하면 $x=4$이다.

따라서 주어진 연립방정식의 해는 $x=4$, $y=1$이다.

---

(2) 대입법

두 방정식 중 한쪽의 방정식을 한 미지수에 관하여 풀고, 이것을 다른 쪽 방정식에 대입하여 푼다.

예제 6

연립방정식을 풀어라.

(a) $\begin{cases} x=2y+3 \\ 2x+3y=-1 \end{cases}$ (b) $\begin{cases} x+2y=3 \\ x^2+xy+y^2=3 \end{cases}$

풀이 (a) $\begin{cases} x=2y+3 & \cdots ① \\ 2x+3y=-1 & \cdots ② \end{cases}$ ①을 ②에 대입하면 $2(2y+3)+3y=-1$이므로

$y=-1$이고

이 값을 ①에 대입하면 $x=1$이다.

따라서 주어진 연립방정식의 해는 $x=1$, $y=-1$이다.

(b) $\begin{cases} x+2y=3 & \cdots ① \\ x^2+xy+y^2=3 & \cdots ② \end{cases}$ ①을 x에 관하여 풀면 $x=-2y+3 \cdots ③$

③을 ②에 대입하면 $(-2y+3)^2+(-2y+3)y+y^2=3$

$$3y^2-9y+6=0$$

$$y^2-3y+2=0$$

$$(y-1)(y-2)=0$$

$$y=1 \text{ 또는 } y=2$$

$y=1$, $y=2$를 ③에 대입하면 $x=1$, $y=1$ 또는 $x=-1$, $y=2$이다.

---

(3) 등치법

미지수가 2개 있는 연립방정식에서 $y=f(x)$이고 $y=g(x)$인 경우 $f(x)=g(x)$로 놓고 푼다.

예제 7

연립방정식 $\begin{cases} y=3x-2 \\ y=2x+5 \end{cases}$ 를 풀어라.

풀이 $\begin{cases} y=3x-2 \cdots ① \\ y=2x+5 \cdots ② \end{cases}$ $3x-2=2x+5$이므로 $x=7$이고

이 값을 ①에 대입하면 $y=19$이다.

따라서 주어진 연립방정식의 해는 $x=7$, $y=19$이다.

4) 유리방정식

두 다항식 A, $B(B\neq 0)$에 대하여 $\dfrac{A}{B}$의 꼴로 나타낼 수 있는 식을 **유리식**(rational expression)이라고 한다. 특히, 유리식 중에서 다항식의 꼴로 나타낼 수 없는 식을 **분수식**(fractional expression)이라 한다. 예를 들어 $\dfrac{3}{5}$, $-x$, $\dfrac{2x+1}{3x+7}$, $\dfrac{x^2-3x+2}{3}$, $\dfrac{a}{a^3+ab-b^3}$ 등은 모두 유리식이며, 이 중에서 $\dfrac{2x+1}{3x+7}$, $\dfrac{a}{a^3+ab-b^3}$은 분수식이다. 분수식의 경우 분모가 0이 아닌 경우만을 생각한다.

유리식을 포함하는 방정식을 유리방정식이라고 한다. 이러한 유리방정식은 다음과 같이 해를 구한다.

① 주어진 유리방정식의 양변에 분모의 최소공통분모를 곱하여 분모를 없앤다.
② ①에서 얻은 다항방정식의 해를 구한다.
③ ②에서 얻은 다항방정식 해 중 유리방정식의 분모를 0으로 만들지 않는 것만이 해이다.

예제 8

방정식 $\frac{x-8}{3}+\frac{x-3}{2}=0$의 해를 구하여라.

풀이 $\frac{x-8}{3}+\frac{x-3}{2}=0$의

양변에 3과 2의 최소공배수 6을 곱하면

$$2(x-8)+3(x-3)=0$$
$$2x-16+3x-9=0$$
$$5x=25$$
$$x=5$$

이다. $x=5$를 방정식에 대입하여 확인하면 성립하므로 방정식의 해는 $x=5$이다.

■

예제 9

방정식 $\frac{x^2}{x-3}=\frac{9}{x-3}$의 해를 구하여라.

풀이

$$\frac{x^2}{x-3}-\frac{9}{x-3}=0$$

의 양변에 최소공통분모 $(x-3)$을 곱하면

$$x^2-9=0$$
$$(x+3)(x-3)=0$$

이므로 $x=-3, 3$을 얻는다.

$x=3$은 주어진 유리방정식의 분모가 0이 되게 하는 값이므로 유리방정식의 해가 될 수 없으며, $x=-3$일 때 유리방정식의 분모가 0이 되지 않으므로 유리방정식의 해는 $x=-3$이다.

■

5) 무리방정식

근호 $\sqrt[n]{\ }$ $(n=2,\ 3,\cdots)$ 안에 문자가 들어있는 식 중에서 유리식으로 나타낼 수 없는 식을 무리식(radical expression)이라고 한다. n이 짝수면 근호 $\sqrt[n]{\ }$ 안의 식은 음수일 수 없으므로 n이 짝수인 근호 $\sqrt[n]{\ }$의 무리식의 값이 실수가 되려면 근호

안의 식의 값이 음이 아닌 경우만을 생각한다. 따라서 $n=2$인 근호 $\sqrt{\ }$ 에서는 (근호안의 값)≥ 0, (분모)$\neq 0$ 인 경우만을 생각한다.

[보기] 무리식 $1-\sqrt{2-x}$ 에서 x의 값의 범위는 $2-x\geq 0$, 즉 $x\leq 2$이다.

기본적인 무리방정식, 즉 제곱근이 있는 방정식은 다음과 같이 해를 구한다.

① 주어진 무리방정식의 항들을 이동한 후, 제곱하여 근호를 없앤다.
② ①에서 얻은 다항방정식의 해를 구한다.
③ ②에서 얻은 다항방정식 해 중 원래의 무리방정식에 대입하여 등호가 성립하는 값이 무리방정식의 해이다.

(*) $a=b$이면 $a^n=b^n$이지만 $a^n=b^n$일 때 항상 $a=b$가 되지는 않는다. 예를 들면 $(-2)^2=2^2$일 때 $-2\neq 2$이다. 따라서 양변 제곱을 해서 구하는 해는 주어진 방정식을 만족하는지 확인해봐야 한다.

예제 10

방정식 $5+\sqrt{x+7}=x$의 해를 구하여라.

풀이

$$5+\sqrt{x+7}=x$$
$$\sqrt{x+7}=x-5$$
$$(\sqrt{x+7})^2=(x-5)^2$$
$$x+7=x^2-10x+25$$
$$x^2-11x+18=0$$
$$(x-9)(x-2)=0$$

이므로 $x=9, 2$를 얻는다.
$x=2$를 방정식에 대입하면 성립하지 않고, $x=9$를 방정식에 대입하면 성립한다.
따라서 방정식의 해는 $x=9$이다.

예제 11

방정식 $\sqrt{x-3}+\sqrt{x+5}=4$의 해를 구하여라.

풀이

$$\sqrt{x-3}+\sqrt{x+5}=4$$

$$\sqrt{x-3} = 4 - \sqrt{x+5}$$
$$(\sqrt{x-3})^2 = (4 - \sqrt{x+5})^2$$
$$x - 3 = 16 - 8\sqrt{x+5} + (x+5)$$
$$x - 3 = 21 - 8\sqrt{x+5} + x$$
$$-3 = 21 - 8\sqrt{x+5}$$
$$8\sqrt{x+5} = 24$$
$$\sqrt{x+5} = 3$$
$$(\sqrt{x+5})^2 = 3^2$$
$$x + 5 = 9$$
$$x = 4$$

$x = 4$는 방정식을 만족하므로 이 방정식의 해이다.

■

연습문제 1.1

1. 다음 일차방정식을 풀어라.

(1) $2(3x-1)=3(-x+2)$ (2) $0.3x-1=0.2x-0.4$ (3) $\frac{1}{2}x+\frac{1}{3}=2x-\frac{1}{3}$

2. 다음 이차방정식을 풀어라.

(1) $2x^2-x-6=0$ (2) $(x-1)^2=4$ (3) $x^2-x-1=0$

3. 이차방정식 $x^2-4x-2=0$의 두 근을 α, β라 할 때, 다음 식의 값을 구하여라.

(1) $\frac{1}{\alpha}+\frac{1}{\beta}$ (2) $\alpha^2+\beta^2$ (3) $\alpha^3+\beta^3$

4. 다음 두 수를 근으로 하고 이차항의 계수가 1인 이차방정식을 구하여라.

(1) $-1,\ 5$ (2) $2+\sqrt{3},\ 2-\sqrt{3}$

5. 이차방정식 $x^2-5x+5=0$의 두 근을 α, β라 할 때, $\frac{\beta}{\alpha}, \frac{\alpha}{\beta}$를 두 근으로 하고, 이차항의 계수가 1인 이차방정식을 구하여라.

6. 다음 방정식이 중근을 갖도록 실수 a의 값을 정하고, 그 때의 근을 구하여라.

(1) $ax^2-4(a+1)x+4a=0$

(2) $(a-3)x^2-(a-3)x+2=0$

7. 이차방정식 $x^2-(m+1)x+m=0$에서 두 근 α, β가 다음의 관계가 성립하도록 실수 m의 값을 정하여라.

(1) 두 근의 비가 $\alpha:\beta=4:1$이 된다.

(2) 두 근의 차가 $\alpha-\beta=1$이 된다.

8. 다음 연립방정식을 풀어라.

(1) $\begin{cases} 3x-2y=10 \\ 5x+y=21 \end{cases}$ (2) $\begin{cases} x=2y+3 \\ x=3y+2 \end{cases}$ (3) $\begin{cases} y=\frac{x}{2}+\frac{1}{2} \\ y-3=-\frac{x}{2}+1 \end{cases}$

9. 다음 유리방정식을 풀어라.

(1) $\dfrac{3}{x-2}=\dfrac{2}{x+3}$ (2) $\dfrac{1}{x^2-x}=\dfrac{1}{2}-\dfrac{1}{x}$

10. 다음 무리방정식을 풀어라.

(1) $3-\sqrt{2-x}=1$ (2) $\sqrt{x+5}=\sqrt{x^2-15}$

1.2 부등식

식이나 수의 대소 관계를 $x^2+5>0$, $3x-2>x+2$와 같이 부등호 $<$, $>$, $\leq$, $\geq$로 나타낸 식이 부등식이다. 부등식을 만족하는 x값을 그 부등식의 해라 하며 그 값들의 집합 전체를 **해집합**(solution set)이라 한다.

> 부등식을 푸는 기본은 다음 실수의 대소에 관한 기본성질을 이용한다.
>
> ① $a>b \Leftrightarrow a-b>0$, $\quad a<b \Leftrightarrow a-b<0$
>
> ② $a>b,\ b>c \Rightarrow a>c$
>
> ③ $a>b \Rightarrow a+m>b+m,\ a-m>b-m$
>
> ④ $a>b,\ m>0 \Rightarrow am>bm,\ \dfrac{a}{m}>\dfrac{b}{m}$
>
> ⑤ $a>b,\ m<0 \Rightarrow am<bm,\ \dfrac{a}{m}<\dfrac{b}{m}$

1) 일차부등식

일차다항식의 대소 관계를 일차부등식이라 한다. 즉 식을 정리하였을 때 $ax>b$ $(ax\geq b)$ 또는 $ax<b(ax\leq b)$ (단, $a\neq 0$) 의 꼴이 되는 부등식을 일차부등식이라고 한다. 일차부등식 $ax>b$의 해는

(a) $a>0$인 경우 $x>\dfrac{b}{a}$

(b) $a<0$인 경우 $x<\dfrac{b}{a}$

(c) $a=0$인 경우 $b\geq 0$이면 해가 없다. $b<0$이면 x는 모든 실수

예제 1

다음 일차부등식의 해집합을 구하여라.

(a) $3x-5<6-2x$ $\qquad$ (b) $13-7x\geq 10x-4$

풀이 (a) $3x-5<6-2x$

$3x-5+2x<6-2x+2x$

$5x-5<6$

$5x-5+5<6+5$

$5x<11$

$x<\dfrac{11}{5}$

이므로 해집합은 $\left\{x \mid x<\dfrac{11}{5}\right\}$, 또는 $\left(-\infty, \dfrac{11}{5}\right)$이다.

(b) $13-7x \geq 10x-4$

$13-7x+(-10x) \geq 10x-4+(-10x)$

$13-17x \geq -4$

$13-17x+(-13) \geq -4+(-13)$

$-17x \geq -17$

$x \leq 1$

이므로 해집합은 $\{x \mid x \leq 1\}$, 또는 $(-\infty, 1]$이다. ■

두 개의 부등식이 주어졌을 때, 각 부등식의 해집합의 교집합은 두 개의 부등식을 동시에 만족하는 해집합이 되며, 각 부등식의 해집합의 합집합은 두 개의 부등식 중 적어도 하나의 부등식을 만족하는 해집합이 된다.

예제 2

부등식 $-3<2x+5$를 만족하고, **그리고(and)** 부등식 $2x+5 \leq 7$을 만족하는 해집합을 구하여라.

풀이 부등식 $-3<2x+5$의 해집합은 $\{x \mid -4<x\}$, 또는 $(-4, \infty)$이다. 또한 부등식 $2x+5 \leq 7$의 해집합은 $\{x \mid x \leq 1\}$, 또는 $(-\infty, 1]$이다. 따라서 두 집합의 교집합인 $\{x \mid -4<x \leq 1\}$, 또는 $(-4, 1]$이 해집합이다. ■

예제 3

부등식 $2x-5 \leq -7$을 만족하거나, **또는(or)** 부등식 $2x-5>1$을 만족하는 해집합을 구하여라.

풀이 부등식 $2x-5 \leq -7$의 해집합은 $\{x \mid x \leq -1\}$, 또는 $(-\infty, -1]$이다. 또한 부등식 $2x-5>1$의 해집합은 $\{x \mid x>3\}$, 또는 $(3, \infty)$이다. 따라서 두 집

합의 합집합인 $\{x \mid x \le -1$ 또는 $x > 3\}$, 또는 $(-\infty, -1] \cup (3, \infty)$이 해집합이다.

절댓값을 포함한 부등식을 풀 때에는

$$|x| = \begin{cases} x, & (x \ge 0) \\ -x, & (x < 0) \end{cases}$$

임을 이용하여 절댓값 기호를 없애고 푼다. 즉, 임의의 실수 $a > 0$에 대하여 식 $|X|$는 다음 성질을 따른다.

$$|X| < a \Leftrightarrow -a < X < a$$

$$|X| > a \Leftrightarrow X < -a \text{ 또는 } X > a$$

$$|X| \le a \Leftrightarrow -a \le X \le a$$

$$|X| \ge a \Leftrightarrow X \le -a \text{ 또는 } X \ge a$$

예제 4

다음 부등식의 해집합을 구하여라.

(a) $|3x+2| < 5$　　　　(b) $|5-2x| \ge 1$

풀이 (a) $|3x+2| < 5 \Leftrightarrow -5 < 3x+2 < 5$

$$-7 < 3x < 3$$

$$-\frac{7}{3} < x < 1$$

이므로 해집합은 $\left\{x \mid -\frac{7}{3} < x < 1\right\}$, 또는 $\left(-\frac{7}{3}, 1\right)$이다.

(b) $|5-2x| \ge 1 \Leftrightarrow 5-2x \le -1$ 또는 $1 \le 5-2x$

$$-2x \le -6 \text{ 또는 } -4 \le -2x$$

$$x \ge 3 \text{ 또는 } 2 \ge x$$

이므로 해집합은 $\{x \mid x \le 2$ 또는 $x \ge 3\}$, 또는 $(-\infty, 2] \cup [3, \infty)$이다.

2) 이차부등식

x에 관한 식을 정리하였을 때 $ax^2+bx+c > 0\,(ax^2+bx+c \ge 0)$ 또는 $ax^2+bx+c < 0\,(ax^2+bx+c \le 0)$ (단, $a \ne 0$) 의 꼴이 되는 부등식을 이차부등식

이라고 한다.

(1) $ax^2+bx+c=0\,(a\neq 0)$이 서로 다른 두 실근을 갖는 경우(판별식 $D>0$)

이차부등식의 해법의 기본은 다음 부등식의 성질이다.

$A\cdot B>0 \Leftrightarrow (A>0, B>0)$ 또는 $(A<0, B<0)$

$A\cdot B<0 \Leftrightarrow (A>0, B<0)$ 또는 $(A<0, B>0)$

이차방정식 $ax^2+bx+c=0\,(a\neq 0)$이 서로 다른 두 실근을 $\alpha, \beta\,(\alpha<\beta)$라 하면

$$ax^2+bx+c=a(x-\alpha)(x-\beta)$$

로 인수분해 된다.

이때, $a>0$이면 ax^2+bx+c의 부호와 $(x-\alpha)(x-\beta)$의 부호는 같다. 그러므로

[1] $ax^2+bx+c>0 \Leftrightarrow a(x-\alpha)(x-\beta)>0$

$\Leftrightarrow (x-\alpha)<0$ 또는 $(x-\beta)>0$

$\Leftrightarrow x<\alpha,\ x>\beta$

[2] $ax^2+bx+c<0 \Leftrightarrow a(x-\alpha)(x-\beta)<0$

$\Leftrightarrow (x-\alpha)>0$ 그리고 $(x-\beta)<0$

$\Leftrightarrow \alpha<x<\beta$

[3] $ax^2+bx+c\geq 0 \Leftrightarrow x\leq\alpha,\ x\geq\beta$

[4] $ax^2+bx+c\leq 0 \Leftrightarrow \alpha\leq x\leq\beta$

예제 5

다음 이차부등식의 해집합을 구하여라.

(a) $x^2+x-6>0$　　(b) $x^2-x-2<0$

풀이 (a) 이차식 x^2+x-6은 $x^2+x-6=(x-2)(x+3)$으로 인수분해 되므로 근이 -3, 2이다. 따라서 이차부등식을 만족하는 해는 $x<-3$, 또는 $x>2$이다. 그러므로 해집합은

$\{x\,|\,x<-3$ 또는 $x>2\}$, 또는 $(-\infty, -3)\cup(2, \infty)$이다.

(b) 이차식 x^2-x-2는 $x^2-x-2=(x-2)(x+1)$으로 인수분해 되므로 근이 -1, 2이다. 따라서 이차부등식을 만족하는 해는 $-1<x<2$이다.

그러므로 해집합은 $\{x|-1<x<2\}$, 또는 $(-1,\ 2)$이다.

(2) $ax^2+bx+c=0\,(a\neq 0)$이 **중근을 갖는 경우(판별식 $D=0$)**

이차방정식 $ax^2+bx+c=0\,(a\neq 0)$이 하나의 실근을 가질 때, 즉 $D=b^2-4ac=0$인 경우

$$ax^2+bx+c=a(x-\alpha)^2$$

가 된다. 이때, $a>0$이면 $ax^2+bx+c=a(x-\alpha)^2\geq 0$이므로 $ax^2+bx+c>0$의 해집합은 $x\neq\alpha$인 모든 실수이며, $ax^2+bx+c<0$의 해는 존재하지 않는다. 그러므로

[1] $a>0$이면 $ax^2+bx+c>0$의 해집합은 $\{x|x\neq\alpha\}$ 또는 $R-\{\alpha\}$이다.

[2] $a>0$이면 $ax^2+bx+c<0$의 해집합은 공집합 $\varnothing$이다

[3] $a>0$이면 $ax^2+bx+c\geq 0$의 해집합은 R이다.

[4] $a>0$이면 $ax^2+bx+c\leq 0$의 해집합은 $x=\alpha$이다

예제 6

다음 이차부등식의 해집합을 구하여라.

(a) $x^2-2x+1>0$ (b) $9x^2-6x+1\leq 0$

풀이 (a) 이차식 x^2-2x+1은 $x^2-2x+1=(x-1)^2$으로 인수분해 되므로 근은 중근이며 1이다. 따라서 이차부등식을 만족하는 해는 $x\neq 1$인 모든 실수이다. 그러므로 해집합은 $\{x|x\neq 1\}$, 또는 $R-\{1\}$이다.

(b) 이차식 $9x^2-6x+1$은 $9x^2-6x+1=9(x-\frac{1}{3})^2$으로 인수분해 되므로 근은 $\frac{1}{3}$이다. 따라서 이차부등식을 만족하는 해는 $x=\frac{1}{3}$뿐이다.

그러므로 해집합은 $\left\{x\middle|x=\frac{1}{3}\right\}$, 또는 $\left\{\frac{1}{3}\right\}$이다.

(3) $ax^2+bx+c=0\,(a\neq 0)$이 **실근을 갖지 않는 경우(판별식 $D<0$)**

이차방정식 $ax^2+bx+c=0\,(a\neq 0)$이 실근을 갖지 않을 때, 즉 $D=b^2-4ac<0$인 경우

$$a > 0\text{이면 } ax^2 + bx + c > 0$$

$$a < 0\text{이면 } ax^2 + bx + c < 0$$

이 된다. 그러므로

[1] $a > 0$이면 $ax^2 + bx + c > 0$의 해집합은 실수전체 R이다.

[2] $a > 0$이면 $ax^2 + bx + c < 0$의 해집합은 공집합 $\varnothing$이다.

[3] $a > 0$이면 $ax^2 + bx + c \geq 0$의 해집합은 실수전체 R이다.

[4] $a > 0$이면 $ax^2 + bx + c \leq 0$의 해집합은 공집합 $\varnothing$이다.

예제 7

이차부등식 $x^2 - ax + a > 0$ $(a \in R)$이 모든 실수 x에 대하여 항상 성립하도록 실수 a의 값을 정하여라.

풀이 이차방정식 $x^2 - ax + a = 0$ $(a \in R)$의 x^2항의 계수가 $1 > 0$이므로 판별식 $D = a^2 - 4a = a(a-4) < 0$이어야 한다. 즉, $0 < a < 4$이다.

[참고] 이차부등식과 이차함수의 관계 ($a > 0$ 인 경우)

근의 개수 / 그래프 모형 / 이차부등식	$ax^2 + bx + c = 0$이 서로 다른 두 실근을 갖는 경우 $(D > 0)$	$ax^2 + bx + c = 0$이 중근을 갖는 경우 $(D = 0)$	$ax^2 + bx + c = 0$이 실근을 갖지 않는 경우 $(D < 0)$
그래프 모형	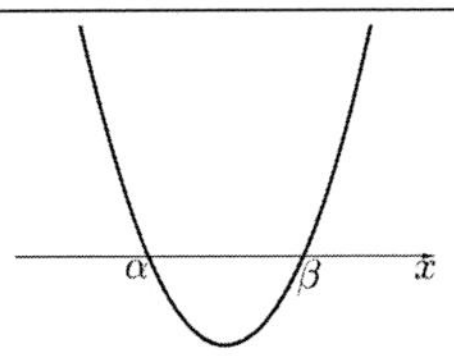	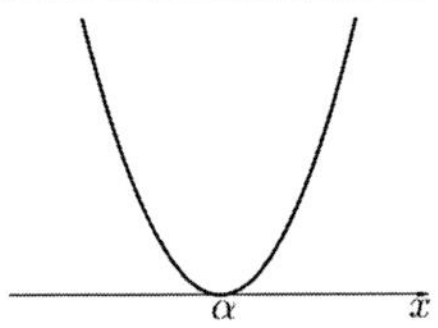	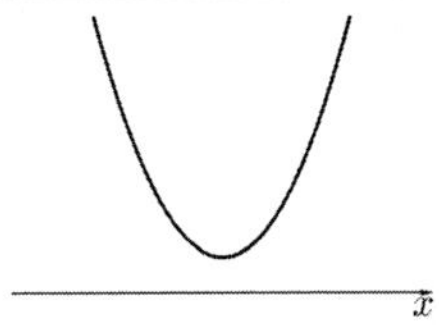
$ax^2 + bx + c > 0$	$x < \alpha$, $x > \beta$	$\boldsymbol{R} - \{\alpha\}$	$\boldsymbol{R}$
$ax^2 + bx + c < 0$	$\alpha < x < \beta$	$\varnothing$	$\varnothing$
$ax^2 + bx + c \geq 0$	$x \leq \alpha$, $x \geq \beta$	$\boldsymbol{R}$	$\boldsymbol{R}$
$ax^2 + bx + c \leq 0$	$\alpha \leq x \leq \beta$	$x = \alpha$	$\varnothing$

3) 연립부등식

두 개 이상의 부등식의 쌍을 연립부등식이라고 하며 연립부등식의 해집합은 각 부등식의 해집합의 교집합이다.

예제 8

다음 연립부등식을 풀어라.

(a) $\begin{cases} 2x-1>3x+2 \\ -x-2<3x-2 \end{cases}$ (b) $\begin{cases} x-1>2x-3 \\ x^2 \le x+2 \end{cases}$ (c) $\begin{cases} x^2-16<0 \\ x^2-4x-12<0 \end{cases}$

풀이 (a) 부등식 $2x-1>3x+2$를 풀면 $x<-3 \cdots$ ①

부등식 $-x-2<3x-2$를 풀면 $x>0 \cdots$ ②

구하는 해는 ①, ②의 공통부분이므로 공집합 $\varnothing$ 이다.

(b) 부등식 $x-1>2x-3$를 풀면 $x<2 \cdots$ ①

부등식 $x^2 \le x+2$를 풀면 $-1 \le x \le 2 \cdots$ ②

구하는 해는 ①, ②의 공통부분이므로 $\{x|-1 \le x<2\}$, 또는 $[-1,2)$이다.

(c) 부등식 $x^2-16<0$를 풀면 $-4<x<4 \cdots$ ①

부등식 $x^2-4x-12<0$를 풀면 $-2<x<6 \cdots$ ②

구하는 해는 ①, ②의 공통부분이므로 $\{x|-2<x<4\}$, 또는 $(-2,4)$이다.

연습문제 1.2

1. 다음 일차부등식을 풀어라.

(1) $3(3x-1)>4(2x+1)$ (2) $\frac{1}{3}-2x \le \frac{x}{6}+1$

(3) $|3x-2| \le 1$ (4) $|x|+|x+2| \le 6$

2. 일차부등식 $3-4x \le 3(2-k)$의 해가 $x \ge 3$이 되기 위한 k의 값을 구하여라.

3. 부등식 $|x-3|<k+2$가 성립하는 실수 값 x가 존재하기 위한 k의 범위를 정하여라.

4. 다음 이차부등식을 풀어라.

(1) $x^2-3x-3 \le 0$ (2) $-x^2+4x-4 \ge 0$

(3) $x^2-8x+16>0$ (4) $-4x^2+3x-2<0$

5. 이차부등식 $ax^2+x+b \ge 0$의 해가 $-2 \le x \le 3$일 때, 상수 a, b의 값을 구하여라.

6. 이차부등식 $x^2+2(m+2)x-m>0$이 모든 실수 x에 대하여 항상 성립하도록 실수 m의 값의 범위를 구하여라.

7. 이차부등식 $ax^2+4x-3+a<0$이 해를 갖지 않기 위한 실수 a의 값의 범위를 구하여라.

8. 다음 연립부등식을 풀어라.

(1) $\begin{cases} 4(x+1) \le 2x \\ 2x-1 \le 3(x-1) \end{cases}$ (2) $\begin{cases} 5x-4 < 3x+2 \\ -x+1 < -4x+5 \\ 3x+5 < 3+x \end{cases}$

(3) $\begin{cases} x-1>2x-3 \\ x^2 \le x+2 \end{cases}$ (4) $\begin{cases} x^2-2x>8 \\ x^2-3x \le 18 \end{cases}$

제 2 장

함수와 그래프

2.1 함수와 함수의 그래프

함수는 변화하는 두 양 사이의 관계를 나타내는 개념으로서 그 관계를 이용하여 우리 주위에서 나타나는 여러 현상을 파악하고 그 규칙성을 연구하는데 중요한 역할을 한다. 함수라는 용어는 독일 수학자 라이프니츠(G. W. Leibniz, 1646~1716)가 사용하기 시작했다. 이어서 스위스 수학자 오일러(L. Euler, 1707~1783)가 '함수란 변수나 상수로 표시된 식'이라 정의하고 처음으로 함수기호 $f(x)$를 사용하였다. 프랑스 수학자 코시(A. L. Cauchy, 1789~1857)는 함수를 변수 사이의 관계로 정의하였으며, 오늘날의 함수개념은 독일 수학자 디리클레(P. Dirichlet, 1805~1859)에 의해서 확립되었다. 그는 함수를 '변수의 대응'이라는 개념을 사용하여 새롭게 정의하였고 이 개념은 수학의 중심적 역할을 하게 되었다.

1) 함수의 정의

정의 2.1.1

공집합이 아닌 두 집합 X와 Y에 대하여 X에서 Y로의 **함수**(function) f란 X의 각 **원소**에 Y의 원소를 오직 하나 대응시키는 **규칙**이다. 이때 X를 함수의 **정의역**

(domain)이라 하고 Y를 **공역**(codomain)이라 한다. 집합 X에서 Y로의 함수 f를 간단히 $f : X \to Y$로 나타낸다. 정의역 X의 원소 x가 공역 Y의 원소 y로 대응될 때, y를 함수 f에 의한 **상**(image)이라 하고, 기호로 $y = f(x)$ 로 표시한다.

집합 X에서 Y로의 함수 $f : X \to Y$에서 정의역 X의 원소 x를 **독립변수**(independent variable)라 하고 대응되는 공역 Y의 원소 y를 **종속변수**(dependent variable)라 한다. 또 정의역의 모든 원소들에 대한 함숫값들의 집합을 f의 **치역**(range)이라 하고 $f(X)$로 나타낸다. 즉 $f(X) = \{f(x) | x \in X\}$이다.

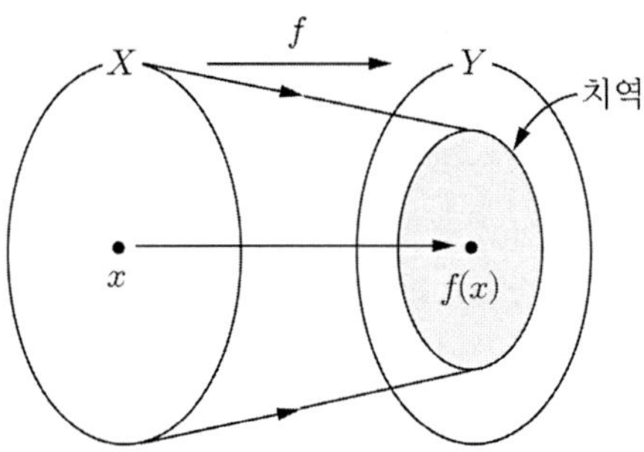

그림 2.1

[주의] 이 책에서 다루는 함수는 주로 실수의 부분집합들 사이의 대응관계이다. 따라서 특별히 명시하지 않는 한 모든 함수들의 공역은 실수집합 R이고, 정의역은 식 $f(x)$가 정의되는 모든 실수들의 집합이다. 그러므로 함수를 정의할 때 정의역과 공역을 따로 설정하지 않고 독립변수 x에 대한 종속변수 y의 대응규칙 $y = f(x)$로 표현한다. 이런 이유로 '함수 f' 대신 '함수 $f(x)$' 혹은 '함수 $y = f(x)$'로도 표현한다.

예제 1

다음 각 함수의 정의역을 구하여라.

(a) $f(x) = \sqrt{x+1}$ (b) $g(x) = \dfrac{1}{x^2 + x}$

풀이 (a) 제곱근 안은 음수가 올 수 없으므로 $x + 1 \geq 0$이다.
즉 정의역은 $\{x \in R | x \geq -1\}$이다.

(b) 유리 함수는 분모가 0인 점에서 함수가 정의 되지 않으므로
$x^2+x=x(x+1)=0$인 점 $x=0$ 과 $x=-1$에서 정의되지 않는다.
따라서 정의역은 $\{x \in R | x \neq -1,\ x \neq 0\}$이다.

함수 $f: X \to Y$에 대하여 치역 $f(X)$가 하나의 원소로 이루어진 집합일 때, f를 **상수함수**(constant function)라 한다. 즉, 함수 $f: X \to Y$에서 정의역 X의 모든 원소 $x \in X$에 대하여 공역 Y의 오직 한 원소 $f(x)=c$ (c는 상수)가 대응할 때, 이 함수를 상수함수라고 한다.

정의역과 공역이 같은 함수 $f: X \to X$에 대하여 임의의 원소 $x \in X$에 그 자신을 대응시키는 함수, 즉

$$f: X \to X, \qquad f(x)=x$$

일 때, 함수 f를 집합 X에서의 **항등함수**(identity function)라 한다. 항등함수는 보통 $i_X: X \to X$로 표시한다.

정의 2.1.2

두 함수 f와 g가 두 조건

1. 정의역 X와 공역 Y가 각각 서로 같다.
2. 정의역 X의 모든 원소 x에 대하여 $f(x)=g(x)$이다.

를 만족할 때, 이 두 함수 f와 g가 집합 X에서 **같다**(equal)고 말하고 $f=g$로 나타낸다.

예를 들면 두 함수 $f(x)=\dfrac{x^2-1}{x-1}$과 $g(x)=x+1$은 $x \neq 1$인 모든 실수에 대하여 같다.

그러나 함수 f의 정의역은 $R-\{1\}$인데 반하여 함수 g의 정의역은 실수 전체집합 R이 되어 정의역이 서로 다르므로 f와 g는 다른 함수이다.

함수의 결합

두 함수 $f:A\to R$와 $g:B\to R$를 결합하여 $f+g$, $f-g$, fg, $\dfrac{f}{g}$와 같은 형태의 새로운 함수를 만들 수 있다. 이 들 함수는 다음과 같이 정의한다.

$$(f+g)(x)=f(x)+g(x), \qquad (f-g)(x)=f(x)-g(x)$$

$$(fg)(x)=f(x)g(x), \qquad \left(\frac{f}{g}\right)(x)=\frac{f(x)}{g(x)}(\text{단 } g(x)\neq 0)$$

이 때 $f+g$, $f-g$, fg의 정의역은 두 함수의 정의역의 교집합인 $A\cap B$이고, $\dfrac{f}{g}$의 정의역은 $\{x\in A\cap B \mid g(x)\neq 0\}$이다.

정의 2.1.3

두 함수

$$f:X\to Y,\ y=f(x)$$

$$g:Y\to Z,\ z=g(y)$$

에 대하여 집합 X의 각 원소 x에 집합 Z의 원소 $g(f(x))$를 대응시키는 새로운 함수를 f와 g의 **합성함수**(composition of functions)라 하고, 기호로 $g\circ f$와 같이 나타낸다.

이때, 정의역 X의 임의의 원소 x에 대하여

$$g\circ f:X\to Z,\ (g\circ f)(x)=g(f(x))\ (x\in X)$$

와 같이 정의한다.

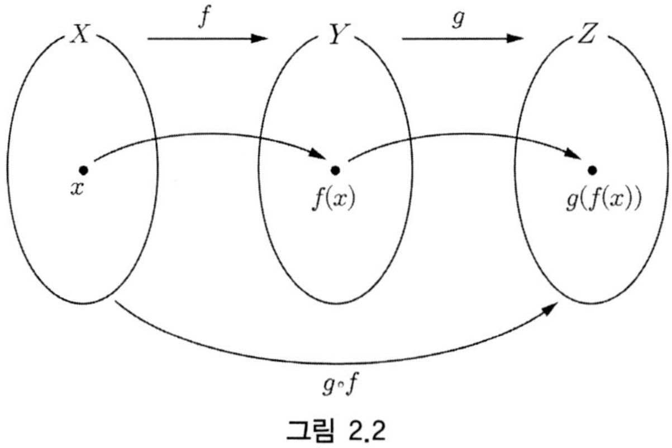

그림 2.2

$g \circ f$의 정의역은 $f(x)$가 g의 정의역 안에 속한 f의 정의역 안에 있는 모든 x들의 집합이다. 다시 말해서 $f(x)$와 $g(f(x))$가 모두 정의 될 때 $(g \circ f)(x)$는 정의된다.

예제 2

두 함수 $f(x) = \sqrt{x}$, $g(x) = 2x + 1$에 대하여 다음 합성함수를 구하여라.

(a) $(f \circ g)(x)$ (b) $(g \circ f)(x)$

풀이 (a) $(f \circ g)(x) = \sqrt{2x+1}$, 정의역은 $[-\frac{1}{2}, \infty)$이다.

(b) $(g \circ f)(x) = 2\sqrt{x} + 1$, 정의역은 $[0, \infty)$이다.

예제 3

$f(x) = \sqrt{x-1}$, $g(x) = x^5$, $h(x) = 2x + 4$일 때 다음 합성함수를 구하여라.

(a) $((f \circ g) \circ h)(x)$ (b) $(f \circ (g \circ h))(x)$

풀이 (a) 함수 $f \circ g$를 먼저 구하면

$(f \circ g)(x) = f(g(x)) = f(x^5) = \sqrt{x^5 - 1}$ 이므로

$((f \circ g) \circ h)(x) = (f \circ g)(h(x)) = (f \circ g)(2x+4) = \sqrt{(2x+4)^5 - 1}$

이다.

(b) 함수 $g \circ h$를 먼저 구하면

$(g \circ h)(x) = g(h(x)) = g(2x+4) = (2x+4)^5$이므로

$(f \circ (g \circ h))(x) = f((g \circ h)(x)) = f((2x+4)^5) = \sqrt{(2x+4)^5 - 1}$ 이다.

위의 예제에서 살펴보았듯이 일반적으로 $g \circ f$와 $f \circ g$는 서로 같지 않다.

$$g \circ f \neq f \circ g$$

즉, 함수의 합성에서는 교환법칙이 성립하지 않고, 결합법칙

$$(h \circ g) \circ f = h \circ (g \circ f)$$

은 성립한다.

정의 2.1.4

1. **일대일 함수**: 함수 $f: X \to Y$에서 정의역 X의 임의의 두 원소 x_1, x_2에 대하여

$$x_1 \neq x_2 \text{이면 } f(x_1) \neq f(x_2)$$

를 만족하는 함수 f를 **일대일 함수**(one to one function)라고 한다.

2. **전사함수**: 함수 $f: X \to Y$에서 $f(X) = Y$일 때, 즉 공역 Y의 임의의 원소 y에 대하여

$$f(x) = y \text{인 원소 } x \in X$$

가 존재할 때, 함수 f를 **전사함수**(onto function)라고 한다.

3. **일대일 대응**: 함수 $f: X \to Y$가 일대일 이고 전사함수이면 함수 f를 X에서 Y로의 **일대일 대응**(one to one correspondence) 또는 **전단사함수**이라고 한다.

정의 2.1.5

함수 $f: X \to Y$, $y = f(x)$가 일대일 대응일 때, Y의 각 원소 y에 대하여 $y = f(x)$가 되는 X의 원소 x가 오직 하나 존재한다. 그러므로 Y의 각 원소 y에 대하여 이러한 x를 대응시키면 Y에서 X로의 새로운 함수가 얻어진다. 이때, 이 새로운 함수를 f의 **역함수**(inverse function)라 하고, 기호로

$$f^{-1}: Y \to X, \quad x = f^{-1}(y)$$

와 같이 나타낸다.

$$y = f(x) \Leftrightarrow x = f^{-1}(y)$$

의 관계가 성립하므로 이로부터 다음이 성립한다.

$$(f^{-1} \circ f)(x) = f^{-1}(f(x)) = f^{-1}(y) = x$$

$$(f \circ f^{-1})(y) = f(f^{-1}(y)) = f(x) = y$$

즉, $f^{-1} \circ f$와 $f \circ f^{-1}$는 각각 집합 X, Y에서의 항등함수이다.

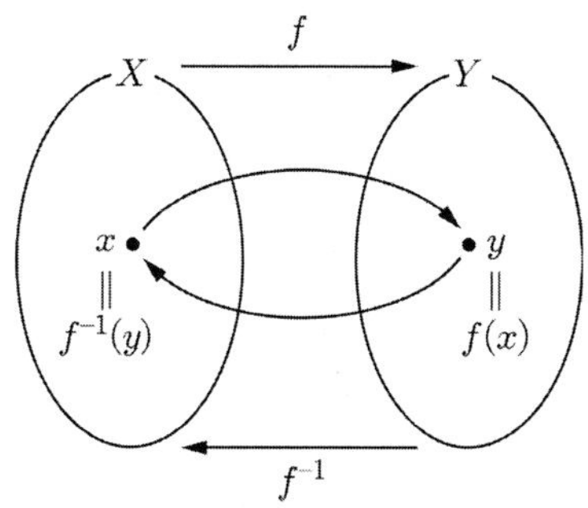

그림 2.3

예제 4

함수 f가 일대일 대응이고 $f(0)=4$, $f(3)=9$일 때 $f^{-1}(4)$, $f^{-1}(9)$의 값을 구하여라.

풀이 f^{-1}의 정의로부터

$f(0)=4$이므로 $f^{-1}(4)=0$

$f(3)=9$이므로 $f^{-1}(9)=3$

이다.

함수를 나타낼 때에는 흔히 정의역의 원소를 x, 함숫값을 y로 나타내므로 함수의 역함수 $x=f^{-1}(y)$의 경우도 x와 y를 서로 바꾸어 $y=f^{-1}(x)$와 같이 나타낸다. 따라서 함수 $y=f(x)$의 역함수 $y=f^{-1}(x)$는 다음과 같이 구할 수 있다.

$y=f(x)$가 주어지면

1. x를 y에 관하여 푼다. $(x=f^{-1}(y))$
2. x와 y를 서로 바꾼다. $(y=f^{-1}(x))$

예제 5

함수 $f(x)=3x-7$의 역함수를 구하여라.

풀이 $f(x)=3x-7$은 실수 전체의 집합에서 R에서 R로의 일대일대응이므로 역함수가 존재한다. $y=3x-7$로 놓고 x를 y에 관하여 풀면

$$x = \frac{y}{3} + \frac{7}{3}$$

이므로 x와 y를 서로 바꾸면 구하는 역함수는

$$y = \frac{x}{3} + \frac{7}{3} \quad \text{즉 } f^{-1}(x) = \frac{x}{3} + \frac{7}{3}\text{이다.}$$

자연적, 사회적 현상에서 관찰되는 관계를 모델링할 때 사용할 수 있는 다양한 형태의 함수가 있다.

다항함수

만일 함수 $P: R \to R$가 음이 아닌 정수 n에 대하여

$$\mathrm{P}(x) = a_n x^n + a_{n-1} x^{n-1} + a_{n-2} x^{n-2} + \cdots + a_1 x + a_0, \qquad (a_n \neq 0)$$

로 표현되면 P를 n차 다항함수라고 한다.

여기서 a_n, a_{n-1}, $\cdots$, a_1, a_0는 상수들로 다항 함수의 계수라 한다.

예를 들어 $P(x) = x^3 - 2x + 4$는 3차함수이고, $P(x) = ax + b$는 일차함수이다.

거듭제곱함수(멱함수)

a가 상수일 때 $f(x) = x^a$형태의 함수를 거듭제곱함수라고 한다.

(a) $a = n$, n은 양의 정수

$f(x) = x$, $f(x) = x^2$, $f(x) = x^3$, $\cdots$

(b) $a = -1$,

$$f(x) = x^{-1} = \frac{1}{x}$$

(c) $a = \frac{1}{n}$, n은 양의 정수

$f(x) = x^{\frac{1}{n}} = \sqrt[n]{x}$를 근함수(root function)라고 한다. $\sqrt[n]{x}$의 값은 n이 홀수이면 $y^n = x$를 만족하는 유일한 수 y이고, n이 짝수이면 $y^n = x$를 만족하는 음이 아닌 수 y이다.

$f(x) = x^{\frac{1}{2}} = \sqrt{x}$ (제곱근함수), $f(x) = x^{\frac{1}{3}} = \sqrt[3]{x}$ (세제곱근함수), $\cdots$

유리함수

$f(x)=\dfrac{P(x)}{Q(x)}$ $(P(x), Q(x)$:다항식, $Q(x)\neq 0)$로 표현되는 함수를 유리함수라고 한다. 예를 들면 $f(x)=\dfrac{1}{x}$, $f(x)=\dfrac{2x-3}{x^2-4}$ 등이 있다.

대수적함수

다항식들을 대수적 연산(덧셈, 뺄셈, 곱셈, 나눗셈 그리고 근호를 취한 것)을 사용하여 구성한 함수를 대수적함수라고 말한다. 예를 들면

$f(x)=\sqrt{x+2}$, $g(x)=\dfrac{x+5}{1+\sqrt{x}}$를 대수적함수라고 한다.

지수함수

$f(x)=a^x$ (a는 양의 실수)형태의 함수로 증가하는 박테리아의 수나 방사능의 반감기 등을 표현할 때 사용된다.

로그함수

지수함수의 역함수로 $f(x)=\log_a x$, $f(x)=\log_a(x^2+2x-3)$와 같은 형태로 표현된다.

삼각함수

삼각법을 일반화해서 만들어진 함수로 주기운동이나 파동운동을 하는 자연현상들을 표현하는데 주로 사용된다.

함수의 예로는 $f(x)=\sin x$, $f(x)=\cos x$, $f(x)=\tan x$ 등이 있다.

2) 함수의 그래프

함수는 역사적으로 두 변수 사이의 관계식으로부터 출발하였다. 두 변수 사이에 관계식이 주어졌을 때, 좌표개념을 도입하여 이 식을 그래프로 나타낼 수 있다는 사실을 처음 생각한 사람이 프랑스 수학자 데카르트(Descartes, 1596-1650)이다. 데카르트는 좌표축이라는 것을 생각해내어 도형과 대수를 연결하였다. 그의 업적에

의해 기하적인 문제를 대수적인 문제로 전환하여 다룰 수 있게 되었으며 이러한 이유로 그를 해석기하학의 창시자라 부른다.

(1) 좌표

직선은 실수 전체의 집합과 1:1로 대응하며 순서구조도 일치하도록 할 수 있다. 이 대응이 주어진 직선을 수직선(real number line)이라 하며 수에 대응하는 직선위의 위치를 수의 좌표라 한다. 같은 방식으로 평면은 두 수직선이 각각 0에서 서로 수직(perpendicular)으로 교차하도록 배치하여 평면위의 점의 좌표를 결정한다. 이러한 평면을 **좌표평면**(Cartesian coordinate system)이라 한다.

수직으로 교차하는 두 수직선 가운데 수평인 직선(horizontal axis)을 x**−축**(x-axis), 수직인 직선(vertical axis)을 y**−축**(y-axis)이라 한다. 좌표평면위의 점은 y-축으로부터 떨어진 수직거리를 x로 나타내며, x-축으로부터 떨어진 수직거리를 y로 나타내는 **순서쌍**(ordered pair) (x, y)로 표시한다. 그리고 x를 x**−좌표**(x-coordinate), y를 y**−좌표**(y-coordinate)라 부른다.

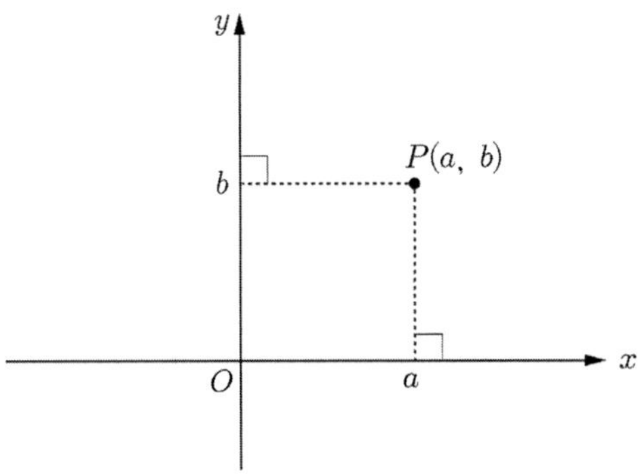

그림 2.4

(2) 함수의 그래프

함수 f의 정의역을 D_f라 하고 정의역 D_f의 원소 x의 함숫값을 $y=f(x)$로 표현하면 함수f의 **그래프**(graph)는 정의역 D_f의 모든 원소 x에 대한 순서쌍 $(x, f(x))$의 집합이다. 즉 f의 그래프를 집합 $G(f)$로 나타내면

$$G(f)=\{(x,\ y) \mid y=f(x),\ x\in D_f\}$$

이다.

그리고 함수 f의 그래프를 그린다는 것은 이 집합 $G(f)$를 좌표평면에 표현하는 것이다. 일반적으로 정의역이 실수인 함수의 그래프를 그리면 곡선이 된다. 그러나 임의의 곡선이 반드시 함수의 그래프가 되는 것은 아니다. 어떤 곡선이 함수의 그래프인지를 알아보기 위해서는 곡선과 만나는 점이 두 개 이상인 x축에 수직인(또는 y축에 평행인) 직선이 있는지를 판정한다. 만나는 점이 두 개 이상인 x축에 수직인 직선(또는 y축에 수평인 직선)이 있으면 그 곡선은 함수의 그래프가 아니다.

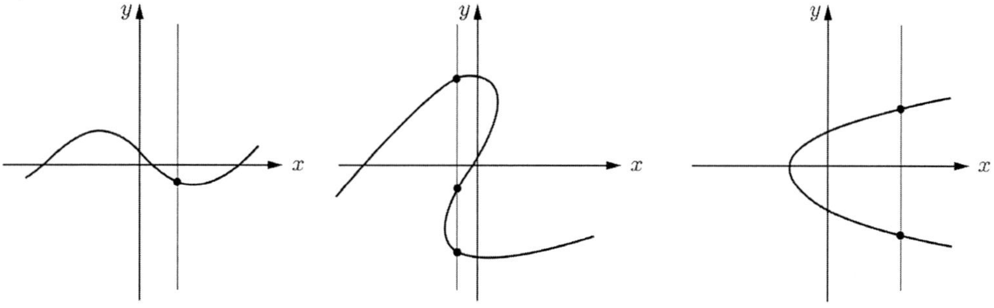

그림 2.5

정의 2.1.6

함수 $f: D_f \to R$의 정의역 D_f가 조건 $x \in D_f \Rightarrow -x \in D_f$를 만족할 때,

1. 임의의 원소 $x \in D_f$에 대하여 $f(-x) = f(x)$가 성립하면 f를 **우함수**(even function)라 한다.
2. 임의의 원소 $x \in D_f$에 대하여 $f(-x) = -f(x)$가 성립하면 f를 **기함수**(odd function)라 한다.

함수 $y = f(x)$가 우함수이면 그 그래프는 y축에 대하여 대칭이 된다. 또한 함수 $y = f(x)$가 기함수이면 그 그래프는 원점에 대하여 대칭이 된다. ■

예제 6

함수 $f(x) = x + \dfrac{1}{x}$가 기함수임을 보여라.

풀이 $f(-x) = -x + \dfrac{1}{-x} = -x - \dfrac{1}{x} = -\left(x + \dfrac{1}{x}\right) = -f(x)$

이므로 기함수이다.

주어진 함수의 그래프와 관련된 함수의 그래프를 쉽게 그릴 수 있는 방법으로 다음과 같은 변환(평행이동, 대칭이동, 확대)이 있다

평행이동, 대칭이동

1. 평행이동

   $y=f(x)$의 그래프를 x축 방향으로 a 만큼, y축 방향으로 b만큼 평행이동한 함수는 $y-b=f(x-a)$이다.

2. 대칭이동

   $y=f(x)$의 그래프를 x축에 관하여 대칭이동한 함수는 $y=-f(x)$이다.

   $y=f(x)$의 그래프를 y축에 관하여 대칭이동한 함수는 $y=f(-x)$이다.

예제 7

주어진 함수의 그래프는 함수 $y=f(x)$의 그래프에 어떤 변환을 적용하여 그릴 수 있는지 설명 하여라.

(a) $y=f(x-1)+2$ (b) $-y=f(x)$ (c) $y=2f(x)$

풀이 (a) $y-2=f(x-1)$는 $y=f(x)$의 그래프를 x축 방향으로 1만큼 y축 방향으로 2만큼 평행이동한 그래프를 갖는다.

(b) $-y=f(x)$는 $y=-f(x)$이므로 $y=f(x)$의 그래프를 x축에 관하여 대칭이동한 그래프를 갖는다.

(c) $y=2f(x)$는 $y=f(x)$의 그래프를 수직으로 2배 늘인 그래프를 갖는다.

함수 $y=f(x)$의 그래프와 그 역함수 $y=f^{-1}(x)$의 그래프 사이에는 어떤 관계가 있는지 알아보자. 함수 $y=f(x)$ 위의 점 $\mathrm{P}(a, b)$에 대하여

$$b=f(a) \Leftrightarrow a=f^{-1}(b)$$

이므로, 점 $\mathrm{Q}(b, a)$는 역함수 $y=f^{-1}(x)$의 그래프 위의 점이다. 그런데 점 $\mathrm{P}(a, b)$와 점 $\mathrm{Q}(b, a)$는 직선 $y=x$에 대하여 대칭이므로, 함수 $y=f(x)$의 그래프와 그 역함수 $y=f^{-1}(x)$의 그래프는 직선 $y=x$에 대하여 대칭임을 알 수 있다.

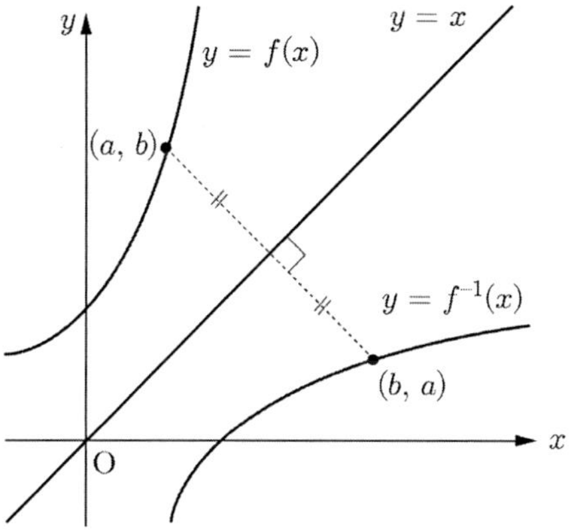

그림 2.6

연습문제 2.1

1. 다음 각 함수의 정의역을 구하여라.

(1) $f(x)=x$ (2) $f(x)=5$

(3) $f(x)=\dfrac{4}{x-3}$ (4) $f(x)=\sqrt{\dfrac{4}{x-3}}$

(5) $f(x)=\dfrac{2}{3-\sqrt{x}}$ (6) $f(x)=\sqrt{x^2-4}$

2. $f(x)=x^3-4$의 치역을 구하여라.

3. 주어진 두 함수가 서로 같은지 판별하여라.

(1) $f(x)=x+\dfrac{2}{x-1}$ $g(t)=t+\dfrac{2}{t-1}$

(2) $f(x)=\dfrac{x^2-2x}{x-2}$ $g(x)=x$

4. 다음과 같이 설명된 함수의 식을 구하여라.

(1) 둘레의 길이가 12m인 직사각형의 한 변의 길이 x에 대한 넓이 y의 함수

(2) 한 변의 길이 x에 대한 정사각형의 넓이 y의 함수

(3) 넓이가 $16m^2$인 직사각형 한 변의 길이 x에 대한 직사각형 둘레 길이 y의 함수

5. 함수 f와 g의 그래프가 다음과 같이 주어질 때 물음에 답하여라.

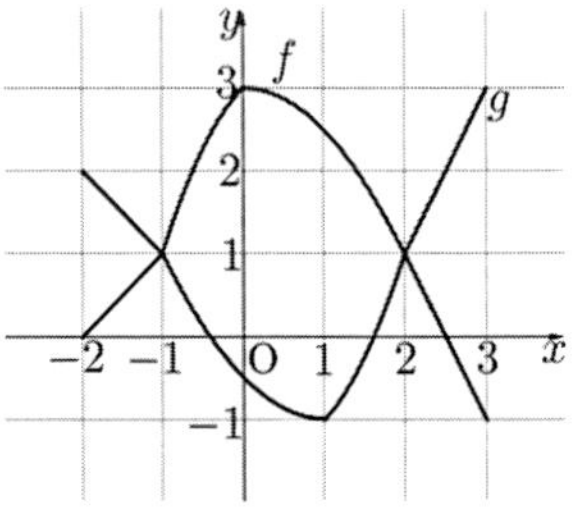

(1) 함수 f의 정의역과 치역을 구하여라.

(2) $(fg)(3)$의 값을 구하여라.

(3) $\dfrac{f}{g}(-2)$의 값을 구하여라.

(4) $g(x)=-1$를 만족하는 x의 값을 구하여라.

(5) $f(x)=g(x)$를 만족하는 x의 값을 구하여라.

(6) $f(x)\ge g(x)$를 만족하는 x의 값의 범위를 구하여라.

6. 함수 f의 그래프가 주어져 있다. 이것을 이용하여 다음 함수의 그래프를 그려라.

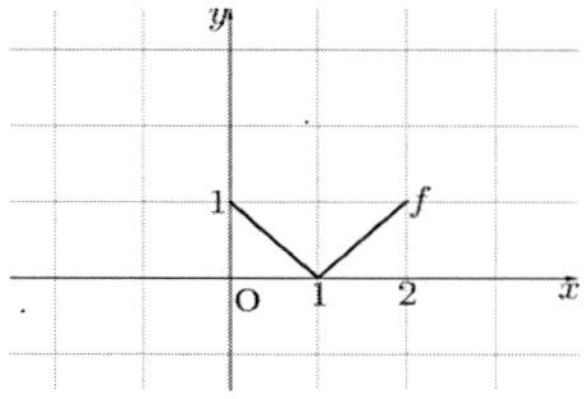

(1) $y = f(2x)$　　(2) $y = 3f(x)$　　(3) $y = f(-x)$

(4) $y = -f(x)$　　(5) $y = f(x-1)$　　(6) $y = f(x)+2$

7. 세 함수 $f(x) = x^2$, $g(x) = 2x-1$, $h(x) = x+1$에 대하여 다음 합성함수를 구하여라.

(1) $h \circ (g \circ f)$　　(2) $(h \circ g) \circ f$

8. 두 집합 $X = \{x \mid -1 \le x \le 3\}$, $Y = \{y \mid 0 \le y \le 8\}$에 대하여 X에서 Y로의 함수 $f(x) = ax+b$ (단, $a > 0$)가 일대일대응이 되도록 상수 a, b의 값을 정하여라.

9. 두 함수 $f(x) = 3x+k$, $g(x) = -3x+2$에 대하여 $f \circ g = g \circ f$가 성립하도록 상수 k의 값을 정하여라.

10. 함수 $f(x) = 3x-2$에 대하여 다음을 구하여라.

(1) $f^{-1}(7)$　　(2) $(f \circ f^{-1})(3)$　　(3) $(f^{-1})^{-1}(2)$

11. 함수 $f(x) = 2x+4$일 때, 합성함수 $(f \circ f)(x)$와 역함수 $f^{-1}(x)$를 구하여라.

12. 함수 F가 다음과 같이 주어질 때 $F = f \circ g$가 되도록 함수 f, g를 구하여라.

(1) $F(x) = (x^2+3)^5$　　(2) $F(x) = \sqrt[3]{2x+1}$

(3) $F(x) = \dfrac{1}{x^2+x}$　　(4) $F(x) = 2^{3x-1}$

13. 다음 각 함수의 역함수를 구하여라.

(1) $f(x) = x+2$　　(2) $f(x) = x^3-2$　　(3) $f(x) = \dfrac{x+1}{x-1}$　　(4) $f(x) = \sqrt{x+1}$

14. 다음 각 함수가 우함수인지 기함수인지를 판정하라.

(1) $f(x) = x^2$　　(2) $f(x) = x|x|$　　(3) $f(x) = x^3$　　(4) $f(x) = \sqrt[3]{x}$

2.2 일차함수와 이차함수

우리는 주위의 변화하는 자연적, 사회적 현상을 이해하고 예측하기 위해 수학적 모델링을 한다. 먼저 독립변수와 종속변수를 알아내어 이름을 붙이고 수학적으로 다루기 쉽게 이들 사이의 관계식을 구한다.

1) 일차함수

$y=f(x)$가 x의 함수이고 y가 x에 관한 일차식 $y=mx+b(m\neq 0, b$는 상수)로 나타내어질 때 일차함수라 한다. 일차함수의 그래프는 정의역이 실수범위 일 때 직선이다.

직선에서 수평변화에 대한 수직변화의 비율을 기울기라고 한다. 일차함수 $y=mx+b$의 기울기를 구해보자.

다음 그림에서 $y=mx+b$위 임의의 두 점을 각각 $A=(x_1, y_1)$, $B=(x_2, y_2)$라 하자. 이 때

$$\begin{aligned}
\text{기울기} &= \frac{\text{수직거리의 변화량}}{\text{수평거리의 변화량}} \\
&= \frac{y\text{값의 증가량}}{x\text{값의 증가량}} \\
&= \frac{y_2-y_1}{x_2-x_1} = \frac{mx_2+b-(mx_1+b)}{x_2-x_1} \\
&= m
\end{aligned}$$

으로 x의 계수 m과 같다. 따라서 m을 기울기라고 한다. 그리고 직선이 y축과 만나는 교점은 $(0, b)$이고 b를 y절편이라 한다.

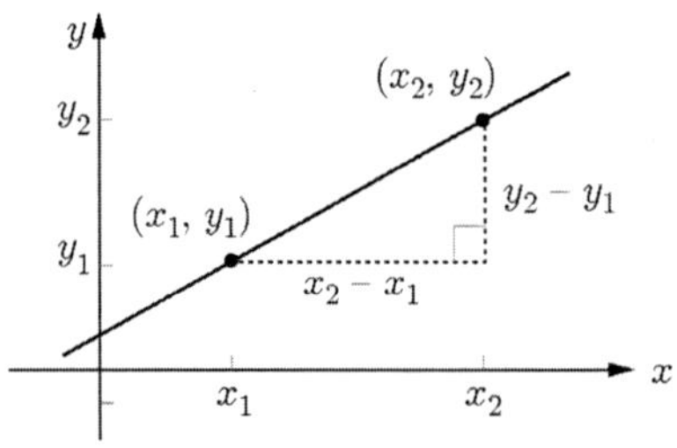

그림 2.7

예제 1

청바지를 만드는 의류 사업자는 하루에 100벌의 청바지를 만드는데 350만원이 필요하고 500벌을 만드는데 550만원의 비용이 필요하다는 것을 알았다.

생산되는 청바지 수 x에 대한 비용 y의 일차함수를 구하여라.

풀이 기울기는 $\dfrac{y\text{의 증가량}}{x\text{의 증가량}}=\dfrac{550-350}{500-100}=\dfrac{200}{400}=\dfrac{1}{2}$(만원)이므로 $y=\dfrac{1}{2}x+b$이다.

이 때 $x=100$일 때 $y=350$이므로 위 식에 대입하면

$$350=\frac{1}{2}\cdot 100+b$$

$b=300$이다.

따라서 $y=\dfrac{1}{2}x+300$(만원)이다.

2) 이차함수

$y=f(x)$가 x의 함수이고 y가 x에 관한 이차식

$$y=ax^2+bx+c \quad (a, b, c\text{는 실수, } a\neq 0)$$

로 나타내어질 때 이 함수 $y=f(x)$를 이차함수라고 한다.

이차함수 $y=x^2$의 그래프를 그려보자. 정의역의 원소 x의 값 사이의 간격을 점점 작게 하여 정의역을 실수 전체의 집합이 되도록 하면 그림과 같이 $y=x^2$의 그래프를 그릴 수 있다.

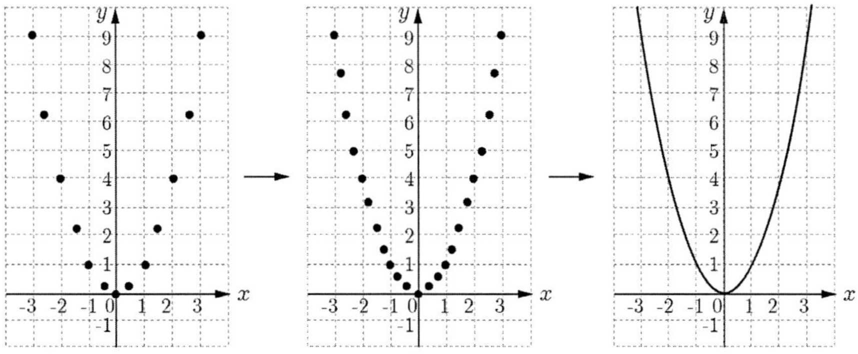

그림 2.8

이차함수 $y=x^2$의 그래프를 살펴보면, 원점을 지나고 아래로 볼록하며, y축에 대칭임을 알 수 있다. 이와 같은 모양의 곡선을 포물선이라고 한다. 또 포물선의 대칭축을 포물선의 축, 포물선과 축의 교점을 포물선의 꼭짓점이라고 한다.

이차함수 $y=x^2$의 그래프는 원점이 꼭짓점이고 y축을 축으로 하며 아래로 볼록인 포물선이다. 함수 $y=-x^2$의 그래프를 그려보면 원점이 꼭짓점이고 y축을 축으로 하며 위로 볼록인 포물선이며 $y=x^2$의 그래프와 x축에 대칭이다.

이차함수 $y=ax^2$에서 a의 값이 -2, -1, $-\frac{1}{2}$, $\frac{1}{2}$, 1, 2일 때, 이들의 그래프를 한 좌표평면에 나타내면 다음 그림과 같다.

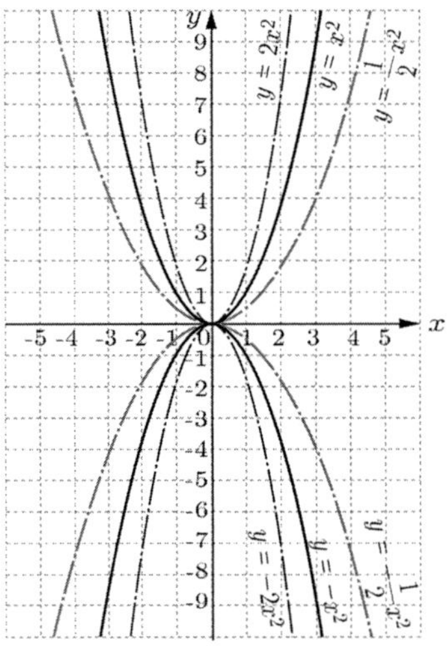

그림 2.9

이차함수 $y=ax^2$의 그래프는

1. 원점을 꼭짓점으로 하고, y축을 축으로 하는 포물선이다.
2. $a>0$이면 아래로 볼록한 포물선이고, $a<0$이면 위로 볼록한 포물선이다.
3. a의 절댓값이 클수록 그래프의 폭이 좁아진다.

이차함수 $y=a(x-p)^2+q$의 그래프는

$y=ax^2$의 그래프를 x축의 방향으로 p만큼, y축의 방향으로 q만큼 평행 이동한 것으로 점 (p,q)를 꼭짓점, 직선 $x=p$를 축으로 하는 포물선이다.

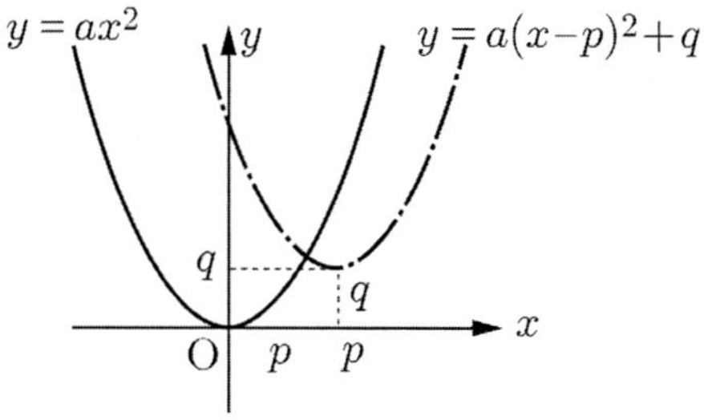

그림 2.10

예제 1

이차함수 $y=2(x-1)^2+3$의 그래프를 그려라.

풀이 $y=2(x-1)^2+3$의 그래프는 $y=2x^2$의 그래프를 x축 방향으로 1만큼, y축 방향으로 3만큼 평행이동한 것이다. 따라서 다음과 같이 그려진다.

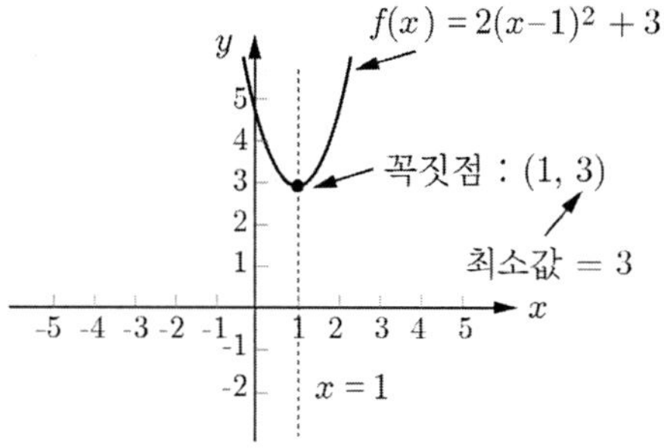

그림 2.11

이차함수의 일반형은 $y=ax^2+bx+c\ (a\neq 0)$ 형태로 주어진다. 일반형의 이차함수는 표준형 $y=a(x-p)^2+q$으로 변형해서 최댓값 또는 최솟값을 구하고 그래프도 그릴 수 있다.

연습문제 2.2

1. 어떤 회사의 월급여가 기본급 70만원과 월 판매 실적의 10%로 구성되어있다. 판매실적 x(만원)과 월 급여 y(만원)사이의 관계식을 구하여라.

2. 자동차나 가전제품 같은 대부분의 자산은 매년 가치가 하락한다. 자산의 가치가 최초 가치의 고정된 비율만큼 매년 감소한다고 가정하면 이를 직선가치하락(감가상각)이라한다. 다음 물음에 답하여라.

(1) 최초 가치가 3천만원인 자동차의 가치가 매년 10%씩 하락한다고 하자. t년 후의 자동차의 가치 y(만원)를 t의 함수로 나타내어라.

(2) 50만원인 세탁기가 10년 후에 그 가치를 완전히 상실한다면 x년 후에 이것의 가치 y(만원)를 x의 함수로 나타내어라.

3. 어느 결혼예식을 담당하는 회사에서 평균 결혼비용을 조사해 보았다. 2000년에는 2000만원 2010년에는 4000만원이 들었다고 조사되었다. 매년 일정한 비율로 증가했다면 2000년도부터 x년 후의 결혼비용 y(만원)의 일차함수식을 구하여라.

4. 장날 장터의 공간대여를 위한 요금을 x만원이라 하면 그 때에 대여할 수 있는 공간의 수 y에 대한 함수가 방정식 $y = 100 - 2x$로 나타난다는 것을 알았다.

(1) 일차 함수의 그래프를 그려라

(2) 기울기와 y절편, x절편을 구하여라.

5. 아래 주어진 직선의 그래프를 갖는 일차함수를 구하여라.

(1) 기울기가 3이고 y절편은 -1인 직선

(2) 기울기가 -2이고 점$(-1, 2)$을 지나는 직선

(3) 두 점 $(1, -2)$, $(3, 2)$를 지나는 직선

(4) 직선 $y = 2x + 3$과 평행하고 점$(1, -3)$를 지나는 직선

(5) 점$(0, 3)$을 지나고 직선 $y = 2x + 3$과 수직으로 만나는 직선

6. S통신사는 한 달에 3만원의 기본요금을 내는 휴대전화 요금제의 상품을 갖고 있다. 이 요금제는 300분의 무료통화를 포함하고 있으며 추가로 사용하는 시간에 대해 1분당 100원의 요금이 부과된다. 사용한 시간 x에 대한 월 사용금액 y의 함수식을 구하고 $0 \le x \le 500$일 때의 함수의 그래프를 그려라.

7. 아래와 같이 주어진 함수의 식을 구하여라.

(1) 반지름의 길이 r에 대한 원의 넓이 A의 함수

(2) 정삼각형의 한 변의 길이 x에 대한 넓이 y의 함수

(3) 밑면의 둘레의 길이와 높이가 같은 원기둥이 있다. 밑면의 반지름 길이 x에 대한 원기둥의 옆넓이 y의 함수

(4) 밑면이 정사각형이고 높이가 20cm인 직육면체가 있다. 밑면의 한 변의 길이 x에 대한 직육면체 부피 y의 함수

8. 이차함수 $y=2(x+3)^2-2$의 그래프를 그리고 꼭짓점 좌표를 구하여라.

9. 함수의 그래프가 아래와 같이 주어진 2차함수식을 구하여라.

(1)

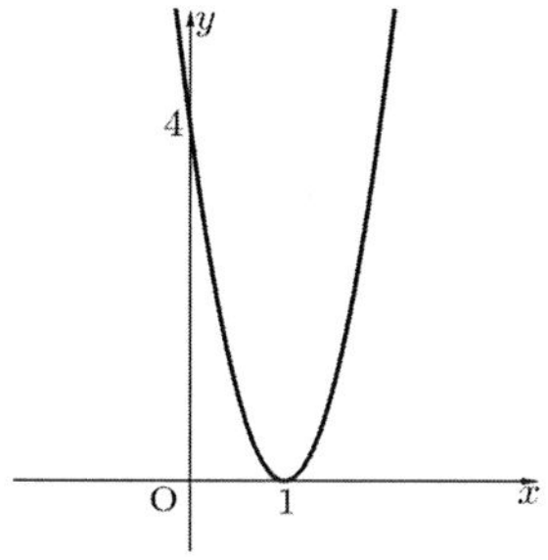

(2)

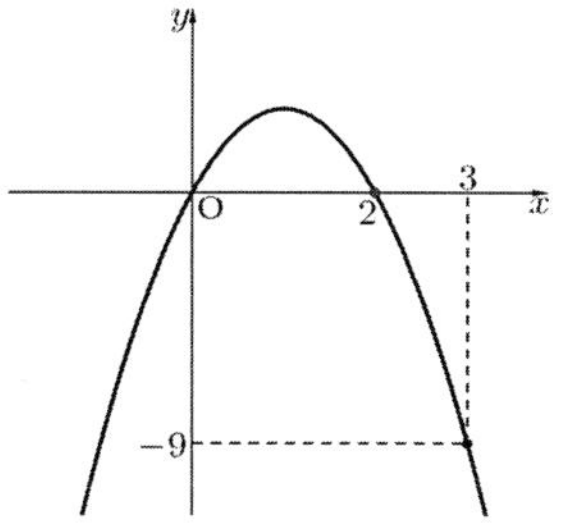

10. 이차함수 $y=2x^2$의 그래프를 아래와 같이 변환하여 얻어지는 그래프의 함수식을 구하여라.

(1) x축 방향으로 3만큼 평행이동

(2) y축 방향으로 -4만큼 평행이동

(3) x축 방향으로 -1만큼 y축 방향으로 5만큼 평행이동

(4) x축을 축으로 대칭이동

(5) y축을 축으로 대칭이동

2.3 지수 함수

1) 지수의 정의와 성질

n을 양의 정수라 하면 실수 a를 n번 곱하여 얻은 수를 a^n으로 표기한다.

$$a^n = \underbrace{a \cdot a \cdot \cdots \cdot a}_{n\text{개}}$$

이때 a를 **밑**(base)이라 하고 n을 **지수**(exponent)라 한다.

지수가 0이거나 음의 정수인 경우는 밑이 0이 아닌 경우에만 정의되며 다음과 같이 정의한다. 실수 $a(\neq 0)$에 대해서

$$a^0 = 1$$

$$a^{-n} = \frac{1}{a^n}$$

지수가 유리수인 경우에도 지수법칙이 성립하도록 지수법칙을 확장하면 임의의 양의 실수 a에 대하여

$$a^{1/2} \cdot a^{1/2} = a^{1/2+1/2} = a^1 = a$$

가 되어야한다. 이때 위 식의 $a^{1/2}$은 $\sqrt{a}$와 같은 의미이다. 같은 방식으로

$$\underbrace{a^{1/n} \cdot a^{1/n} \cdot \cdots \cdot a^{1/n}}_{n\text{개}} = a^{1/n+\cdots+1/n} = a^1 = a$$

이므로 $a^{1/n}$은 $\sqrt[n]{a}$를 의미한다. 또한

$$\left(a^{1/n}\right)^m = \left(a^m\right)^{1/n} = a^{m/n}$$

이 성립하여야 하므로 $a^{m/n}$은 $(\sqrt[n]{a})^m$ 또는 $\sqrt[n]{a^m}$을 의미한다. 그러므로 근호와 유리수지수는 상호 교환적이다.

정의 2.3.1 확장된 지수의 정의

1. $a^0 = 1$(단 $a \neq 0$) 2. $a^{-n} = \dfrac{1}{a^n}$ (단, $a \neq 0$, n은 양의 정수)

3. $a^{\frac{m}{n}} = \sqrt[n]{a^m}$ (단, $a > 0$실수, m은 정수, n은 2이상의 정수)

예제 1

양의 실수 x, y 관한 다음 식을 유리수지수로 표현하여라.

(a) $\dfrac{1}{x^3}$ (b) $\sqrt[6]{x^3}$ (c) $\left(\sqrt[4]{16xy}\right)^5$ (d) $\dfrac{1}{\sqrt{x}}$

풀이 (a) $\dfrac{1}{x^3} = x^{-3}$

(b) $\sqrt[6]{x^3} = x^{3/6} = x^{1/2}$

(c) $\left(\sqrt[4]{16xy}\right)^5 = \left(2^4xy\right)^{5/4} = 2^5(xy)^{5/4}$

(d) $\dfrac{1}{\sqrt{x}} = \dfrac{1}{x^{1/2}} = x^{-1/2}$

정리 2.3.2 확장된 지수법칙

a, b가 양의 실수이고, r, s가 실수일 때 다음이 성립한다.

1. $a^r \cdot a^s = a^{r+s}$ (곱의 법칙)
2. $\dfrac{a^r}{a^s} = a^{r-s}$ (몫의 법칙)
3. $(a^r)^s = a^{rs}$ (멱의 법칙)
4. $(ab)^r = a^r b^r$ (곱셈의 지수법칙)
5. $\left(\dfrac{b}{a}\right)^r = \dfrac{b^r}{a^r}$ (나눗셈의 지수법칙)

예제 2

다음 식을 간단히 하여라. 단 문자는 모두 양의 실수이다.

(a) $x^{5/6} \cdot x^{2/3}$ (b) $\sqrt{(x+3)^5} \cdot \dfrac{1}{\sqrt{x+3}}$

풀이 (a) $x^{5/6} \cdot x^{2/3} = x^{5/6+2/3}$ (지수법칙 $a^r \cdot a^s = a^{r+s}$)

$= x^{9/6}$

$= x^{3/2} = x^{1+1/2}$

$= x \cdot x^{1/2} = x\sqrt{x}$ (지수와의 관계)

(b) $\sqrt{(x+3)^5} \cdot \dfrac{1}{\sqrt{x+3}} = (x+3)^{5/2} \cdot (x+3)^{-1/2}$(근호와 지수의 상호관계)

$= (x+3)^{5/2-1/2}$(지수법칙)

$= (x+3)^2$

2) 지수 함수

함수 $f(x)=2^x$는 지수 함수라고 부른다. 왜냐 하면, 이 함수의 독립변수인 x가 지수이기 때문이다. 이 함수를 $f(x)=x^2$과 혼동해서는 안 된다. 지수함수는 독립변수가 지수인 함수이고 이차함수인 $f(x)=x^2$는 독립변수가 밑이라는 사실을 기억해야 한다.

일반적으로 양수인 a에 대해,

$$f(x)=a^x$$

와 같은 형식의 함수를 지수 함수라고 한다.

우리는 x가 유리수 일 때 a^x의 의미를 살펴보았다. 그러면 x가 무리수라면 a^x는 어떤 값이 될까? 말하자면, $3^{\sqrt{2}}$나 3^{π} 등은 어떤 값일까? 이런 질문에 대한 답을 생각해 보자.

예를 들어, $2^{\sqrt{3}}$의 값이 어떻게 되는지를 추적해 보자.

$$1.7 < \sqrt{3} < 1.8$$

이므로

$$2^{1.7} < 2^{\sqrt{3}} < 2^{1.8}$$

이 된다. 여기서 1.7과 1.8이 유리수이므로 $2^{1.7}$과 $2^{1.8}$의 의미를 알 수 있다.

이와 비슷하게, $\sqrt{3}$에 대한 좀 더 정확한 근삿값을 활용하면 $2^{\sqrt{3}}$에 대한 더 정확한 근삿값을 얻을 수 있다.

$$\begin{array}{rcl}
1.73 < \sqrt{3} < 1.74 & \Rightarrow & 2^{1.73} < 2^{\sqrt{3}} < 2^{1.74} \\
1.732 < \sqrt{3} < 1.733 & \Rightarrow & 2^{1.732} < 2^{\sqrt{3}} < 2^{1.733} \\
1.7320 < \sqrt{3} < 1.7321 & \Rightarrow & 2^{1.7320} < 2^{\sqrt{3}} < 2^{1.7321} \\
1.73205 < \sqrt{3} < 1.73206 & \Rightarrow & 2^{1.73205} < 2^{\sqrt{3}} < 2^{1.73206} \\
\vdots \quad\quad \vdots & & \vdots \quad\quad \vdots
\end{array}$$

이런 식으로 계속 진행되면,

$$2^{1.7},\ 2^{1.73},\ 2^{1.732},\ 2^{1.7320},\ 2^{1.73205},\ \ldots$$

와 같은 모든 수들보다는 크고,

$$2^{1.8},\ 2^{1.74},\ 2^{1.733},\ 2^{1.7321},\ 2^{1.73206},\ \ldots$$

와 같은 모든 수들보다는 작은 수가 유일하게 존재하게 되는데 그 수를 $2^{\sqrt{3}}$으로 정의할 수 있다. 위의 조건을 만족하는 근삿값이 다음과 같이 계산되는 것을 확인할 수 있다.

$$2^{\sqrt{3}} \approx 3.321997$$

마찬가지로 다른 무리수 x에 대해서도 2^x(또는 양수 a에 대한 a^x)를 위에서와 같이 정의할 수 있다. 이것은 $y=2^x$(또는 양수 a에 대한 a^x)로 정의되는 함수가 모든 실수에서 함수의 그래프가 끊어지지 않고 계속 이어짐을 보여준다. 여기서 밑 a가 1, 1.5, 2.4, 10, $\frac{1}{4}$, $\frac{1}{2}$ 등 일 때, $y=a^x$의 그래프는 다음과 같다. 아래의 그래프들이 모두 한 점 $(0, 1)$을 지나고 있는데 이는 $a \neq 0$인 모든 a에 대해 $a^0=1$이기 때문이다.

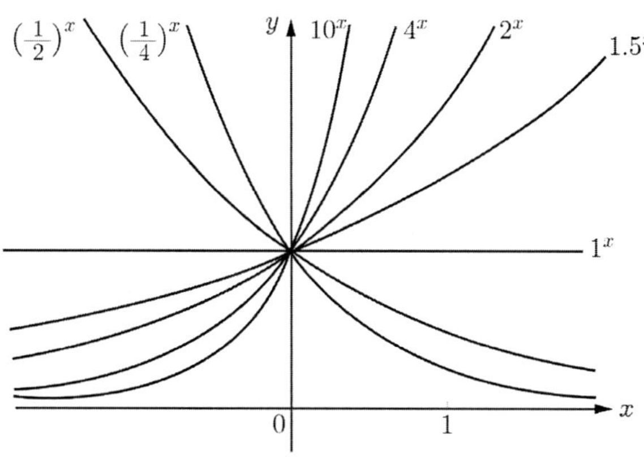

그림 2.12

위의 그림에서 확인할 수 있는 것은 지수 함수 $y=a^x$의 그래프가 밑 a 값에 따라 세 가지 유형으로 구분된다는 것이다. 만일 $0<a<1$이면, 감소함수이고 $a=1$이면 상수함수가 된다. 마지막으로 $a>1$인 경우에 지수 함수 $y=a^x$는 증가함수가 된다. 이러한 세 경우의 지수 함수 그래프는 다음과 같다.

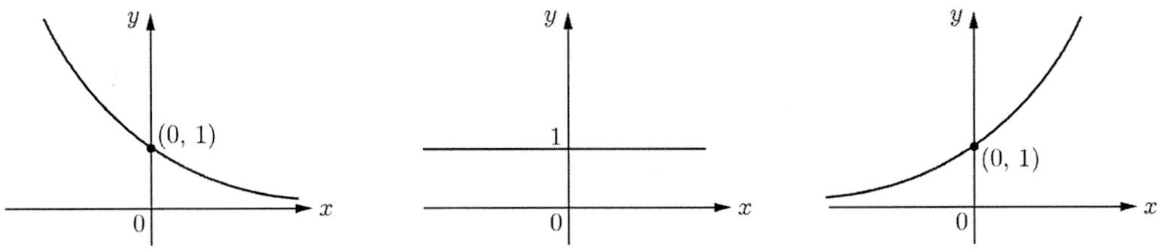

(a) $y = a^x$, $0 < a < 1$ (b) $y = 1^x$, $a = 1$ (c) $y = a^x$, $a > 1$

그림 2.13

예제 1

함수 $f(x) = 2 - 3^x$의 그래프를 그려라.

풀이 우선 $f(x) = 3^x$ 그래프를 그리면 아래 (a)와 같다. 함수 $f(x) = -3^x$의 그래프는 함수 $f(x) = 3^x$의 그래프와 x축에 대칭이므로 아래 (b)와 같다. 함수 $f(x) = 2 - 3^x$의 그래프는 $f(x) = -3^x$의 그래프를 y축 양의 방향으로 2만큼 평행이동한 것이므로 아래 (c)와 같게 된다. 아래의 그림 (c)의 그래프에서 함수 $f(x) = 2 - 3^x$의 정의역은 실수 전체(R)가 되고 치역은 $(-\infty, 2)$가 되는 것을 확인할 수 있다.

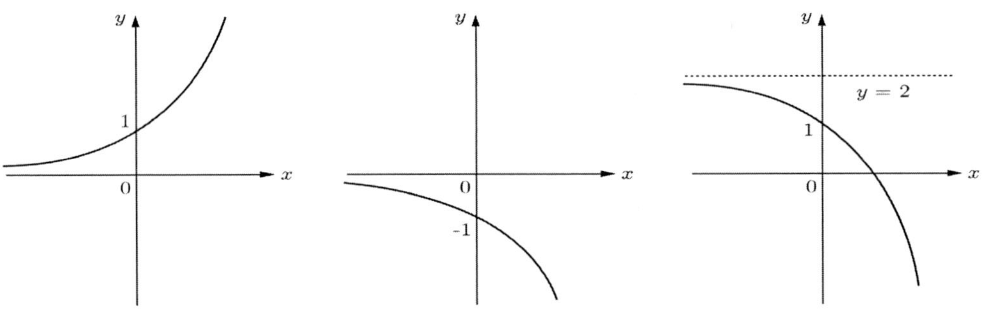

(a) $f(x) = 3^x$ (b) $f(x) = -3^x$ (c) $f(x) = 2 - 3^x$

그림 2.14

예제 2

다음 함수의 그래프를 그려라. 함수의 그래프를 그릴 때, 그 그래프가 $f(x) = 2^x$의 그래프를 어떻게 해서 얻어질 수 있는지를 설명하여라.

(a) $f(x) = 2^{x-3}$ (b) $f(x) = 2^x - 5$ (c) $f(x) = 4 - 2^{-x}$

풀이 (a) 함수 $f(x)=2^{x-3}$의 그래프는 $f(x)=2^x$의 그래프를 x축 양의 방향으로 3만큼 평행이동한 것이므로 다음과 같다.

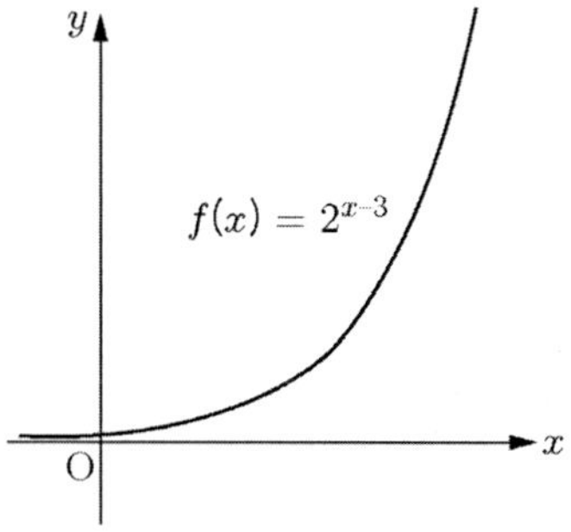

그림 2.15

(b) 함수 $f(x)=2^x-5$ 의 그래프는 $f(x)=2^x$의 그래프를 y축 음의 방향으로 5만큼 평행이동한 것이므로 아래와 같다.

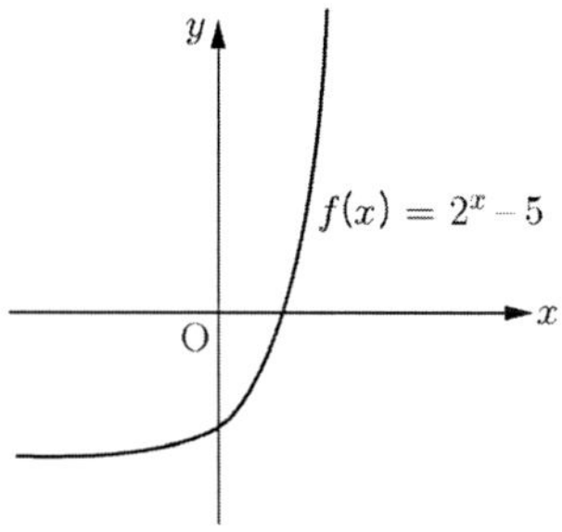

그림 2.16

(c) 함수 $f(x)=4-2^{-x}$의 그래프를 그리기 위해서는 우선 $f(x)=-2^{-x}$의 그래프를 그려야 한다. 함수 $f(x)=-2^{-x}$의 그래프는 $f(x)=2^x$의 그래프를 y축에 대칭이동 시켜 $f(x)=2^{-x}$의 그래프를 얻은 다음 이것을 다시 x축에 대칭이동시켜 얻을 수 있다. 함수 $f(x)=4-2^{-x}$의 그래프는 함수 $f(x)=-2^{-x}$의 그래프를 y축 양의 방향으로 4만큼 평행이동한 것이므로 아래와 같다.

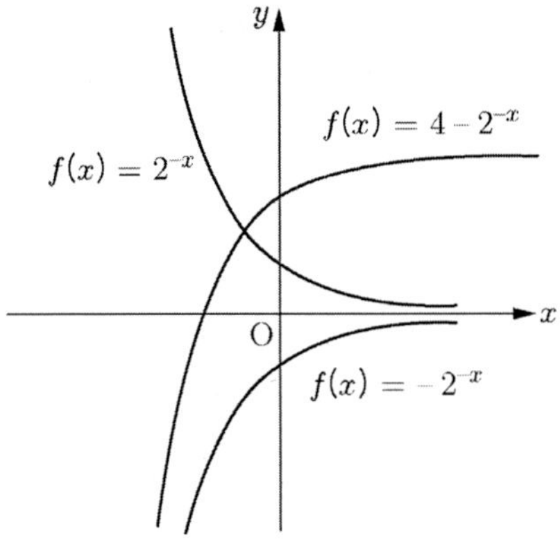

그림 2.17

지수 함수가 많이 응용되는 것 중의 하나가 **복리이자** 계산이다.

예제 3

원금 A원에 대해 연 이자 r를 일 년에 n번 계산해 주는 복리이자형 예금에 가입하면 t년 후의 예금액(B)은 다음과 같은 공식으로 계산된다.

$$B = A(1+\frac{r}{n})^{nt}$$

백만원(1,000,000)원을 4%이자로 일 년에 두 번씩 복리식으로 계산해 주는 예금 상품에 가입했다고 가정하자.

(a) t년 후의 예금 총액이 얼마인지 계산하라.

(b) 3, 6, 10년 후의 예금 총액을 계산하라.

(c) 함수의 그래프를 그려라.

풀이 (a) 원금(A)이 1,000,000원, 이자(r)가 4%, 일 년에 두 번(n) 복리식으로 계산하므로 t년 후의 예금 총액은 다음과 같이 계산된다.

$$B(t) = 1{,}000{,}000(1+\frac{0.04}{2})^{2t} = 1{,}000{,}000(1.0404)^{t}$$

(b) 계산기를 활용하여 $B(3), B(6), B(10)$을 계산하면 다음과 같다.

$$B(3) = 1{,}000{,}000(1.02)^{2\cdot 3} \approx 1{,}126{,}160$$

$$B(6) = 1{,}000{,}000(1.02)^{2\cdot 6} \approx 1{,}268{,}240$$

$$B(10) = 1{,}000{,}000(1.02)^{2\cdot 10} \approx 1{,}485{,}950$$

(c) 위에서 계산한 결과를 이용해서 개략적으로 그래프를 그리거나 교육용계산기, 소프트웨어 등을 이용하여 좀 더 정확한 그래프를 그리면 다음과 같다.

$B(t) = 1{,}000{,}000(1.02)^{2t}$의 그래프

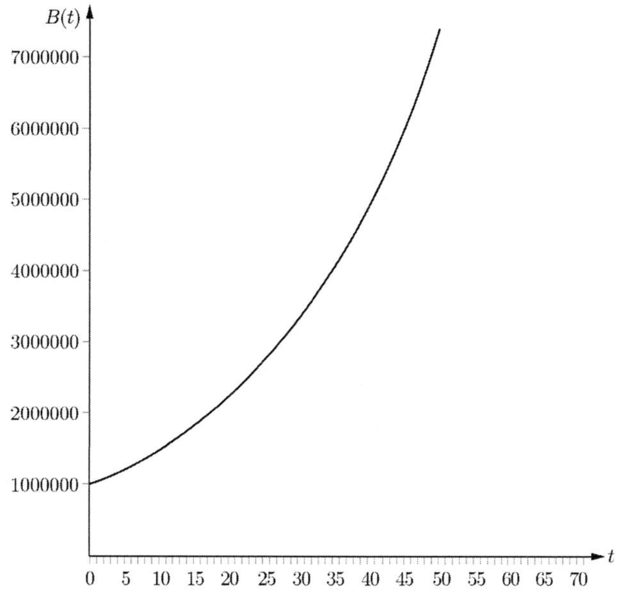

그림 2.18

2) 무리수 e

이제 수학에서 매우 특별하게 취급되는 하나의 수를 소개한다. 1741년 오일러(Leonhard Euler)는 이 수를 e라고 명명했다. 이 수는 수학의 여러 분야에서 매우 다양하게 응용된다. 이 수를 설명하기 위해서는 위의 예제에서 소개한 함수

$$B = A(1 + \frac{r}{n})^{nt}$$

가 필요하다. 실제로 그럴 은행은 없겠지만 원금 1원에 대한 이자가 일 년에 100%라고 가정해보자. 그러면 $A = 1$, $r = 1$, $t = 1$이므로 위의 함수는 복리이자 계산기간(n)에 대한 함수가 된다.

$$B(n) = (1 + \frac{1}{n})^{n}$$

교육용계산기나 소프트웨어를 활용하여 이 함수의 그래프를 그리면 다음과 같다.

$B(n) = (1 + \frac{1}{n})^n$의 그래프

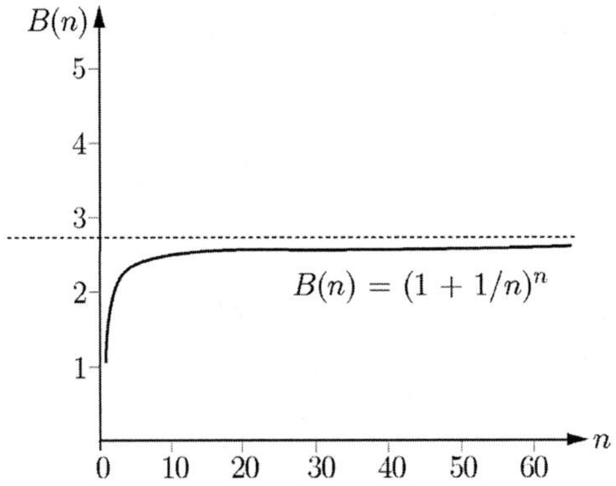

그림 2.19

위에서 $n \to \infty$ 일 때, $B(n)$의 그래프가 2와 3 사이의 한 값에 가까워지는 것을 확인할 수 있다. 계산기를 활용하여 몇몇 값에 대한 함수 $B(n)$의 함숫값을 구해보면 다음과 같다.

n(복리이자 계산 기간)	$B(n) = (1 + \frac{1}{n})^n$
$n = 1$(일 년에 한 번 이자 계산)	2
$n = 2$	2.25
$n = 4$	2.44141
$n = 10$	2.59374
$n = 100$	2.70481
$n = 365$(날마다 이자 계산)	2.71457
$n = 8760$(한 시간마다 이자 계산)	2.71813
$n = 10000$	2.71815

위의 그래프와 표에서 확인한 것처럼 n이 커져갈 때 $B(n)$의 그래프는 $y \approx 2.718$ 정도의 수평선에 가까워짐을 알 수 있다. n이 무한히 커져갈 때, 함숫값은 오일러가 e라고 명명한 값에 한 없이 가까이 다가간다는 것이 밝혀졌는데, 이 수는 순환하지 않은 무한소수 즉, 무리수라는 것이 증명되었다.

$$e = 2.718281828459045 23\ldots$$

3) 밑이 e인 지수 함수의 그래프

앞에서 우리는 지수가 무리수인 지수로 표현된 수의 근삿값을 어떻게 계산하는지 알아봤다. 말하자면, $\sqrt{3}$의 근삿값을 추적하여

$$2^{1.7},\ 2^{1.73},\ 2^{1.732},\ 2^{1.7320},\ 2^{1.73205},\ \ldots$$

와 같은 값들을 계산하고 이 수들의 극한으로 $2^{\sqrt{3}}$을 정의할 수 있었다.
마찬가지로, 밑이 e와 같은 무리수인 경우에도 e^2을 생각할 수 있다. 위에서 제시한 e의 근삿값을 이용하여 다음과 같은 수열을 생각해보자. 즉,

$$2.7^2,\ 2.71^2,\ 2.718^2,\ 2.7182^2,\ 2.71828^2,\ \ldots$$

이 수들의 밑은 무리수 e를 향해 가고 있으므로 그 극한을 e^2으로 정의할 수 있다. 그러면 앞에서 보여준 밑이 유리수인 지수 함수의 경우와 마찬가지로 밑이 무리수 e인 지수 함수를 생각할 수 있다.

예제 4

함수 $f(x)=e^x$와 $g(x)=e^{-x}$의 그래프를 그려라.

풀이 무리수 e가 2와 3 사이의 수이므로 함수 2^x와 3^x를 고려하여 지수 함수 $f(x)=e^x$의 그래프를, 2^{-x}와 3^{-x}를 고려하여 지수 함수 $g(x)=e^{-x}$의 그래프를 개략적으로 그릴 수 있다. 다음은 소프트웨어를 이용해 이들 그래프를 그린 것이다.

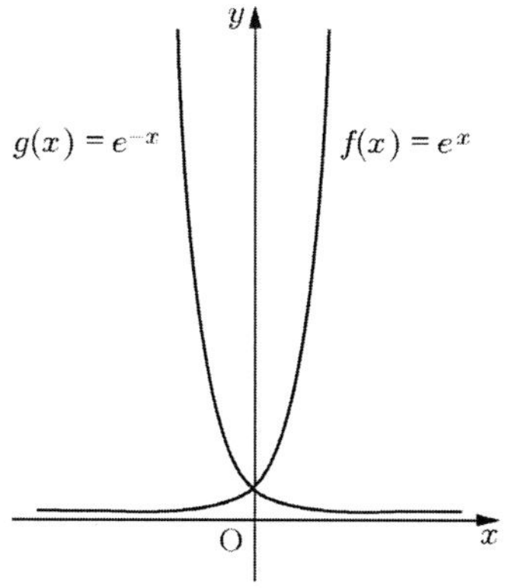

그림 2.20

예제 5

다음 함수의 그래프를 그려라.

(a) $f(x)=2-e^{-2x}$ (b) $f(x)=e^{x+5}$

풀이 (a) 이 함수의 그래프는 $y=e^{2x}$의 그래프를 y축을 중심으로 대칭이동하여 $y=e^{-2x}$의 그래프를 얻고 그것을 다시 x축을 중심으로 대칭 이동하여 $y=-e^{-2x}$의 그래프를 그린 다음에 y축 양의 방향으로 2만큼 평행이동하여 그릴 수 있다. 교육용계산기를 이용하여 그래프를 그리면 아래 그림 2.21과 같다.

(b) 이 함수의 그래프는 $y=e^{x}$의 그래프를 x축 음의 방향으로 5만큼 평행이동한 것이므로 아래 그림 2.22와 같다.

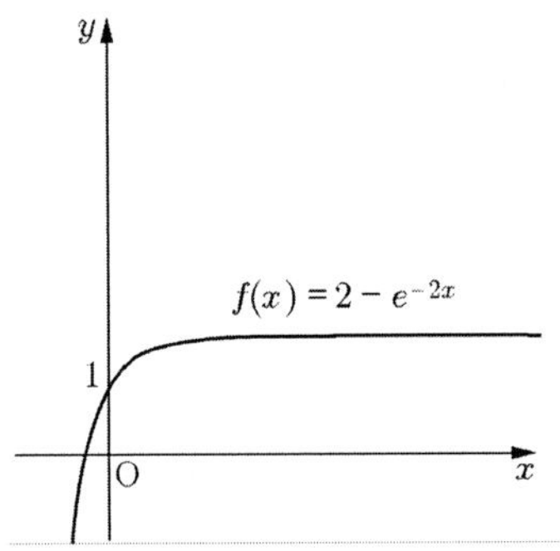

그림 2.21

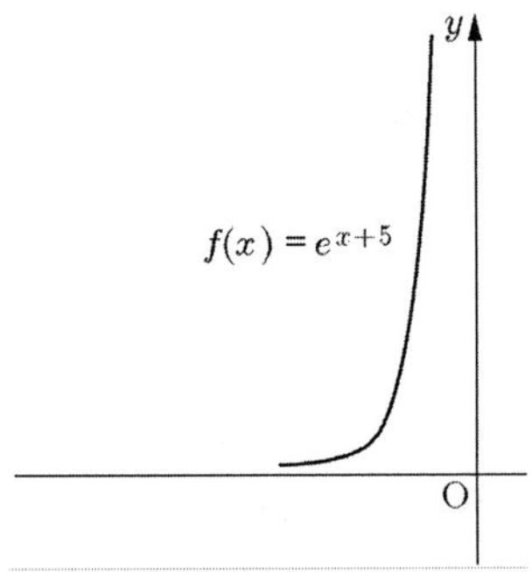

그림 2.22

연습문제 2.3

1. 지수법칙을 이용하여 다음을 간단히 하여라. (단 x, y는 양수)

(1) $10^3 \times \sqrt{10}$

(2) $\dfrac{2^{-5}}{2^{-8}}$

(3) $(3x^2y^6)^2$

(4) $(\dfrac{3x^2}{y^3})^2$

(5) $3x^2(2\sqrt{x})^4$

(6) $\dfrac{(\sqrt{2}xy^2)^4}{y^3}$

(7) $(\sqrt[3]{x^2}y)^3(x^{-2}y^2)^{-3}$

(8) $\dfrac{x^n\sqrt{y^{2n}}}{x^{-n-1}}$

2. $e^{2x} = 2$일 때, 다음 각 식의 값을 구하여라.

(1) $(\dfrac{1}{e^3})^{-4x}$

(2) $\dfrac{e^x + e^{-x}}{e^x - e^{-x}}$

3. x에 관한 방정식을 풀어라.

(1) $e^{x-1} = 1$

(2) $2 \cdot 2^x - 4 = 0$

(3) $(\sqrt{10})^{2x-4} = 10^{-x}$

(4) $(\dfrac{1}{4})^{x-1} = \dfrac{1}{2^{x+2}}$

(5) $2^{2x} - 6 \cdot 2^x + 8 = 0$

4. x에 관한 부등식을 풀어라.

(1) $3^x \geq 9$

(2) $(\dfrac{1}{4})^{2x} < \dfrac{1}{16}$

(3) $e^{2x-4} < 1$

(4) $2 \leq 4^x \leq 16$

(5) $3^{2x} - 12 \cdot 3^x + 27 < 0$

5. 다음 함수의 그래프가 기본적인 지수함수 그래프로부터 어떤 과정을 거쳐 그려질 수 있는지를 설명하여라.

(1) $f(x) = 2^{x+2}$

(2) $f(x) = 5^{x-3}$

(3) $f(x) = 2^x - 1$

(4) $f(x) = 2^{x-1} + 2$

(5) $f(x) = e^{-x+2}$

(6) $f(x) = e^{-x} - 3$

(7) $f(x) = 3e^{x-2}$

(8) $f(x) = \dfrac{1}{2}e^{x+3}$

6. 이상적인 조건하에 박테리아 수는 3시간마다 두 배가 된다. 처음 100마리의 박테리아가 있었다고 가정하자.

(1) 9시간 후에 박테리아 수는 얼마인가?

(2) x시간 후에 박테리아 수는 얼마인가?

(3) 15시간 후에 박테리아 수는 얼마인가?

(4) 박테리아 수가 6400마리가 될 때까지의 시간을 계산하여라.

7. 어느 나라의 최근 스마트폰 가입자 수는 매년 20%씩 증가한다. 1985년 스마트폰 가입자 수가 1000명이다.

(1) 1987년 스마트폰 가입자 수는 얼마인가?

(2) 1985년으로부터 t년 후의 스마트폰 가입자 수는 얼마인가?

8. K은행은 연이율 2%로 1년에 한번 씩 복리로 이자를 계산하는 예금 상품이 있다. 원금 100만원을 이 예금 상품에 가입했다.

(1) 1년 후와 2년 후 원리합계는 각각 얼마인가?

(2) t년 후 원리합계는 얼마인가?

9. 어떤 나라에서 에이즈 환자 수는 매년 10%씩 증가한다고 보고된다. 1992년 이 나라의 에이즈 환자 수는 10000명이라고 한다.

(1) 1993년과 1994년 이 나라의 에이즈 환자 수는 각각 얼마인가?

(2) 1992년으로부터 t년 후 이 나라의 에이즈 환자 수는 얼마인가?

2.4 로그 함수

1) 로그의 정의와 성질

지수 함수와 함께 수학에서 많이 응용되는 함수 중의 하나가 로그 함수이다. 이 절에서는 로그 함수의 원리와 그래프, 로그 함수의 성질 등을 살펴볼 것이다.

지금은 기수법과 계산 기기의 발달로 큰 수를 계산하는 것이 용이하지만 옛날에는 천문학 등에서 등장하는 큰 수의 계산이 많은 시간을 필요로 했다. 수학자들은 이런 문제를 해결하기 위해 로그 개념을 고안하였다. 다음과 같은 두 수열을 보자.

1	2	3	4	5	6	7	8	9	10	11	12	13	⋯
2	4	8	16	32	64	128	256	512	1024	2048	4096	8192	⋯

위의 두 수열은 어떤 관계가 있을까? 첫 번째 수열은 공차가 1인 등차수열이고 두 번째 수열은 공비가 2인 등비수열이다. 따라서, 각 수열의 같은 순서에 위치한 두 수의 관계는 n과 2^n의 관계이다. 예를 들면,

두 수열의 세 번째 수는 3과 8인데, 이것은 3과 $8=2^3$의 관계

두 수열의 일곱 번째 수는 7과 128인데, 이것은 7과 $128=2^7$의 관계

두 수열의 열 번째 수는 10과 1024인데, 이것은 10과 $1024=2^{10}$의 관계

등이다.

여기서 우리는 두 번째 수열의 세 번째 수(8)와 일곱 번째 수(128)를 곱한 것이 열 번째 수라는 것을 알 수 있다. 마찬가지로, 32와 256을 곱한 값을 구하고 싶다면 이 수들과 같은 위치에 자리한 첫 번째 수열의 5와 8을 더해 얻은 13과 같은 자리의 8192을 선택하면 된다. 위에서 제시한 수열은 두 번째 수열의 공비가 2인 경우이므로 항을 거듭할수록 두 배씩 증가하지만, 더 촘촘한 수열을 얻고 싶다면 1에 가까운 공비에 대한 수 표를 만들면 된다. 이런 원리로 미리 수 표를 계산해 놓으면 천문학에서 천체 사이의 거리를 계산하는 등 큰 수의 근삿값을 계산할 때 매우 유용하다.

$2^x=8$이면 $x=3$이다 그러나 $2^x=3$이 되는 x는 유리수 범위에서 구할 수 없으므로 우리는 새로운 기호를 도입하여 $x=\log_2 3$으로 표현한다.

정의 2.4.1

일반적으로 $a>0$, $a\neq 1$일 때 양수 M에 대하여 $a^x=M$을 만족하는 실수 x는 오직 하나 존재한다. 이 실수 x를 $x=\log_a M$로 나타내고, a를 밑으로 하는 M의 로그라고 한다. 이 때 M을 $\log_a M$의 진수라 한다.

예제 1

다음 중 로그방정식은 지수방정식으로, 지수방정식은 로그방정식으로 바꾸어라.

(a) $32=2^x$

(b) $10^{-4}=0.0001$

(c) $\log_2 64=6$

(d) $s=\log_t N$

풀이 $\log_a x=y \leftrightarrow x=a^y$이므로 각각 다음과 같이 바뀐다.

(a) $32=2^x \rightarrow x=\log_2 32$

(b) $10^{-4}=0.0001 \rightarrow \log_{10}0.0001=-4$

(c) $\log_2 64=6 \rightarrow 64=2^6$

(d) $s=\log_t N \rightarrow N=t^s$

예제 2

다음 로그의 값을 계산하여라.

(a) $\log_{10}0.001$

(b) $\log_4 2$

(c) $\log_4 1$

(d) $\log_6 6$

풀이 (a) $0.001=10^{-3}$이므로 $\log_{10}0.001=-3$이다.

(b) $2=4^{1/2}$이므로 $\log_4 2=\dfrac{1}{2}$이다.

(c) $1=4^0$이므로 $\log_4 1=0$이다.

(d) $6=6^1$이므로 $\log_6 6=1$이다.

예제 3

다음 식의 값이 정의되기 위한 실수 x의 값의 범위를 구하여라.

(a) $\log_{10}(x-5)$

(b) $\log_4(2x-6)^2$

(c) $\log_2(-x^2+3x-2)$

(d) $\log_{x-1}(x^2+x+1)$

풀이 (a) $x-5>0$가 되려면 $x>5$

(b) $(2x-6)^2>0$가 되려면 $x\neq 3$인 실수

(c) $-x^2+3x-2>0$이면 $x^2-3x+2=(x-1)(x-2)<0$가 성립하고 식이 정의 되는 실수 x의 범위는 $1<x<2$이다.

(d) $x^2+x+1>0$은 모든 실수에서 진수 조건을 만족하고, 밑조건은 $x-1>0$ 이고 $x-1\neq 1$이므로 식이 정의되는 x값의 범위는 $x>1,\ x\neq 2$

정리 2.4.1 로그의 성질

양의 실수 M, N과 로그의 밑 $a(a>0,\ a\neq 1)$에 대하여, 다음이 성립한다.

(1) $\log_a 1=0,\quad \log_a a=1$

(2) $\log_a MN=\log_a M+\log_a N$

(3) $\log_a M^p=p\log_a M$ (p는 임의의 실수)

(4) $\log_a \dfrac{M}{N}=\log_a M-\log_a N$

(5) $\log_a M=\dfrac{\log_b M}{\log_b a}$ (단, $b>0, b\neq 1$)

(6) $a^{\log_a b}=b$ (단, $b>0$)

증명 (2) $\log_a M=x$, $\log_a N=y$라 놓자. 그러면 지수함수와 로그함수의 관계식에 의해, $a^x=M$이고 $a^y=N$이 된다. 그러면,

$$MN=a^x\cdot a^y=a^{x+y}.$$

지수함수와 로그함수의 관계식을 다시 적용하고 $\log_a M=x$, $\log_a N=y$임을 고려하면,

$$\log_a MN=x+y=\log_a M+\log_a N$$

(3) $\log_a M=x$ 라 놓자. 그러면 지수함수와 로그함수의 관계식에 의해, $a^x=M$이다.

그러면, $(a^x)^p=M^p$이고 $a^{xp}=M^p$가 된다. 이것을 다시 로그방정식 형식으로 바꾸고

$\log_a M = x$ 인 것을 고려하면,

$$\log_a M^p = xp = (\log_a M)p = p\log_a M$$

이 된다.

(4) 앞에서 증명한 곱셈에 관한 로그법칙을 활용하면,

$$\begin{aligned}\log_a \frac{M}{N} &= \log_a MN^{-1} \\ &= \log_a M + \log_a N^{-1} \\ &= \log_a M + (-1)\log_a N \\ &= \log_a M - \log_a N\end{aligned}$$

이 된다.

(5) $\log_a M = x$ 라 놓자. 그러면, $a^x = M$이다. 양변에 밑이 b인 로그를 취하면, $\log_b a^x = \log_b M$이다.

그런데 $\log_b a^x = x\ \log_b a$이므로,

$x = \dfrac{\log_b M}{\log_b a}$ 이고, $\log_a M = x = \dfrac{\log_b M}{\log_b a}$ 이다.

(6) $\log_a b = M$라 놓자. 그러면 지수와 로그의 관계식에 의해, $a^M = b$이다. 여기서 M에 $\log_a b$ 를 대입하면 $a^{\log_a b} = b$가 된다.

■

예제 4

다음을 간단히 하여라.

(a) $\log_{10}1$ (b) $\log_2 2$ (c) $\log_3(3\sqrt{3})$ (d) $\log_2\dfrac{1}{16}$

풀이 (a) 진수가 1이므로 0이다. (b) 밑과 진수가 같으므로 1이다.

(c) $\log_3(3\sqrt{3}) = \log_3 3^{\frac{3}{2}} = \dfrac{3}{2}$ (d) $\log_2\dfrac{1}{16} = \log_2 2^{-4} = -4\log_2 2 = -4$

■

예제 5

다음 식을 간단히 하여라.

(a) $\log_2 4 - 2\log_2 6 + 2\log_2\sqrt{18}$ (b) $3\log_5\sqrt[3]{2} + \log_5\sqrt{250} - \dfrac{1}{2}\log_5 8$

풀이 (a) $\log_2 4 - 2\log_2 6 + 2\log_2 \sqrt{18} = \log_2 4 - \log_2 36 + \log_2 18$

$$= \log_2 \frac{4 \cdot 18}{36} = \log_2 2 = 1$$

(b) $3\log_5 \sqrt[3]{2} + \log_5 \sqrt{250} - \frac{1}{2}\log_5 8 = \log_5 \left(\frac{2 \cdot 5\sqrt{10}}{2\sqrt{2}}\right) = \log_5 5\sqrt{5} = \frac{3}{2}$

예제 6

다음을 간단히 하여라.

(a) $\log_{\sqrt{3}} 27$ (b) $2^{\log_2 5}$ (c) $\log_2 3 \cdot \log_3 4 \cdot \log_4 2$

풀이 (a) $\log_{\sqrt{3}} 27 = \dfrac{\log_3 27}{\log_3 \sqrt{3}} = \dfrac{3}{\frac{1}{2}} = 6$ (밑변환 공식 사용)

(b) $2^{\log_2 5} = x$라 두면 $\log_2 5 = \log_2 x$이므로 $x = 5$이다.

(c) $\log_2 3 \cdot \log_3 4 \cdot \log_4 2 = \log_2 3 \cdot \dfrac{\log_2 4}{\log_2 3} \cdot \dfrac{\log_2 2}{\log_2 4} = 1$

계산기가 널리 이용되기 전에는 밑이 10인 로그(또는 **상용로그**)가 복잡한 계산을 쉽게 하기 위해 많이 이용되었다. 밑이 표시되지 않은 log를 사용하여 밑이 10인 상용로그를 표현하였다. 따라서,

$$\log 29 \text{는 } \log_{10} 29$$

을 의미한다.

$\log 10 = \log_{10} 10 = 1$이고 $\log 100 = \log_{10} 100 = 2$이므로 $\log 29$는 1과 2사이의 값이다. 계산기를 활용하면 $\log 29$의 근삿값이 다음과 같음을 확인할 수 있다.

$$\log 29 \approx 1.462397$$

이것은 $10^{1.462397} \approx 29$임을 의미한다.

또한, 밑이 e인 로그를 **자연로그**라고 한다. 약어인 ln은 일반적으로 자연로그를 표시할 때 사용한다. 따라서

$$\ln 53 \text{는 } \log_e 53$$

을 의미한다.

계산기를 활용하면 $\ln 53$의 근삿값이 다음과 같음을 확인할 수 있다.

$$\ln 53 \approx 3.970291.$$

이것은 $e^{3.970291} \approx 53$임을 의미한다.

2) 로그함수

지수함수 $f(x)=3^x$가 주어져 있다고 하자. 이 함수의 그래프(아래 그림)에서 확인할 수 있는 것처럼 $f(x)=3^x$는 일대일 함수이다. 따라서 그것의 역대응은 함수가 된다.

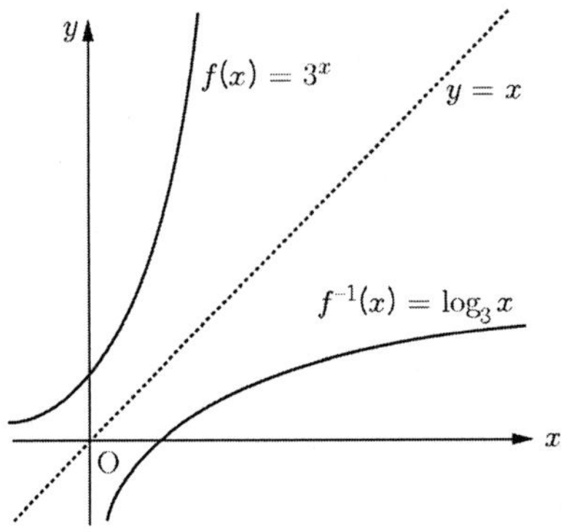

그림 2.24

역함수f^{-1}의 함수식을 구하기 위해 역함수 구하는 방법을 활용해 보자:

1. $f(x)$를 y로 바꾼다. $\qquad y=3^x$
2. x를 y에 관한 식으로 정리한다. $\qquad x=\log_3 y$
3. x와 y를 바꾼다. $\qquad y=\log_3 x$

   따라서 $y=f^{-1}(x)=\log_3 x$이다.

   예를 들어, $f^{-1}(9)=\log_3 9=2$이다. 왜냐하면 $9=3^2$이기 때문이다.

임의의 지수함수 $f(x)=a^x$에 대해, 그 역함수를 **밑이** a**인 로그함수**라고 부른다. 이 역함수의 그래프는 $y=a^x$의 그래프를 $y=x$ 그래프에 대해 대칭이동 시킨 그래프이다. 여기서 $x=a^y$일 필요충분조건은 $y=\log_a x$이다.

$f(x)=a^x$ **의 역함수는** $f^{-1}(x)=\log_a x$ **이다**

정의 2.4.2

1이 아닌 양수 a가 주어져 있다고 하자. 양수 x를 $x = a^y$인 y로 대응시키는 함수를 $y = \log_a x$와 같이 표현하고 밑이 a인 **로그함수**(logarithmic function)라고 정의한다.

밑 a의 범위가 각각 $a > 1$과 $0 < a < 1$ 일 때, 함수 $f(x) = a^x$와 $f^{-1}(x) = \log_a x$의 그래프는 다음과 같다(그림 2.25).

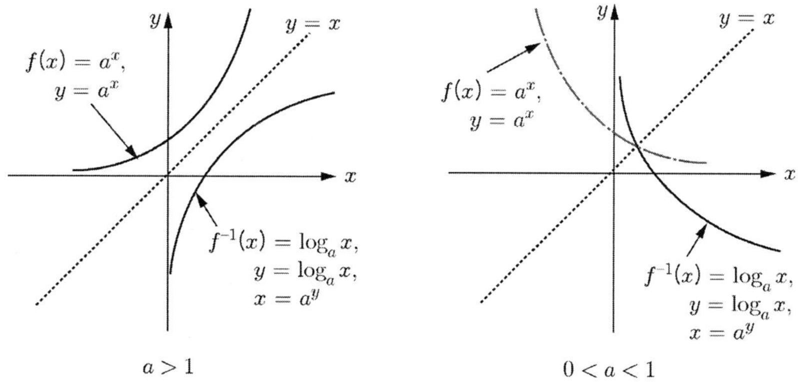

그림 2.25

여기서 $f(x)$와 $f^{-1}(x)$의 그래프가 직선 $y = x$에 대해 대칭이 되는 것에 주목해야 한다.

예제 5

함수 $f(x) = \log_2 x$의 그래프를 그려라.

풀이

x	$f(x) = \log_2 x$
0.25	−2
0.5	−1
1	0
2	1
4	2
8	3

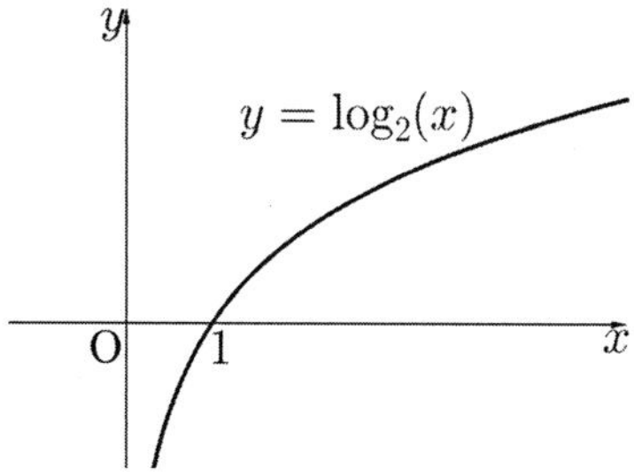

그림 2.26

함수 $y=\log_a x$의 그래프와 마찬가지로 '$y=\ln x \leftrightarrow x=e^y$'와 같은 관계식을 이용하여 함수 $y=\ln x$의 그래프를 그릴 수 있다.

예제 5

함수 $f(x)=\ln x$의 그래프를 그려라.

풀이 위의 관계식을 활용하여 계산기로 몇몇 x 값에 대한 $f(x)=\ln x$ 값을 계산하고 그래프를 그리면 다음과 같다.

x	$f(x)=\ln x$
0.5	−0.7
1	0
2	0.7
3	1.1
4	1.4
5	1.6

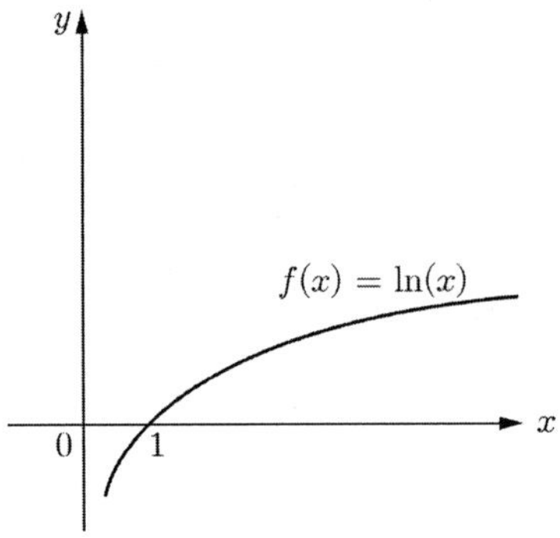

그림 2.27

임의의 밑 a에 대한 로그함수 $f(x)=\log_a x$의 그래프에서 확인한 것처럼 위의 그래프에서도 x절편이 $(1, 0)$이고 정의역은 양의 실수, 치역은 모든 실수이다. 또한, y축이 수직점근선이다. ■

예제 6

$y=\ln x$의 그래프를 활용하여 다음 함수의 그래프를 그리고 정의역과 수직점근선을 확인하여라.

(a) $y=\ln(x+2)$ (b) $y=2-\dfrac{1}{3}\ln x$

풀이 (a) 함수 $y=\ln(x+2)$의 그래프는 $y=\ln x$ 그래프를 x축 음의 방향으로 2만큼 이동한 그래프이다(그림 2.28).

(b) 함수 $y=2-\dfrac{1}{3}\ln x$의 그래프는 $y=-\dfrac{1}{3}\ln x$ 그래프를 y축 양의 방향으로 2만큼 평행이동한 그래프이다. 그런데 $y=-\dfrac{1}{3}\ln x$ 그래프는 $y=\dfrac{1}{3}\ln x$

그래프를 x축에 대칭이동한 것이므로 함수 $y=2-\frac{1}{3}\ln x$의 그래프는 그림 2.29와 같다.

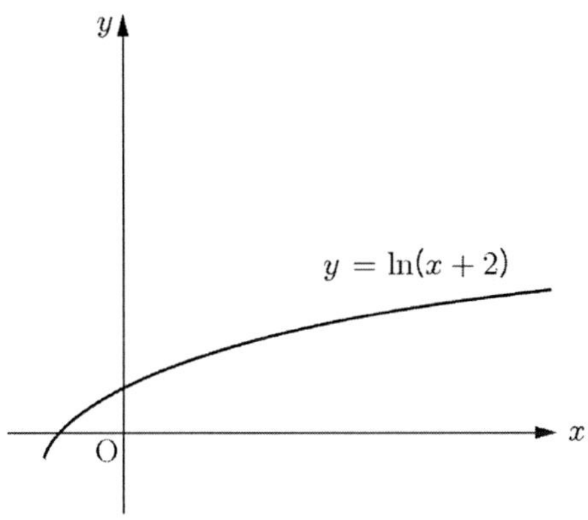

그림 2.28

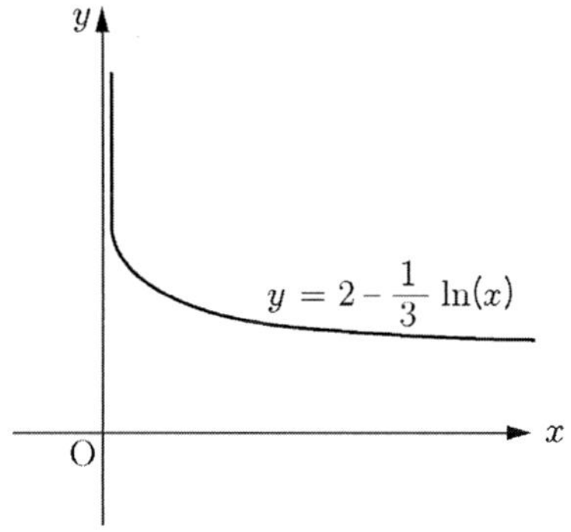

그림 2.29

연습문제 2.4

1. 다음 표현의 값을 구하여라.

(1) $\log_5 1$

(2) $\log_2 2\sqrt{2}$

(3) $\log_3 \frac{1}{9}$

(4) $\log \frac{1}{\sqrt{10}}$

(5) $\ln \sqrt{e}$

(6) $\ln \frac{1}{e}$

(7) $\log_8 2$

(8) $3^{\log_3 4}$

(9) $e^{-\ln 3}$

(10) $\frac{\log_3 64}{\log_3 8}$

2. 다음을 간단히 하여라.

(1) $\log 0.01 + \log 10000 + 2\log 1000$

(2) $\frac{1}{3}\log_a x + 4\log_a y - 5\log_a x$

(3) $\ln(x^2-9) - \ln(x-3) + \ln(x+4)$

(4) $\log_a(x^2+xy+y^2) + \log_a(x-y)$

(5) $\log_a(a^8-b^8) - \log_a(a-b)$

(6) $\log_{10}11 \cdot \log_{11}12 \cdot \log_{12}13 \cdots \log_{98}99 \cdot \log_{99}100$

3. x에 관한 다음 방정식을 풀어라.

(1) $\log_2(x+1) + \log_2(x-1) = 3$

(2) $\log_8(x+1) - \log_8 x = 2$

(3) $\log_4(x+3) + \log_4(x-3) = 2$

(4) $\log(2x+1) - \log(x-2) = 1$

4. x에 관한 다음 방정식을 풀어라.

(1) $e^x = 3$

(2) $e^{2x+3} = 6$

(3) $2^{-x+1} = 7$

(4) $10^{2x+3} = 15$

5. x에 관한 부등식을 풀어라.

(1) $\log x \geq 3$

(2) $\ln x - 2 > 3$

(2) $10^{2x} > 5$

(4) $e^{x-1} < 4$

6. 다음 함수의 역함수를 구하여라.

(1) $f(x) = 2^{x-1}$

(2) $f(x) = e^{3x-1}$

(3) $f(x) = 10^{-x+6}$

(4) $f(x) = \log_2(x-1)$

(5) $f(x) = \log(\frac{1}{2}x+4)$

(6) $f(x) = \ln(x+5)$

7. 다음 함수의 정의역을 구하여라.

(1) $f(x) = \log(x-1)$

(2) $f(x) = \ln|x-2|$

(3) $f(x) = \ln(e^x - 1)$

8. 다음 함수의 그래프를 그려라.

(1) $y = \log_{\frac{1}{2}} x$

(2) $y = 3 + \log_2(x-2)$

9. 어느 도시에서 사람들이 걷는 속도는 인구수와 관련된다. 대개 평균적인 걷기 속도 w(피트/초)는 인구수를 P(명)라고 할 때, 다음과 같은 함수식으로 계산될 수 있다.

$$w(P) = 0.37 \log_2 P + 0.05$$

(1) 인구 2^{20}명이 살고 있는 도시에서 평균 걷기 속도는 얼마일까?

(2) 어떤 도시의 평균 걷기 속도가 11.15(피트/초)였다면, 이 도시의 인구는 어느 정도가 되는지를 계산하여라.

제 3 장

미분법

3.1 함수의 극한과 연속

1) 극한의 정의

극한의 개념은 미적분학에서 가장 기본이 되는 개념으로 면적이나 속도를 구할 때 필수적이며, 무한소와 무한대의 개념이 포함되어 있다. 또한, 함수 $f(x)$의 변화는 x의 작은 변화에 의존한다.

그래서 극한의 개념은 동적인 움직임에 대한 많은 정보를 준다. 특히 함수의 미분과 적분은 함수 극한의 개념을 사용하여 정의된다.

이 절에서는 함수 극한의 정의와 극한을 구하는 방법을 알아보고자 한다.

정의 3.1.1(직관적인 정의)

함수 $f(x)$가 실수 a를 포함한 어떤 구간에서 a를 제외한 모든 x에 대하여 정의될 때, x가 a에 한없이 가까이 접근함에 따라서 함숫값 $f(x)$가 일정한 수 L에 한없이 가까이 갈 때, 함수 $f(x)$의 $x=a$에서의 극한값(limit)은 L이라 하고, 이것을

$$x \to a\text{일 때 } f(x) \to L,\ \text{또는 } \lim_{x \to a} f(x) = L$$

로 나타낸다.

극한의 정의를 좀 더 엄밀하게 수학적으로 정의하면 다음과 같다.

정의 3.1.2

임의의 $\epsilon > 0$에 대하여 어떤 양수 $\delta > 0$가 존재해서

$$0 < |x-a| < \delta \text{ 이면 } |f(x) - L| < \epsilon$$

이 성립할 때 L을 x가 a에 가까이 접근할 때 $f(x)$의 극한값이라 하고

$$\lim_{x \to a} f(x) = L$$

로 나타낸다.

예제 1

함수 $f(x) = x^2$에서 x가 1에 가까운 값을 가질 때 $f(x)$의 값의 변화를 살펴보자.

풀이

x	0.9	0.99	0.999	0.9999	$\cdots$	1	$\cdots$	1.0001	1.001	1.01	1.1
$f(x)$	0.81	0.9801	0.998001	0.99980001	$\cdots$	1	$\cdots$	1.00020001	1.002001	1.0201	1.21

위의 표와 함수의 그래프를 보면 x가 1에 가까워질수록 $f(x)$의 극한값은 1에서의 함숫값 1에 가까워짐을 알 수 있다.

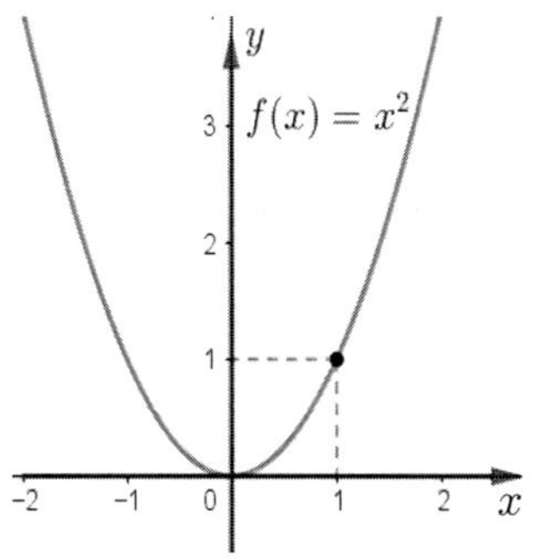

그림 3.1

다음으로 함숫값이 정의 되어 있지 않은 점으로 가까이 접근했을 때 함숫값의 변화를 살펴보자.

예제 2

x가 2에 가까워질 때, 함수 $f(x)=\dfrac{x^2-4}{x-2}$의 극한값을 구하여라.

풀이

x	1	1.5	1.9	1.99	1.999	⋯	2.0001	2.001	2.01	2.1	2.5
$f(x)$	3	3.5	3.9	3.99	3.999	⋯	4.0001	4.001	4.01	4.1	4.5

x가 2에 접근할 때 $f(x)$의 함숫값

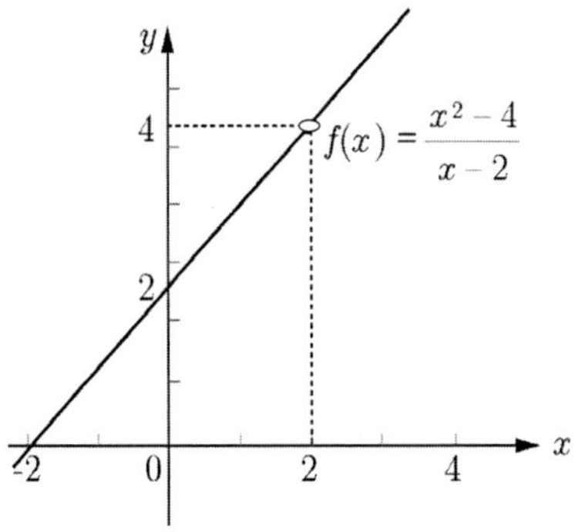

그림 3.2

함수 $f(x)$는 $x=2$에서 함숫값을 갖지 않지만, 위 표와 그래프로부터 x가 2에 접근할 때 $f(x)$는 4에 접근함을 알 수 있다.

위의 함수에서 $x=2$에서 $f(x)$의 값을 1로 정의 하더라도 여전히 $x=2$에서 $f(x)$의 극한값은 4라는 점은 유의할 필요가 있다.

예제 3

x가 0에 가까워질 때, 함수 $f(x)=\dfrac{|x|}{x}$의 극한값을 구하여라.

풀이 $x>0$일 경우 $|x|=x$이므로 $f(x)=1$이다. $x<0$일 경우 $|x|=-x$이므로 $f(x)=-1$이다.

따라서 x가 0에 가까워질 때 함숫값은 1과 -1로 가까이 간다.

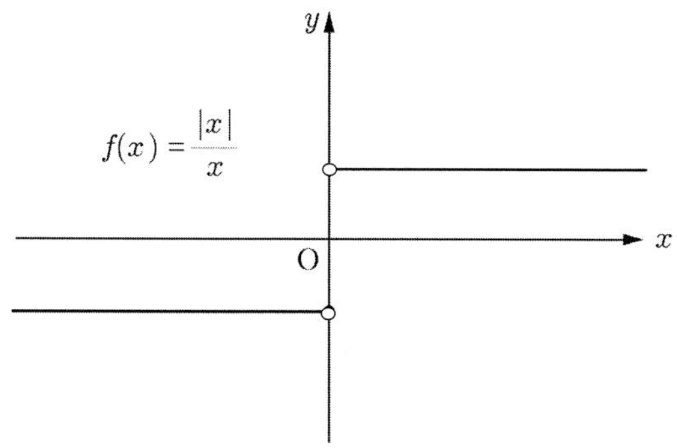

그림 3.3

2) 한쪽 극한

일반적으로 함수 $y=f(x)$가 한 점 a에서 x가 a보다 큰 값으로 a에 가까이 갈 때 함숫값 $f(x)$가 M에 가까워지면 M을 $x=a$에서 **우극한**이라 하고 $\lim_{x\to a^+}f(x)=M$이라 나타낸다. 또한 x가 a보다 작은 값으로 a에 가까이 갈 때 함숫값 $f(x)$가 N에 가까워지면 N을 함수 $f(x)$의 $x=a$에서의 **좌극한**이라 하고 $\lim_{x\to a^-}f(x)=N$으로 나타낸다.

예제3의 함수 $f(x)=\frac{|x|}{x}$의 $x=0$에서 우극한은 $\lim_{x\to 0^+}\frac{|x|}{x}=1$이고, 좌극한은 $\lim_{x\to 0^-}\frac{|x|}{x}=-1$이다.

정리 3.1.1

함수 $f(x)$가 a를 포함하는 어떤 개구간에서 a이외의 모든 x에 대하여 정의되어 있다고 하자. 그러면

$$\lim_{x\to a}f(x)=L \Leftrightarrow \lim_{x\to a^+}f(x)=\lim_{x\to a^-}f(x)=L$$

예제 4

$f(x)=\begin{cases}2x+1, & x<2\\ x+3, & x>2\end{cases}$ 로 정의된 함수 $f(x)$에 대하여 $\lim_{x\to 2}f(x)$를 구하여라.

풀이 $\lim_{x \to 2^-} f(x) = \lim_{x \to 2^-} (2x+1) = 5$이고, $\lim_{x \to 2^+} f(x) = \lim_{x \to 2^+} (x+3) = 5$이므로 정리 3.1.1에 의하여 $\lim_{x \to 2} f(x) = 5$이다.

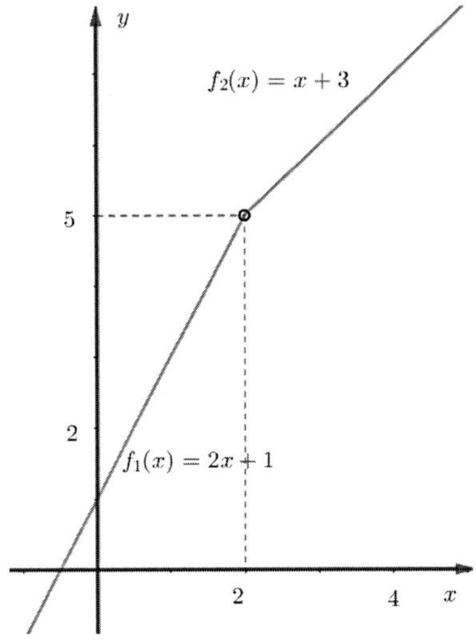

그림 3.4

3) 무한 극한

x가 0에 접근할 때 $f(x) = \frac{1}{x^2}$의 극한값을 살펴보면 다음 표와 같다.

x	-10^{-1}	-10^{-10}	-10^{-100}	-10^{-1000}	$\cdots$	10^{-1000}	10^{-100}	10^{-10}	10^{-1}
$f(x)$	10^2	10^{20}	10^{200}	10^{2000}	$\cdots$	10^{2000}	10^{200}	10^{20}	10^2

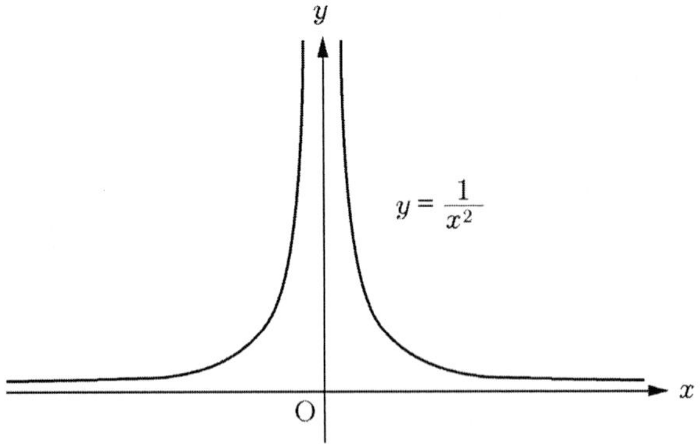

그림 3.5

x가 0에 충분히 가까이 가면 $f(x)$의 값들을 임의로 커지도록 만들 수 있다. 따라서 $f(x)$의 값이 어떤 수에 접근하지 않으므로 $\lim_{x \to 0} \frac{1}{x^2}$은 존재하지 않지만, 일반적으로 x가 a에 충분히 가까워질수록 $f(x)$의 값이 점점 더 크게 되는 것을 나타내기 위하여 기호로 $\lim_{x \to a} f(x) = \infty$를 사용한다.

마찬가지로 x가 a에 충분히 가까워질수록 $f(x)$의 값이 점점 더 작게 되는 것을 나타내기 위하여 $\lim_{x \to a} f(x) = -\infty$를 사용한다.

$f(x) = \frac{1}{x}$의 경우 x가 양의 값으로 0에 가까워질수록 함숫값은 계속 커지므로 $\lim_{x \to 0^+} \frac{1}{x} = \infty$이며, x가 음의 값으로 0에 가까이 갈수록 함숫값은 작아지므로 $\lim_{x \to 0^-} \frac{1}{x} = -\infty$이다.

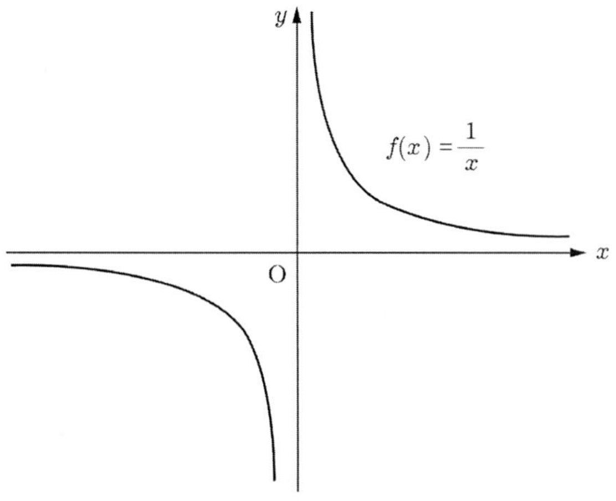

그림 3.6

정의 3.1.3

함수 $f(x)$가 개구간 (a, c)에서 정의되어 있고 임의의 양수 N에 대하여 $\delta > 0$가 존재해서 $0 < x - a < \delta \Rightarrow f(x) > N$이 성립할 때 $x = a$에서 함수의 극한은 ∞이라하고 $\lim_{x \to a^+} f(x) = \infty$로 나타낸다.

또한 임의의 음수 N에 대하여 $\delta > 0$가 존재해서 $0 < x-a < \delta \Rightarrow f(x) < N$이 성립할 때 $x=a$에서 함수의 극한은 $-\infty$이라하고 $\lim_{x\to a^+} f(x) = -\infty$으로 나타낸다. ■

함수의 그래프가 $x=a$에서 끊어지지 않고 계속 이어지는 경우 x가 a에 접근할 때 $f(x)$는 함숫값 $f(a)$로 가까이 감을 알 수 있다.

앞 장에서 우리는 다항함수, 지수함수, 로그함수의 그래프를 살펴보았고 그 그래프들이 정의역에서 끊어지지 않고 계속 이어짐을 보았다. 따라서 이들 함수의 경우 $x \to a$ 일 때 $f(x) \to f(a)$임을 알 수 있다.

예를 들어

$$\lim_{x\to a} x = a, \ \lim_{x\to a} 2^x = 2^a, \ \lim_{x\to a} \log_2 x = \log_2 a$$

가 성립한다.

다음은 잘 알려진 극한에 관한 정리이다.

정리 3.1.2

c가 상수이고, $\lim_{x\to a} f(x)$, $\lim_{x\to a} g(x)$이 존재하면

1. $\lim_{x\to a}[f(x)+g(x)] = \lim_{x\to a} f(x) + \lim_{x\to a} g(x)$
2. $\lim_{x\to a}[f(x)-g(x)] = \lim_{x\to a} f(x) - \lim_{x\to a} g(x)$
3. $\lim_{x\to a}[cf(x)] = c\lim_{x\to a} f(x)$
4. $\lim_{x\to a}[f(x)g(x)] = \lim_{x\to a} f(x) \cdot \lim_{x\to a} g(x)$
5. $\lim_{x\to a} g(x) \neq 0$ 이면 $\lim_{x\to a} \dfrac{f(x)}{g(x)} = \dfrac{\lim_{x\to a} f(x)}{\lim_{x\to a} g(x)}$

이 성립한다.

정리3.1.2를 적용할 때, $\lim_{x\to a} f(x)$, $\lim_{x\to a} g(x)$의 값이 먼저 존재함을 확인한 뒤에

극한의 법칙을 적용해야 한다. 예를 들면, $\lim_{x\to\infty}(x^2 - x^2) = 0$이지만 정리 3.1.2를 적용하면 $\infty - \infty$이므로 극한이 존재하지 않는다.

정리 3.1.2의 극한 정리를 적용하기 위해 다음 두 극한을 알아야 한다.

$\lim_{x\to a} c = c$, $\lim_{x\to a} \sqrt[n]{x} = \sqrt[n]{a}$ (n은 양의 정수)

예제 5

다음 함수의 극한을 구하여라.

(a) $\lim_{x\to 2}(x^2 - 5x + 2)$ (b) $\lim_{x\to 3}\sqrt{x^2 - 1}$

(c) $\lim_{x\to 0}(3e^x + x)$ (d) $\lim_{x\to 4}\log_2(3x + 4)$

풀이 (a) $\lim_{x\to 2}(x^2 - 5x + 2) = 4 - 10 + 2 = -4$

(b) $\lim_{x\to 3}\sqrt{x^2 - 1} = \sqrt{3^2 - 1} = \sqrt{8} = 2\sqrt{2}$

(c) $\lim_{x\to 0}(3e^x + x) = 3$

(d) $\lim_{x\to 4}\log_2(3x + 4) = \log_2(16) = 4$

x가 a로 가까이 갈 때 함수의 분자와 분모가 0으로 가까이 가는 경우 함수의 극한을 구하기 위해 분수함수의 경우 분자나 분모를 인수분해하고, 무리함수의 경우 유리화해서 0으로 가는 인수를 약분한 다음 극한을 구하면 된다.

예제 6

다음 함수의 극한을 구하여라.

(a) $\lim_{x\to 3}\frac{x^2 - 9}{x - 3}$ (b) $\lim_{x\to 1}\frac{\sqrt{x} - 1}{x - 1}$ (c) $\lim_{x\to 2}\frac{2x + 3}{x - 1}$

풀이 (a) $\lim_{x\to 3}(x^2 - 9) = 0$이고, $\lim_{x\to 3}(x - 3) = 0$으로 $\frac{0}{0}$꼴을 하고 있다.

이 경우 분모와 분자의 공통인수로 약분한 후 극한을 구한다.

$$\lim_{x\to 3}\frac{x^2-9}{x-3}=\lim_{x\to 3}\frac{(x-3)(x+3)}{(x-3)}$$

$$=\lim_{x\to 3}(x+3)=6$$

(b) $\lim_{x\to 1}(\sqrt{x}-1)=0$이고 $\lim_{x\to 1}(x-1)=0$으로 $\frac{0}{0}$꼴을 하고 있다.

분자나 분모에 무리수가 있는 경우 유리화를 해서 영인수를 약분한 후 극한을 구한다.

$$\lim_{x\to 1}\frac{\sqrt{x}-1}{x-1}=\lim_{x\to 1}\frac{(\sqrt{x}-1)(\sqrt{x}+1)}{(x-1)(\sqrt{x}+1)}$$

$$=\lim_{x\to 1}\frac{x-1}{(x-1)(\sqrt{x}+1)}=\lim_{x\to 1}\frac{1}{\sqrt{x}+1}=\frac{1}{2}$$

(c) $\lim_{x\to 2}\frac{2x+3}{x-1}=\frac{\lim_{x\to 2}(2x+3)}{\lim_{x\to 2}(x-1)}=7$

■

$\frac{\infty}{\infty}$꼴의 극한을 구할 때는 분모의 최고차항으로 분자 분모를 나눈 다음 극한을 구한다.

예제 7

다음 함수의 극한을 구하여라.

(a) $\lim_{x\to\infty}\frac{x+3}{x^2+1}$ (b) $\lim_{x\to\infty}\frac{x^3+x+10}{x^3-5}$ (c) $\lim_{x\to\infty}\frac{x^2-x}{6x+5}$

풀이 (a) $\lim_{x\to\infty}\frac{x+3}{x^2+1}=\lim_{x\to\infty}\frac{\frac{1}{x}+\frac{3}{x^2}}{1+\frac{1}{x^2}}=\frac{0}{1}=0$

(b) $\lim_{x\to\infty}\frac{x^3+x+10}{x^3-5}=\lim_{x\to\infty}\frac{1+\frac{1}{x^2}+\frac{10}{x^3}}{1-\frac{5}{x^3}}=1$

(c) $\lim_{x\to\infty}\frac{x^2-x}{6x+5}=\lim_{x\to\infty}\frac{x-1}{6+\frac{5}{x}}=\infty$

■

위의 예제로 우리는 $\frac{\infty}{\infty}$형의 유리함수의 극한을 구할 경우 분자의 차수가 분모의 차수보다 크면 극한값은 ∞이고, 분자의 차수와 분모의 차수가 같으면 최고차항의 계수의 비로 수렴한다. 분모의 차수가 분자의 차수보다 크면 0으로 수렴함을 알 수 있다.

정리 3.1.3 (압축정리)

$x=c$의 근방에서 정의된 세 함수 $f(x)$, $g(x)$, $h(x)$가 c의 근방에서 $g(x) \le f(x) \le h(x)$와 $\lim_{x\to c} g(x) = \lim_{x\to c} h(x) = L$을 만족하면 $\lim_{x\to c} f(x) = L$이 성립한다.

예제 8

$\lim_{x\to\infty} \frac{[x]}{x+1}$의 값을 구하여라.($[x]$는 x를 넘지 않는 최대정수)

풀이 $x-1 < [x] \le x$이므로

$\lim_{x\to\infty} \frac{x-1}{x+1} < \lim_{x\to\infty} \frac{[x]}{x+1} \le \lim_{x\to\infty} \frac{x}{x+1}$이 성립하고

$\lim_{x\to\infty} \frac{x-1}{x+1} = 1$, $\lim_{x\to\infty} \frac{x}{x+1} = 1$이므로 압축정리에 의해

$$\lim_{x\to\infty} \frac{[x]}{x+1} = 1$$

■

예제 9

$\lim_{x\to 0} (1+x)^{\frac{1}{x}}$의 극한값을 구하여라.

풀이 2장에서 $\lim_{x\to\infty}\left(1+\frac{1}{x}\right)^x = e$임을 알아봤다.

$t = \frac{1}{x}$라 하면 $x\to 0$이면 $t\to\infty$이므로

$$\lim_{x\to 0}(1+x)^{\frac{1}{x}} = \lim_{t\to\infty}\left(1+\frac{1}{t}\right)^t = e$$

이 성립한다.

예제 10

$\lim_{x\to 0}(1+2x)^{\frac{1}{x}}$의 값을 구하여라.

풀이

$$\lim_{x\to 0}(1+2x)^{\frac{1}{x}} = \lim_{x\to 0}\left\{(1+2x)^{\frac{1}{2x}}\right\}^2 = e^2$$

4) 연속함수

정의 3.1.4

함수 $f(x)$가 $x=a$를 포함하는 적당한 구간에서 정의되어

$$\lim_{x\to a} f(x) = f(a)$$

일 때, 즉 $x=a$에서 함수의 극한값이 존재하여 $x=a$에서의 함숫값과 일치할 때 $f(x)$는 $x=a$에서 **연속**이라고 한다.

함수 f가 a에서 연속이라면 $f(a)$가 정의되고, $\lim_{x\to a} f(x)$가 존재하고, $\lim_{x\to a} f(x) = f(a)$가 성립함을 의미한다.

함수 f가 어떤 구간 I에서 연속이라 함은 구간내의 모든 점에서 연속임을 뜻하고 기하학적으로는 함수 f가 끊어지지 않고 이어져 있음을 뜻한다.

예제 11

다음 함수의 불연속인 점을 찾고 그 이유를 말하여라.

(a) $f(x)=\dfrac{2}{x-3}$ (b) $f(x)=\begin{cases}\dfrac{1}{x^2}, & x\neq 0\\ 1, & x=0\end{cases}$ (c) $f(x)=\begin{cases}\dfrac{x^2-1}{x-1}, & x\neq 1\\ 1, & x=1\end{cases}$

풀이 (a) $x=3$에서 함수가 정의되지 않으므로 불연속이다.

(b) $x=0$에서 극한값이 존재하지 않으므로 불연속이다.

(c) $x=1$에서 함숫값과 극한값이 일치하지 않으므로 불연속이다.

■

정리 3.1.4

$f(x)$와 $g(x)$가 $x=a$에서 연속이고 c가 상수이면 다음 함수들도 $x=a$에서 연속이다.

1. $f+g$ 2. $f-g$ 3. cf
4. fg 5. $\dfrac{f}{g}$, $g(a)\neq 0$
6. $f(x)$가$x=c$에서 연속이고, $g(x)$가 $f(c)$에서 연속이면 $g\circ f$는 $x=c$에서 연속이다.

함수 $f(x)$가 개구간 (a,b)내의 모든 점에서 연속일 때, $f(x)$는 개구간 (a,b)에서 연속이라고 한다. 또한 함수 $f(x)$가 (a,b)에서 연속이고 $\lim_{x\to a^+}f(x)=f(a)$, $\lim_{x\to b^-}f(x)=f(b)$을 만족하면 폐구간 $[a,b]$에서 연속이라고 정의한다.

다항함수, 삼각함수, 지수함수, 로그함수, 유리함수, 무리함수들은 함수가 정의되는 정의역상에서 연속이다. 분수함수는 분모가 0인 점에서 불연속이다.

예제 12

다항함수와 유리함수는 연속함수다.

(a) 모든 다항함수$P(x)=a_nx^n+a_{n-1}x^{n-1}+\cdots+a_0$는 정리 3.1.1에 의해 $\lim_{x\to a}P(x)=P(a)$이므로 연속이다.

(b) 만약 $P(x)$, $Q(x)$가 다항함수이고 $Q(a) \neq 0$일 때 정리 3.1.4의 몫의 법칙에 의해 유리함수 $\dfrac{P(x)}{Q(x)}$는 $x = a$에서 연속이다

예제 13

다음 함수의 연속성을 조사하여라.

$$f(x) = \frac{x^2 - 5x + 4}{x^2 - 9}$$

풀이 $x^2 - 9 = (x+3)(x-3)$이므로 $f(-3)$, $f(3)$이 존재하지 않는다. 따라서 예제 12의 (b)에 의하여 $x = -3$과 3을 제외한 모든 x에서 함수 f는 연속이다. ■

연습문제 3.1

1. 다음 함수의 극한을 구하여라.

(1) $\lim_{x \to 1} 3x^2 + x - 9$　　(2) $\lim_{x \to 3} \frac{x^2 - 5x + 1}{x - 5}$

(3) $\lim_{x \to 2} \frac{x^2 + x - 6}{x - 2}$　　(4) $\lim_{x \to 2} \frac{\sqrt{x} - \sqrt{2}}{x - 2}$

2. 다음 함수의 극한값을 구하여라.

(1) $\lim_{x \to \infty} \frac{3x^2 + x - 3}{2x^2 - 5x - 1}$　　(2) $\lim_{x \to \infty} \frac{2x + 7}{x^2 + 3}$

(3) $\lim_{x \to \infty} \frac{5x^3 - x^2 - 6}{x^2 + 4x}$　　(4) $\lim_{x \to \infty} \sqrt{x^2 + x + 1} - x$

3. 다음 함수의 극한값을 구하여라.

(1) $\lim_{x \to 0} (1 + 3x)^{\frac{1}{x}}$　　(2) $\lim_{x \to \infty} \left(1 + \frac{2}{x}\right)^x$　　(3) $\lim_{x \to 0} (1 + \frac{x}{2})^{\frac{1}{x}}$

4. 다음 함수의 극한값을 구하여라.

(1) $\lim_{x \to 1^+} \frac{1}{x - 1}$　　(2) $\lim_{x \to \infty} x^2 - 5x + 5$　　(3) $\lim_{x \to 0^+} \ln x$

5. 다음 함수의 연속성을 조사하고 그 이유를 설명하여라.

(1) $f(x) = \frac{x^2 - 5x + 4}{x - 4}$　　(2) $f(x) = \begin{cases} \frac{x^2 - 5x + 4}{x - 4}, & x \neq 4 \\ 3, & x = 4 \end{cases}$

6. 다음 함수가 연속이 되도록 하는 a값을 구하여라.

$$f(x) = \begin{cases} ax^2 + x, & x \leq 2 \\ -x^2 - ax, & x > 2 \end{cases}$$

3.2 도함수

16, 17세기 과학자들은 두 가지 문제에 크게 관심을 가지고 있었다. 그 하나는 운동에 관한 것으로 물체의 순간 속도를 어떻게 구할 것인가 하는 것이고 또 다른 하나는 곡선의 접선에 관한 문제이다. 따라서 미분은 변화하는 여러 현상의 순간 변화율을 수량화 하는 것이고, 또 하나는 좀 더 다양한 도형을 다루는 것을(곡선의 길이, 비틀림, 곡면의 면적, 도형의 체적 등) 가능하게 한다.

우리는 어떻게 곡선에 대한 접선의 기울기와 속도를 정의할 것인가를 알아보고 이를 통하여 도함수의 개념을 이끌어내고자 한다.

1) 접선의 기울기

$y=\dfrac{x^2}{2}$ 위의 한 점 $P(1,\dfrac{1}{2})$에서 곡선에 접하는 직선의 방정식을 어떻게 구할 수 있는지 알아보자.

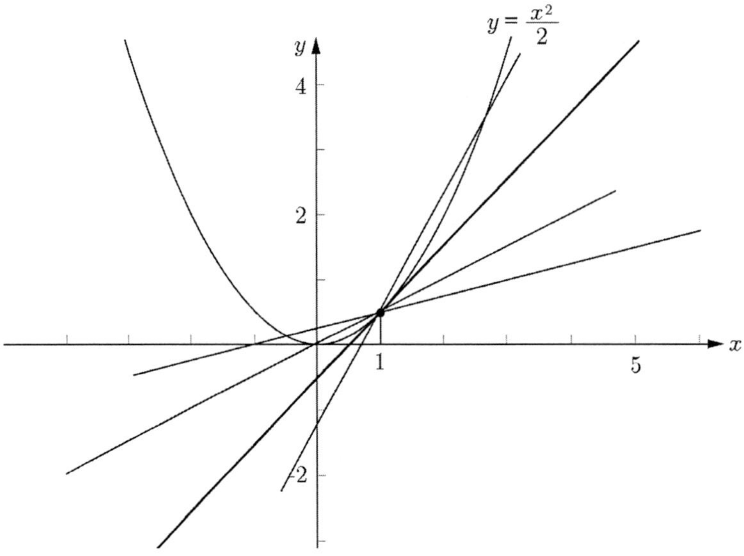

그림 3.7

직선의 방정식을 구하려면 최소한 직선 위의 두 점을 알아야 한다. 하지만 한 점 P만 알고 있으므로 곡선 위의 또 다른 한 점 Q를 잡아서 두 점을 지나는 직선

$\overleftrightarrow{PQ}$를 그려보면 Q가 곡선을 따라 P에 가까울수록 직선 $\overleftrightarrow{PQ}$는 P에서의 접선 l에 수렴해 가는 것을 볼 수 있다. 즉 직선 $\overleftrightarrow{PQ}$의 기울기는 접선 l의 기울기로 수렴해 간다.

예를 들어 $Q(2,2)$이면 직선 $\overleftrightarrow{PQ}$의 기울기는 $\frac{y\text{의 변화량}}{x\text{의 변화량}}=\frac{2-0.5}{2-1}=1.5$이다.

다음은 $Q(x,\frac{x^2}{2})$에 따른 $\overleftrightarrow{PQ}$의 기울기 m을 계산한 표이다.

x	m	x	m
2	1.5	0	0.5
1.5	1.25	0.5	0.75
1.1	1.05	0.9	0.95
1.01	1.005	0.99	0.995

우리는 점 Q가 곡선을 따라 점 P에 가까이 갈수록 직선 $\overleftrightarrow{PQ}$의 기울기가 1에 가까이 감을 알 수 있다.

따라서 P에서 접선의 방정식은 $y-\frac{1}{2}=x-1$ 즉 $y=x-\frac{1}{2}$이다.

점$P(a,f(a))$에서 곡선 $y=f(x)$의 접선은 $m=\lim_{x\to a}\frac{f(x)-f(a)}{x-a}$가 존재한다면, 점 P를 지나며 기울기가 m인 직선이다.

접선과 직교하는 직선을 **법선**이라 한다. 직교하는 두 직선의 기울기의 곱은 -1이므로 법선의 기울기는 $-\frac{1}{m}$이고 $P(a,f(a))$에서 법선의 방정식은 $y-f(a)=-\frac{1}{m}(x-a)$이다.

예제 1

점$(2,-4)$에서 $y=-x^2$ 의 접선과 법선의 방정식을 구하여라.

풀이 점 P에서 접선의 기울기는

$$\lim_{x\to 2}\frac{f(x)-f(2)}{x-2}=\lim_{x\to 2}\frac{-x^2-(-4)}{x-2}=\lim_{x\to 2}\frac{-x^2+4}{x-2}$$
$$=\lim_{x\to 2}-(x+2)=-4$$

이므로 접선의 방정식은

$y-(-4)=(-4)(x-2)$이고 y에 관해 정리하면 $y=-4x+4$이다.

법선의 기울기는 $\frac{1}{4}$이므로 법선의 방정식은

$y+4=\frac{1}{4}(x-2)$ 즉 $y=\frac{x}{4}-\frac{9}{2}$이다.

2) 순간속도

모든 자연현상과 사회현상은 변한다. 이러한 변화의 순간 변화율을 어떻게 측정할 수 있는지 알아보자.

직선 운동을 하는 물체의 시간 t에서의 위치를 $s(t)$라 하고 이로 부터 h시간 후의 위치를 $s(t+h)$라 하면 물체의 변위는 $s(t+h)-s(t)$이다. 따라서 시간구간 $[t,\ t+h]$동안 물체의 **평균속도**는 다음과 같다.

$$v=\frac{\text{변위}}{\text{경과시간}}=\frac{s(t+h)-s(t)}{h}$$

예제 2

진공 속에서 어떤 낙하하는 물체가 t초 동안에 $s(t)=16t^2$ m 낙하한다고 한다. 처음 6초 사이와 시간구간 [4, 6], [5, 6]에서의 평균속도를 구하여라.

풀이 처음 6초사이의 평균속도는 $\frac{16\cdot 6^2-0}{6-0}=96\,m/\mathrm{sec}$이고

시간구간 [4, 6]에서 평균속도는 $\frac{16\cdot 6^2-16\cdot 4^2}{6-4}=160\,m/\mathrm{sec}$,

시간구간 [5, 6]에서 평균속도는 $\frac{16\cdot 6^2-16\cdot 5^2}{6-5}=176\,m/\mathrm{sec}$이다.

위의 예제에서 낙하하는 물체의 평균속도가 6초 근방에서 점점 빨라지는 것을 알 수 있다.

물체의 운동을 나타내는데 평균속도도 유용성은 있지만 현재의 속도를 나타내지는 못한다. 예를 들어 집에서 학교까지 등교할 때, 걸어서 오거나, 차를 타고 오거

나 일정한 속도를 유지하는 것은 매우 어려운 일이다. 또는 건물 옥상에서 떨어뜨린 공의 속도는 점점 빨라진다. 지면에 도착하는 순간의 속도는 어떻게 구하면 좋을까?

어느 한 지점을 통과하는 순간의 속도를 구하려면 움직인 거리와 시간을 계산하기 어려우므로 우리는 그 지점 근방에서의 평균속도를 구한다. 시간 구간이 짧아질수록 평균속도는 순간속도에 접근하므로 순간속도는 평균속도의 극한으로 정의한다.

즉 $v(t_0) = \lim_{h \to 0} \dfrac{s(t_0 + h) - s(t_0)}{h}$는 $t = t_0$에서의 **순간속도**를 의미한다.

또한 속도함수 $v(t)$의 t_0에서의 속도

$a(t_0) = \lim_{h \to 0} \dfrac{v(t_0 + h) - v(t_0)}{h}$를 $t = t_0$에서의 **가속도**라 한다.

예제 3

앞의 예제 2에서 $t = 6$에서의 순간 속도를 구하여라.

풀이

$$\begin{aligned} v(6) &= \lim_{h \to 0} \frac{s(6+h) - s(6)}{h} \\ &= \lim_{h \to 0} \frac{16(6+h)^2 - 16 \cdot 6^2}{h} \\ &= 192\, m/\text{sec} \end{aligned}$$

3) 일반적인 변화율

만약 $Q(t)$가 시간 t에 따라 변화하는 양이라면 시간 구간 $[t, t+h]$에서

$$Q\text{의 평균변화율} = \frac{Q\text{의 변화량}}{t\text{의 변화량}} = \frac{Q(t+h) - Q(t)}{h}$$ 이다.

시각 t에서의 순간 변화율은 시간 구간 $[t, t+h]$에서 $h \to 0$일 때 평균변화율의 극한

$$\lim_{h \to 0} \frac{Q(t+h) - Q(t)}{h}$$

으로 정의한다.

예제 4

$f(t)=6t^2-48t+1500$ 는 시간 t에서 금 가격을 나타내는 함수이다. $t=3$일 때 금가격의 변화율을 구하여라.

풀이

$$\begin{aligned} f'(3) &= \lim_{h\to 0}\frac{f(3+h)-f(3)}{h} \\ &= \lim_{h\to 0}\frac{\{6(3+h)^2-48\cdot 3+1500\}-\{6\cdot 3^2-48\cdot 3+1500\}}{h} \\ &= -12 \end{aligned}$$

■

앞에 설명한 순간변화율 형태의 식은 접선의 기울기, 속도 뿐만 아니라 과학, 공학, 경제 등의 분야에서 다양한 종류의 변화율들을 계산할 때 자주 나타난다. 이러한 형태의 극한을 표현하는 수학적 명칭과 기호를 부여한다.

정의 3.2.1

함수 $y=f(x)$가 $x=a$를 포함하는 어떤 정의역에서 정의되었다고 하자. 극한값 $\lim_{x\to a}\frac{f(x)-f(a)}{x-a}$가 존재하면 이 극한값을 $x=a$에서의 미분계수(derivative)라고 하고 $f'(a)$로 표시한다. 이 식에서 $x-a=h$라고 하면 다음과 같이 나타낼 수도 있다.

$$\begin{aligned} f'(a) &= \lim_{h\to 0}\frac{f(a+h)-f(a)}{h} \\ &= \lim_{x\to a}\frac{f(x)-f(a)}{x-a} \end{aligned}$$

미분계수 $f'(a)$는 $x=a$에서의 함수 $y=f(x)$의 순간 변화율과 같은 의미를 나타낸다.

함수 $y=f(x)$가 a근방에서 정의되고 미분계수 $f'(a)=\lim_{h\to 0}\frac{f(a+h)-f(a)}{h}$가 존재하면 함수 f는 $x=a$에서 미분 가능하다고 정의한다.

이 때, 주어진 함수의 정의역 상의 모든 x값에서 미분가능하면 정의역상의 각 x에 미분계수를 대응시키는 함수가 존재하는데 이를 함수 $f(x)$의 도함수라고 하고

$f'(x)$로 표현한다.

$$f'(x) = \lim_{h \to 0} \frac{f(x+h) - f(x)}{h}$$
$$= \lim_{t \to x} \frac{f(t) - f(x)}{t - x}$$

이러한 도함수를 나타내는 기호로는 $f'(x), y', \frac{dy}{dx}, D_x y$ 등을 사용한다.

또한, $y = f(x)$의 $x = a$에서의 순간 변화율은 $f'(a)$ 또는 $\left.\frac{dy}{dx}\right|_{x=a}$로 표현한다.

함수 $f(x) = x^2$의 도함수를 구해보자.

$$f'(x) = \lim_{t \to x} \frac{f(t) - f(x)}{t - x} = \lim_{t \to x} \frac{t^2 - x^2}{t - x} = 2x$$

따라서 $f(x)$가 x시간 후의 물체의 이동거리(단위 m)를 나타내는 함수라면 5시간 후의 물체의 순간속도는 $10m/h$이고 10시간 후의 순간 속도는 $20m/h$으로 시간이 지날수록 물체의 운동속도는 점점 빨라짐을 알 수 있다.

예제 5

함수 $f(x) = \frac{1}{x}$의 $x = 2$에서의 미분계수를 구하여라.

풀이

$$f'(2) = \lim_{h \to 0} \frac{\frac{1}{2+h} - \frac{1}{2}}{h}$$
$$= \lim_{h \to 0} \frac{\frac{-h}{2(2+h)}}{h} = -\frac{1}{4}$$

예제 6

A쇼핑의 2010년 1월이후 t개월 동안 총 판매량은 함수 $f(t) = \sqrt{t} + 2$(백억)로 주어진다.

(1) $f'(t)$를 구하여라.

(2) $f(25)$와 $f'(25)$를 구하고 그 의미를 해석하여라.

풀이 (1) $f'(t)=\lim_{h\to0}\dfrac{f(t+h)-f(t)}{h}$

$$=\lim_{h\to0}\frac{(\sqrt{t+h}+2)-(\sqrt{t}+2)}{h}$$

$$=\lim_{h\to0}\frac{\sqrt{t+h}-\sqrt{t}}{h}\cdot\frac{\sqrt{t+h}+\sqrt{t}}{\sqrt{t+h}+\sqrt{t}}$$

$$=\frac{1}{2\sqrt{t}}$$

(2) $f(25)=7$(백억) , $f'(25)=0.1$(백억)

2010년 이후 25개월 동안 총 판매량은 7백억원이고 25개월 근처에서 1개월당 판매량은 10억의 비율로 증가한다. 따라서 26개월 동안 총 판매량은 710억원, 24개월 동안 총판매량은 690억원으로 추산된다. 그리고 실제로 정확한 값은 $f(26)=7.099\cdots\approx7.1$(백억), $f(24)=6.8989\cdots\approx6.9$(백억)으로 추산한 값에 근사함을 알 수 있다. ■

예제 7

과거의 기록을 참고하면, 자동차 회사 새 모델의 광고비 x(천만원)와 판매대수 y와의 관계가 $y=f(x)=1{,}000{,}000-\dfrac{3{,}000{,}000}{x}$, $4\le x\le200$로 예상된다고 한다. $f(10)$과 $f'(10)$를 계산하고 그 의미를 해석하여라.

풀이 $f'(x)=\lim_{h\to0}\dfrac{f(x+h)-f(x)}{h}=\dfrac{3{,}000{,}000}{x^2}$

따라서 $f(10)=700{,}000$, $f'(10)=30{,}000$이다.

광고비 1억을 투자하면 자동차 70만대가 팔리고, 투자액을 천만원 늘릴 때마다 3만대가 더 팔린다는 것을 의미한다. ■

예제 8

어느 공장에서는 폭이 일정한 직물을 생산하고 있다. 이 직물 x미터를 생산하는데 드는 비용은 $C=f(x)$원이다.

(a) 미분계수 $f'(100)=500$는 무엇을 의미하는가?

(b) 도함수 $f'(x)$는 무엇을 의미하는가? 단위는?

(c) 생산량이 증가할수록 $f'(x)$는 증가하겠는가? 감소하겠는가?

풀이 (a) 미분계수 $f'(100)=500$는 직물 100미터를 생산할 때 생산비의 증가율이 500원/m라는 것을 의미한다.

(b) 도함수 $f'(x)$는 x에 관한 C의 순간변화율이다. 경제학에서는 이 변화율을 한계비용이라고 한다. $f'(x)$의 단위는 원/m이 된다.

(c) 생산비의 증가율은 생산량이 증가할수록 감소한다고 할 수 있다. 그러나 생산이 확대됨에 따라 그에 따른 거대 규모 운영에는 고비용이 따르고 비효율적이 된다. 따라서 비용의 증가율이 결국 높아지게 된다. ■

정리 3.2.1

f가 $x=a$에서 미분가능하면 f는 a에서 연속이다.

증명 f가 점 a에서 연속임을 보이기 위해 $\lim_{x\to a} f(x)=f(a)$임을 증명하면 된다.

$$f(x)=f(a)+\frac{f(x)-f(a)}{x-a}(x-a),\quad x\neq a$$

이므로

$$\begin{aligned}\lim_{x\to a} f(x) &= \lim_{x\to a} f(a)+\lim_{x\to a}\frac{f(x)-f(a)}{x-a}\lim_{x\to a}(x-a)\\ &= f(a)+f'(a)0=f(a)\end{aligned}$$

■

다음 예제는 정리 3.2.1의 역이 성립하지 않음을 보여주고 있다. 즉 연속이라고 해서 반드시 미분가능 하지는 않다.

예제 9

$f(x)=|x|$가 미분가능한 곳을 찾아라.

풀이 $x>0$이면 $|x|=x$이고, $x+h>0$이 되는 충분히 작은 h를 택할 수 있다.

$$f'(x)=\lim_{h\to 0}\frac{|x+h|-|x|}{h}=1$$

이므로 $x>0$에서 미분가능하다.

같은 방법으로 $x<0$이면 $|x|=-x$이고, $x+h<0$이 되는 충분히 작은 h를 택할 수 있다.

$$f'(x)=\lim_{h\to 0}\frac{|x+h|-|x|}{h}=-1$$

따라서 $x\neq 0$일 때 미분가능하다.

$x=0$에서 미분가능성에 대해 알아보자.

$x=0$에서의

$$\text{우극한은 } \lim_{h\to 0^+}\frac{|0+h|-|0|}{h}=\lim_{h\to 0^+}\frac{|h|}{h}=\lim_{h\to 0^+}\frac{h}{h}=1,$$

$$\text{좌극한은 } \lim_{h\to 0^-}\frac{|0+h|-|0|}{h}=\lim_{h\to 0^-}\frac{|h|}{h}=\lim_{h\to 0^-}\frac{-h}{h}=-1$$

이므로 $x=0$에서 평균변화율의 극한값이 존재하지 않으므로 미분가능하지 않다.

연습문제 3.2

1. 다음 각 곡선의 주어진 점에서의 접선과 법선의 방정식을 구하여라.

(1) $y = 2x^2$, $(1, 2)$ (2) $y = \sqrt{x}$, $(4, 2)$

2. f가 미분 가능한 함수일 때 임의의 수 a, b $(b > a)$에 대하여 다음 각 경우에서 $\dfrac{f(b) - f(a)}{b - a}$를 해석하여라.

(1) $f(x)$는 발사 후 x시간 지난 후 인공위성의 높이

(2) $f(x)$는 x시간에 유산균의 수

(3) $f(x)$는 농산물 xg을 생산하는데 드는 비용

(4) $f(x)$는 x시간에 전자의 위치

3. $20m$높이의 건물에서 공을 $8m/s$의 속도로 공중에 던졌을 때, t초 후의 높이는 $h(t) = 20 + 8t - 5t^2$이다.

(1) t가 $[1, 2]$구간에서 평균속도를 구하여라.

(2) $t = 2$일 때 순간속도를 구하여라.

4. 다음은 새 화장품 브랜드의 수분크림 가격 x(천원)에 대한 x가격에 팔린 제품의 개수 y와의 관계를 나타내는 함수이다.

$$y = \frac{6{,}000{,}000}{x}$$

$y(50)$와 $y'(50)$을 계산하고 그 의미를 해석하여라.

5. 2006년에서 2016년 사이에 A지역의 평균 집값은 대략 $f(t) = -5t^2 + 75t + 60$ (백만원)이라고 한다(여기서 t는 2006년 이후의 년 수).

(1) 도함수 $\dfrac{df}{dx}$를 구하여라.

(2) $t = 5$에서 집값의 순간변화율을 구하여라.

6. B회사의 매일 오일 생산량은 대략 $p(t) = -0.2t^2 + 0.5t + 3$(백만 배럴)이라고 한다(여기서 t는 2000년 이후의 년 수이다). 이 때 $\dfrac{dp}{dt}$를 구하여라.

3.3 미분법

도함수를 구하는 것을 미분한다고 한다. 하지만 모든 함수를 도함수의 정의를 이용해서 구한다면 계산과정이 지루하고 많은 시간이 소요된다. 이러한 불편을 줄이기 위해 기본이 되는 함수의 도함수를 구하고, 이 기본함수의 도함수와 극한의 성질로부터 얻은 미분법에 대한 정리를 이용하여 많은 함수의 미분을 빠르고 정확하게 할 수 있다.

> 상수함수 ($f(x)=c$)의 도함수
>
> $$\frac{dc}{dx}=0$$

증명 $f'(x)=\lim_{h\to0}\frac{f(x+h)-f(x)}{h}=\lim_{h\to0}\frac{c-c}{h}=0.$ ■

상수함수의 경우 x의 변화량에 대해 y의 변화량이 항상 0이므로 계산하지 않아도 변화율이 0임을 알 수 있다.

다음으로 n이 양의 정수일 때, 함수 $y=f(x)=x^n$의 도함수를 생각해보자.

만약 $n=1$이면 x의 변화량은 y의 변화량과 같음으로 $\frac{dy}{dx}=1$이다.

$f(x)=x^3$의 도함수를 구해보자.

$$\begin{aligned}f'(x)&=\lim_{t\to x}\frac{f(t)-f(x)}{t-x}=\lim_{t\to x}\frac{t^3-x^3}{t-x}\\&=\lim_{t\to x}\frac{(t-x)(t^2+tx+x^2)}{t-x}\\&=\lim_{t\to x}(t^2+tx+x^2)=3x^2\end{aligned}$$

> n이 양의 정수일 때, $f(x)=x^n$의 도함수 (멱공식)
>
> $$\frac{d(x^n)}{dx}=nx^{n-1}$$

증명 $f(x)=x^n$이면

$$t^n - x^n = (t-x)(t^{n-1}+t^{n-2}x+t^{n-3}x^2+\cdots tx^{n-2}+x^{n-1})$$

을 이용하여 도함수를 구하면

$$\begin{aligned} f'(x) &= \lim_{t\to x}\frac{t^n - x^n}{t-x} \\ &= \lim_{t\to x}(t^{n-1}+t^{n-2}x+t^{n-3}x^2+\cdots+tx^{n-2}+x^{n-1}) \\ &= nx^{n-1} \end{aligned}$$

이다. ■

예제 1

다음 함수의 도함수를 구하여라.

(a) $f(x)=x^5$ 멱공식에 대입하면 $f'(x)=5x^4$이다.

(b) $f(x)=x^{90}$ 멱공식에 대입하면 $f'(x)=90x^{89}$이다.

정리 3.3.1

두 함수 f와 g가 미분가능하면 $f+g$도 미분가능하고 다음이 성립한다.
$(f+g)'(x)=f'(x)+g'(x)$

증명

$$\begin{aligned} (f+g)'(x) &= \lim_{t\to x}\frac{(f+g)(t)-(f+g)(x)}{t-x} \\ &= \lim_{t\to x}\left(\frac{f(t)-f(x)}{t-x}+\frac{g(t)-g(x)}{t-x}\right) \\ &= \lim_{t\to x}\frac{f(t)-f(x)}{t-x}+\lim_{t\to x}\frac{g(t)-g(x)}{t-x} \\ &= f'(x)+g'(x) \end{aligned}$$

■

예제 2

다음 함수의 도함수를 구하여라.

(a) $f(x)=x^3+x-7$ (b) $f(x)=x^5-x^2$

풀이 (a) $f'(x)=3x^2+1$ (b) $f'(x)=5x^4-2x$

정리 3.3.2

함수 f가 미분가능하고 c는 임의의 실수이면 함수 cf는 미분가능하고 $(cf)'(x) = cf'(x)$이다.

증명 $(cf)'(x) = \lim_{t \to x} \dfrac{(cf)(t) - (cf)(x)}{t - x} = c \lim_{t \to x} \dfrac{f(t) - f(x)}{t - x} = cf'(x)$ ■

예제 3

다음 함수의 도함수를 구하여라.

(a) $f(x) = 2x^2 - 4x + 5$ (b) $f(x) = 3x^3 - 2x^2 + x - 1$

풀이 (a) $f'(x) = 4x - 4$ (b) $f'(x) = 9x^2 - 4x + 1$

정리 3.3.3

함수 f와 g가 미분가능하면, fg도 미분가능하고 다음이 성립한다.

$$(fg)'(x) = f'(x)g(x) + f(x)g'(x)$$

증명

$$\begin{aligned}(fg)'(x) &= \lim_{h \to 0} \frac{(fg)(x+h) - (fg)(x)}{h} \\ &= \lim_{h \to 0} \frac{f(x+h)g(x+h) - f(x)g(x)}{h} \\ &= \lim_{h \to 0} \frac{f(x+h)g(x+h) - f(x)g(x+h) + f(x)g(x+h) - f(x)g(x)}{h} \\ &= \lim_{h \to 0} \frac{\{f(x+h) - f(x)\}g(x+h)}{h} + \lim_{h \to 0} \frac{f(x)\{g(x+h) - g(x)\}}{h} \\ &= f'(x)g(x) + f(x)g'(x)\end{aligned}$$ ■

예제 4

다음 함수의 도함수를 구하여라.

(a) $f(x) = (3x+4)(5x^2-2)$ (b) $f(x) = (x^2-2)(3x^2+1)$

풀이 (a)
$$\begin{aligned}f'(x) &= (3x+4)'(5x^2-2) + (3x+4)(5x^2-2)' \\ &= 3(5x^2-2) + (3x+4)(10x) = 45x^2 + 40x - 6\end{aligned}$$

(b) $f'(x) = (x^2-2)'(3x^2+1) + (x^2-2)(3x^2+1)$

$= 2x(3x^2+1) + (x^2-2)6x$

$= 12x^3 - 10x$

■

정리 3.3.4

함수 f와 g가 미분가능하고 $g(x) \neq 0$이면 $\dfrac{f}{g}$도 미분가능하고 다음이 성립한다.

$$\left(\frac{f}{g}\right)'(x) = \frac{f'(x)g(x) - f(x)g'(x)}{g(x)^2}$$

예제 5

다음 함수의 도함수를 구하여라.

(1) $f(x) = \dfrac{x+3}{x^2+5}$　　　(2) $f(x) = \dfrac{x^2-1}{x^3-1}$

풀이 (1) $f'(x) = \dfrac{(x+3)'(x^2+5) - (x+3)(x^2+5)'}{(x^2+5)^2}$

$= \dfrac{(x^2+5) - 2x(x+3)}{(x^2+5)^2} = \dfrac{-x^2-6x+5}{(x^2+5)^2}$

(2) $f(x) = \dfrac{(x-1)(x+1)}{(x-1)(x^2+x+1)} = \dfrac{x+1}{x^2+x+1}$

이므로 $f'(x) = \dfrac{(x^2+x+1) - (x+1)(2x+1)}{(x^2+x+1)^2}$

$= \dfrac{-x^2-2x}{(x^2+x+1)^2}$

■

n이 임의의 정수일 때, $\dfrac{dx^n}{dx} = nx^{n-1}$

증명 $n > 0$ 경우 멱공식에서 보였고, $n = 0$인 경우 $x^0 = 1$이므로 상수함수의 미분법에 의해 성립한다.

$n<0$인 경우 $m=-n$으로 놓으면 $m>0$이다.

$$\frac{dx^n}{dx}=\frac{dx^{-m}}{dx}=\left(\frac{1}{x^m}\right)'$$

$$=\frac{-mx^{m-1}}{(x^m)^2}=-mx^{-m-1}$$

$$=nx^{n-1}$$

따라서 n이 임의의 정수일 때 $\frac{dx^n}{dx}=nx^{n-1}$성립한다. ■

예제 6

다음 도함수를 구하여라.

(a) $f(x)=\frac{1}{x}$　　　　(b) $f(x)=\frac{1}{x^2}$

풀이 (a) $f'(x)=\left(\frac{1}{x}\right)'=(x^{-1})'=(-1)x^{-1-1}$

$=-x^{-2}=-\frac{1}{x^2}$

(b) $f'(x)=\left(\frac{1}{x^2}\right)'=(x^{-2})'=(-2)x^{-2-1}$

$=(-2)x^{-3}=-\frac{2}{x^3}$

예제 7

영화 A가 개봉된 후 t일 동안 총 관람객 수는 대략 $f(t)=\frac{90t^2}{t^2+5}$(만명)으로 추산된다.

(a) $f'(t)$를 구하여라.

(b) $f(5)$와 $f'(5)$를 구하고 그 의미를 설명하여라.

풀이 (a) $f'(t)=\left(\frac{90t^2}{t^2+5}\right)'=\frac{180t(t^2+5)-90t^2(2t)}{(t^2+5)^2}=\frac{900t}{(t^2+5)^2}$

(b) $f(5)$=75로 개봉 후 5일 동안 총 관람객수가 75만명이라는 뜻이다.

$f'(5)=5$는 5일 전후로 일 일당 대략 5만명의 비율로 광람객 수가 증가한다는 뜻이다. 즉 6일 후에 총 관람객 수는 80만명으로 추산되고 실제로 $f(6)=\dfrac{3240}{41}=79.24\cdots$으로 80만명에 가깝다는 것을 알 수 있다.

■

$y=f(x)=\sqrt{x^2+3}$의 미분에 대해 생각해 보자.

$y=f(x)=\sqrt{x^2+3}$은 $y=\sqrt{u}$와 $u=x^2+3$의 합성함수이고 앞에서 우리는 $y=\sqrt{u}$와 $u=x^2+3$의 도함수를 구하는 법을 배웠으므로 이를 이용하여 도함수를 구하는 방법을 살펴보자.

정리 3.3.5 (연쇄법칙)

함수 f가 점 c에서 미분가능하고 함수 g가 점 $f(c)$에서 미분가능하면, 합성함수 $g\circ f$는 점 c에서 미분가능하고 $(g\circ f)'(c)=g'(f(c))f'(c)$이다.

증명 도함수의 정의에 의해

$$\begin{aligned}(g\circ f)'(c)&=\lim_{x\to c}\frac{(g\circ f)(x)-(g\circ f)(c)}{x-c}\\&=\lim_{x\to c}\frac{g(f(x))-g(f(c))}{x-c}\end{aligned}$$

이다. g의 정의역에 속하는 점 $a=f(c)$에 대하여 새로운 함수 $h(x)$를 다음과 같이 정의하자.

$$h(x)=\begin{cases}\dfrac{g(x)-g(a)}{x-a}, & x\neq a\\ g'(a) & ,\ x=a\end{cases}$$

이때 h는 점 a에서 연속이다. h의 정의에 의해서 $x\neq a$이면 $g(x)-g(a)=h(x)(x-a)$이므로, 만약 x를 $f(x)$로 바꾸고 $a=f(c)$라 놓으면

$$g(f(x))-g(f(c))=h(f(x))[f(x)-f(c)]$$

이 성립한다. 그러므로

$$\begin{aligned}(g\circ f)'(c)&=\lim_{x\to c}\frac{(g\circ f)(x)-(g\circ f)(c)}{x-c}\\&=\lim_{x\to c}\frac{g(f(x))-g(f(c))}{x-c}\end{aligned}$$

$$
\begin{aligned}
&= \lim_{x\to c} h(f(x)) \lim_{x\to c} \frac{f(x)-f(c)}{x-c} \\
&= h(f(c))f'(c) = h(a)f'(c) \\
&= g'(a)f'(c) = g'(f(c))f'(c)
\end{aligned}
$$
■

위의 정리에 의해서 미분 가능한 함수 $y=g(u)$와 $u=f(x)$의 합성함수 $y=g(f(x))$의 도함수는 $\frac{dy}{dx}=\frac{dy}{du}\frac{du}{dx}$임을 알 수 있다.

예제 7

다음 함수의 도함수를 구하여라.

(a) $y=(x^2+3)^{10}$ (b) $y=\frac{1}{2x+5}$ (c) $y=\frac{1}{(5x-1)^3}$

풀이 (a) $y=u^{10}$, $u=x^2+3$이라 하면 연쇄법칙에 의해

$$\frac{dy}{dx}=\frac{dy}{du}\frac{du}{dx}=(10u^9)(2x)=20x(x^2+3)^9$$

(b) $y=\frac{1}{u}$, $u=2x+5$라 하면 연쇄법칙에 의해

$$\frac{dy}{dx}=\frac{dy}{du}\frac{du}{dx}=(-u^{-2})(2)=\frac{-2}{(2x+5)^2}$$

(c) $y=\frac{1}{u^3}$, $u=5x-1$라 하면

$$\frac{dy}{dx}=\frac{dy}{du}\frac{du}{dx}=(-3u^{-4})(5)=\frac{-15}{(5x-1)^4}$$

연습문제 3.3

1. 다음 함수의 도함수를 구하여라.

(1) $f(x)=x^8$

(2) $f(x)=x^{11}$

(3) $f(x)=4x^3+7x^2-5x+1$

(4) $f(x)=x^3+7x-3$

2. 다음 함수의 도함수를 구하여라.

(1) $f(x)=(x^3+x)(x-1)$

(2) $f(x)=(x^2+x+7)(x^3+5)$

(3) $f(x)=(x^8-5)(x^3+x+1)$

(4) $f(x)=(3x-1)(5x+1)(x+2)$

3. 다음 함수의 도함수를 구하여라.

(1) $f(x)=\dfrac{2}{5x+3}$

(2) $f(x)=\dfrac{x^2}{x+2}$

(3) $f(x)=x+\dfrac{1}{x}$

(4) $f(x)=\dfrac{2x+1}{x^3}$

4. 다음 함수의 도함수를 구하여라.

(1) $f(x)=(3x^3-1)^5$

(2) $f(x)=\dfrac{2}{(x^2-2)^4}$

(3) $f(x)=(2x+1)^3(x^2+x+1)$

(4) $f(x)=\dfrac{-x}{(2x+5)^3}$

3.4 역함수와 음함수의 미분법

모든 함수가 $y=f(x)$형태로 표현되지는 않는다. 예를 들어 원의 방정식 $x^2+y^2=25$의 경우 상반원은 함수 $y=f(x)=\sqrt{25-x^2}$로, 하반원은 $y=g(x)=-\sqrt{25-x^2}$로 나타내어진다.

$y=f(x)$와 같이 표현할 수 있는 함수를 **양함수**(explicit function)라 하고, $x^2+y^2=25$과 같이 두 변수 x와 y의 관계식 $g(x,\ y)=0$에 대하여 x의 함수 f가 존재해서 $g(x,\ f(x))=0$을 만족하면 $g(x,\ y)=0$을 **음함수**(implicit function)라고 한다.

음함수 중에는 $y-3x+x^2=0$과 같이 쉽게 양함수로 표현할 수 있는 경우가 있고 $x^3+y^3-3xy=0$과 같이 양함수로 표현하기 힘든 경우도 있다.

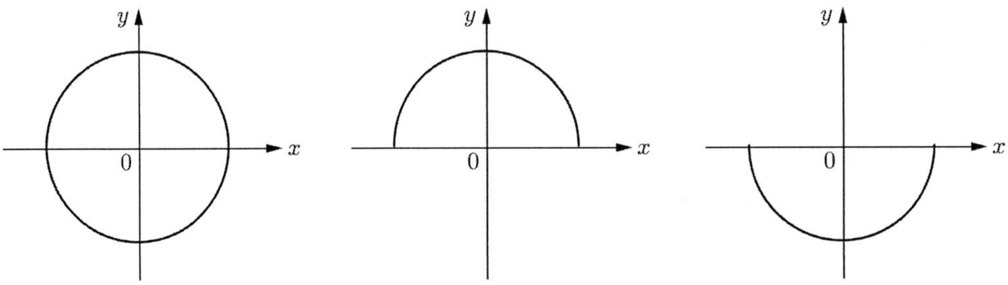

(a) $x^2+y^2=25$ (b) $f(x)=\sqrt{25-x^2}$ (c) $g(x)=-\sqrt{25-x^2}$

그림 3.8

1) 음함수의 미분법

음함수 $g(x,y)=0$에서 도함수 $\dfrac{dy}{dx}$를 구하기 위해, y를 x의 함수로 생각하고, 주어진 방정식 $g(x,y)=0$의 양변을 x에 관하여 미분한 다음 $\dfrac{dy}{dx}$에 관하여 푼다. 이와 같은 미분법을 음함수 미분법이라 한다.

예제 1

$x^2+y^2=4$에서 $(1,\ \sqrt{3})$에서의 접선의 방정식을 구하여라.

풀이 점$(1,\ \sqrt{3})$에서 접선의 기울기를 구하기 위해 $x^2+y^2=4$의 양변을 x에 관해

미분하면

$$2x+2y\frac{dy}{dx}=0, \text{ 따라서 } \frac{dy}{dx}=-\frac{x}{y}=-\frac{1}{\sqrt{3}} \text{이다.}$$

접선의 방정식은 $y-\sqrt{3}=-\frac{1}{\sqrt{3}}(x-1)$

$$y=\frac{-1}{\sqrt{3}}x+\frac{4}{\sqrt{3}} \text{이다.}$$

예제 2

어느 장난감 회사의 Cobb-Douglas 생산 함수는 $P=x^{0.4}y^{0.6}$이다. 여기서 x는 노동자 수, y는 운영 예산이고 P는 상수이다. 운영 예산 y는 x에 따라 달라진다. 이때 $\frac{dy}{dx}$를 구하여라.

풀이 $\frac{d}{dx}P=\frac{d}{dx}(x^{0.4}y^{0.6})$, $0=\frac{d}{dx}x^{0.4}\times y^{0.6}+x^{0.4}\frac{d}{dx}y^{0.6}$,

$$0=0.4x^{-0.6}y^{0.6}+x^{0.4}\times 0.6y^{-0.4}\frac{dy}{dx}, \text{ 따라서 } \frac{dy}{dx}=-\frac{0.4x^{-0.6}y^{0.6}}{0.6x^{0.4}y^{-0.4}}=-\frac{2y}{3x}$$

이다.

$y=x^n$(n은 유리수)이면, $\frac{dy}{dx}=nx^{n-1}$이다.

증명 $n=\frac{p}{q}$ (p, q는 정수, $q\neq 0$)라 하면, $y=x^n=x^{\frac{p}{q}}$이므로

$$y^q=x^p$$

이다. 양변을 x에 관하여 미분하면, p, q는 정수이므로

$$qy^{q-1}y'=px^{p-1}$$

이다. 그러므로 $y'=\frac{px^{p-1}}{qy^{q-1}}=\frac{p}{q}\frac{x^{p-1}}{\left(x^{\frac{p}{q}}\right)^{q-1}}=\frac{p}{q}x^{\frac{p}{q}-1}$

$$=nx^{n-1}$$

예제 3

다음 함수의 도함수를 구하여라.

(a) $y=\sqrt[3]{x}$ (b) $y=x\sqrt{x}$ (c) $y=\dfrac{1}{\sqrt{x}}$

풀이 (a) $y=\sqrt[3]{x}=x^{\frac{1}{3}}$ 이므로 $y'=\dfrac{1}{3}x^{\frac{1}{3}-1}=\dfrac{1}{3}x^{-\frac{2}{3}}=\dfrac{1}{3\sqrt[3]{x^2}}$

(b) $y=x\sqrt{x}=x^{\frac{3}{2}}$ 이므로 $y'=\dfrac{3}{2}x^{\frac{1}{2}}=\dfrac{3}{2}\sqrt{x}$

(c) $y=\dfrac{1}{\sqrt{x}}=x^{\frac{-1}{2}}$ 이므로 $y'=-\dfrac{1}{2}x^{-\frac{3}{2}}=-\dfrac{1}{2x\sqrt{x}}$

■

정리 3.4.1 매개변수함수의 미분법

$x=f(t)$, $y=g(t)$가 t에 대하여 미분가능하고 $f'(t)\neq 0$이면

$$\frac{dy}{dx}=\frac{\dfrac{dy}{dt}}{\dfrac{dx}{dt}}=\frac{g'(t)}{f'(t)}$$

예제 4

매개변수함수 $x=3t+8$, $y=t^2+2t-6$일 때, 도함수 $\dfrac{dy}{dx}$를 구하여라.

풀이 $\dfrac{dy}{dx}=\dfrac{\dfrac{dy}{dt}}{\dfrac{dx}{dt}}=\dfrac{2t+2}{3}=\dfrac{2}{3}\left(\dfrac{x-8}{3}+1\right)=\dfrac{2}{9}(x-5)$

■

예제 5

매개변수함수 $x=\sqrt{t}$, $y=t^3-t$일 때, $t=2$에서의 미분계수 $\dfrac{dy}{dx}$를 구하여라.

풀이 $\dfrac{dy}{dx}=\dfrac{\dfrac{dy}{dt}}{\dfrac{dx}{dt}}=\dfrac{3t^2-1}{\dfrac{1}{2\sqrt{t}}}=2\sqrt{t}\,(3t^2-1)$이므로

$t=2$에서 $\dfrac{dy}{dx}=22\sqrt{2}$이다.

■

2) 역함수의 미분법

f가 역함수 f^{-1}를 갖는 미분가능한 함수라면 $y=f^{-1}(x)$는 $y=f(x)$와 직선 $y=x$에 대하여 대칭인 곡선이므로 직관적으로 f^{-1}도 미분가능한 함수임을 짐작할 수 있다.

정리 3.4.2 역함수의 미분법

f가 역함수 f^{-1}를 갖는 미분가능한 함수라면 f^{-1}도 미분가능하며

$$\frac{d}{dx}(f^{-1}(x))=\frac{1}{f'(f^{-1}(x))}$$

이다. 단 $f'(f^{-1}(x))\neq 0$이다.

증명 $y=f^{-1}(x)$라면, $f(y)=x$이다. 이때 음함수의 미분법에 의해

$$f'(y)\frac{dy}{dx}=1$$

이다. 따라서

$$\frac{dy}{dx}=\frac{1}{f'(y)}=\frac{1}{f'(f^{-1}(x))}$$

■

예제 6

$y=f(x)=x^3+x-1$일 때, $(f^{-1})'(9)$를 구하여라.

풀이 $f'(x)=3x^2+1$, $f(2)=9$이므로 $(f^{-1})'(9)=\dfrac{1}{f'(2)}=\dfrac{1}{13}$이다.

■

로그함수의 도함수

$y = \ln x$일 때, $\dfrac{dy}{dx} = \dfrac{1}{x}$(단 $x > 0$)

$y = \log_a x$일 때, $\dfrac{dy}{dx} = \dfrac{1}{x \ln a}$ (단, $x > 0, a > 0, a \neq 1$)

증명 $f(x) = \ln x$의 도함수를 구해보자
도함수의 정의에 의하면

$$\begin{aligned} f'(x) &= \lim_{h \to 0} \frac{\ln(x+h) - \ln(x)}{h} \\ &= \lim_{h \to 0} \frac{1}{h} \ln\left(\frac{x+h}{x}\right) \\ &= \frac{1}{x} \lim_{h \to 0} \frac{x}{h} \ln\left(1 + \frac{h}{x}\right) \\ &= \frac{1}{x} \lim_{h \to 0} \ln\left(1 + \frac{h}{x}\right)^{\frac{x}{h}} \end{aligned}$$

여기서, $u = \dfrac{h}{x}$로 놓으면 $h \to 0$일 때 $u \to 0$이므로

$$\begin{aligned} f'(x) &= \frac{1}{x} \lim_{u \to 0} \ln(1+u)^{\frac{1}{u}} \\ &= \frac{1}{x} \ln e = \frac{1}{x} \end{aligned}$$

따라서 $\dfrac{d}{dx}(\ln x) = \dfrac{1}{x}$가 성립한다.

$x > 0$, $a > 0, a \neq 1$일 때 로그의 성질에 의해 $\log_a x = \dfrac{\log_e x}{\log_e a} = \dfrac{\ln x}{\ln a}$이 성립하므로,

$$\frac{d}{dx}(\log_a x) = \frac{1}{\ln a}(\ln x)' = \frac{1}{x \ln a}$$

이다. ■

예제 7

함수 $y = \ln(3x+2)$의 도함수를 구하여라.

풀이 $u = 3x + 2$라 두면, 합성함수의 미분법에 의하여

$$\frac{dy}{dx} = \frac{dy}{du}\frac{du}{dx} = \frac{1}{u}(3) = \frac{3}{3x+2} \text{이다. 즉 } y' = \frac{3}{3x+2}$$

예제 8

함수 $y = \ln(2x^2 + x)$의 도함수를 구하여라.

풀이 $u = 2x^2 + x$라 하면 합성함수의 미분법에 의해

$$\frac{dy}{dx} = \frac{dy}{du}\frac{du}{dx}$$

$$= \frac{1}{u}(4x+1) = \frac{4x+1}{2x^2+x}$$

> $y = x^n$ (n은 실수)이면, $\dfrac{dy}{dx} = nx^{n-1}$이다.

증명 $y = x^n$ 양변에 로그를 취하면

$\ln|y| = \ln|x|^n = n\ln|x|, \quad x \neq 0$

로그미분법을 이용하면 $\dfrac{y'}{y} = n \cdot \dfrac{1}{x}$

그러므로 $y' = n \cdot \dfrac{y}{x} = n \cdot \dfrac{x^n}{x} = nx^{n-1}$ ■

> **지수함수의 도함수**
>
> (1) $\dfrac{d}{dx}(a^x) = a^x \ln a \quad (a > 0,\ a \neq 1)$
>
> (2) $\dfrac{d}{dx}(e^x) = e^x$

증명 (1) $y = a^x$, $(a > 0,\ a \neq 1)$의 양변에 로그를 취하면 $\ln y = x\ln a$이고, 양변을 x에 관해 미분하면

$$\frac{1}{y}\frac{dy}{dx} = \ln a$$

$\dfrac{dy}{dx} = y\ln a = a^x \ln a$이다.

(2) $y = e^x$인 경우 $\ln e = 1$이므로 $\dfrac{dy}{dx} = e^x$가 성립한다. ■

예제 9

다음 함수의 도함수를 구하여라.

(a) $y = e^{x^2+1}$ (b) $y = 2^{5x+1}$

풀이 (a) $y = e^u$, $u = x^2+1$라 두면 $\dfrac{dy}{dx} = \dfrac{dy}{du}\dfrac{du}{dx} = e^u(2x) = 2xe^{x^2+1}$

(b) $y = 2^u$, $u = 5x+1$라 두면 $\dfrac{dy}{dx} = \dfrac{dy}{du}\dfrac{du}{dx} = 2^u \cdot \ln 2 \cdot 5 = (5\ln 2)2^{5x+1}$

3) 고계도함수

[제2계 도함수]

함수 $f(x)$: $(a,\ b) \to R$가 구간 (a, b)에서 미분가능 하고, f의 제1계 도함수 f'도 미분가능하면 구간 (a, b)의 각 점 x에 f'의 미분계수 $\lim\limits_{h\to 0}\dfrac{f'(x+h)-f'(x)}{h}$를 대응시키는 함수를 생각할 수 있다. 이 함수를 f의 제2계 도함수라고 하고, $f''(x) = \lim\limits_{h\to 0}\dfrac{f'(x+h)-f'(x)}{h}$로 나타낸다.

$y = f(x)$의 2계도함수는 $\dfrac{d}{dx}\left(\dfrac{dy}{dx}\right) = \dfrac{d^2y}{dx^2}$, y'', $D^2 f(x)$ 등으로도 나타낸다.

예제 10

$f(x) = x^2e^x$의 2계 도함수를 구하여라.

풀이 $f'(x) = 2xe^x + x^2e^x = e^x(x^2+2x)$이므로

$$
\begin{aligned}
f''(x) &= (e^x)'(x^2+2x)+(e^x)(x^2+2x)' \\
&= (e^x)(x^2+2x)+(e^x)(2x+2) \\
&= e^x(x^2+4x+2)
\end{aligned}
$$

$f''(x)$는 점$(x, f'(x))$에서 곡선 $y=f'(x)$의 접선의 기울기를 나타내며 이는 곡선 $y=f(x)$의 각 점에서의 접선의 기울기의 변화율을 의미한다.

[제n계 도함수]

양의 정수 $n \geq 3$에 대하여 f의 제n계 도함수 $f^{(n)}(x)$를 다음과 같이 정의한다.

$$
f^{(n)}(x) = \lim_{h \to 0} \frac{f^{(n-1)}(x+h) - f^{(n-1)}(x)}{h}
$$

예제 11

$f(x) = x^3 + 2x^2 + 4x - 5$ 의 제3계 도함수를 구하여라.

풀이 $f'(x) = 3x^2 + 4x + 4$
$f''(x) = 6x + 4$, $f^{(3)}(x) = 6$이다.

연습문제 3.4

1. $[0, \infty)$에서 정의된 함수 $f(x) = 3x^2 + 5x - 2$에 대해 $(f^{-1})'(6)$의 값을 구하여라.

2. 다음 함수의 도함수를 구하여라.

(1) $y = \log_2(5x)$ (2) $y = \ln(x^2 + 5)$

(3) $y = x \ln x$ (4) $y = 3e^x - x + 2$

(5) $y = 5e^{-x^2}$ (6) $y = \dfrac{3x+2}{e^x}$

(7) $y = \dfrac{\ln x}{x^2}$ (8) $y = \sqrt{x} + \dfrac{1}{\sqrt{x}}$

(9) $y = x e^{3x}$ (10) $y = \dfrac{e^x + e^{-x}}{2}$

(11) $y = \dfrac{1}{x\sqrt{x}}$ (12) $y = 5^x$

(13) $y = \sqrt{3x+4}$ (14) $y = \sqrt[3]{(2x-1)^2}$

3. 다음 음함수의 도함수 $\dfrac{dy}{dx}$를 구하여라.

(1) $xy + y^2 + 3 = 0$ (2) $x^2y + x^3 + 2y = 0$

(3) $\sqrt{x} + \sqrt{y} = 2$ (4) $x^3 + y^3 = 6xy$

4. 샴푸 x리터를 생산하는 비용이 y이고 이 둘 사이의 관계가 $3y^2 - 21xy = 300$이라면 $x = 3$일 때 $\dfrac{dy}{dx}$를 구하여라.

5. 다음 매개변수함수의 주어진 점에서 y의 x에 대한 미분계수 $\dfrac{dy}{dx}$를 구하여라.

(1) $x = 3\ln t,\ y = 2t^2,\ t = 1$

(2) $x = t + 1,\ y = 2t^2 + t + 3,\ t = 2$

(3) $x = 2\sqrt{t} + 1,\ y = 3t^2 - t + 5,\ t = 1$

(4) $x = 3(t - e^t),\ y = 3(1 - 3^t),\ t = 1$

6. 다음 함수의 제 2계 도함수를 구하여라.

(1) $f(x) = x^3 e^x$ (2) $f(x) = 3\ln x + 4$

(3) $f(x) = \dfrac{e^{2x}}{x}$ (4) $f(x) = 3\sqrt{x}$

7. A회사의 2000년도 이후 연구개발 비용은 다음과 같다. $S(t) = 5\ln(2t + 30)$(억원) (여기서 t는 2000년 이후의 년 수이다). 2010년도의 연구개발 비용은 얼마인가? 그리고 얼마나 빠른 속도로 증가하는가?

8. 부동산 호황기에 A도시의 32평 아파트의 평균 가격이 $p(t) = 3e^{0.1t}$(억원)이라고 한다(여기서 t는 2010년 이후의 년 수이다). 이때 $p'(8)$를 구하여라.

3.5 변화율과 선형근사

이 절에서는 도함수를 이용하여 실생활에서의 문제들을 해결하고자 한다. 앞 절에서 익힌 미분법을 활용하여 다양한 변화율을 구해보고, 선형근사에 대해 생각해 본다.

1) 변화율

예제 1

지상 $128m$의 건물에서 초속 $32m$로 던진 공의 t초 후의 지상으로부터의 높이를 $y(m)$라 하면 $y=-16t^2+32t+128$이라고 한다.

(a) 2초 후의 속도를 구하여라.

(b) 공이 지면에 닿는 순간의 속도를 구하여라.

(c) 최고점에 도달 할 때의 높이를 구하여라.

풀이 (a) 속도 함수 $v(t)=y'(t)=-32t+32$이므로

$$v(2)=-32m/\sec$$

이다.

(b) 공이 지면에 닿는 순간 높이가 0이므로

$$y=-16t^2+32t+128=-16(t^2-2t-8)=-16(t-4)(t+2)=0$$

따라서 4초 후에 땅에 떨어지고 그 때의 속도는

$$v(4)=-32\cdot 4+32=-96\,\mathrm{m}/\sec$$

이다.

(c) 최고점에 도달 할 때 속도가 0이므로 1초 후에 최고점에 도달한다.

그 때의 높이는 $y=-16+32+128=144m$이다. ■

예제 2

설탕 시럽을 만들기 위해 물 $100g$에 설탕을 넣고 있다. 물 $100g$에 설탕 $x\,g$을 넣었을 때의 당도를 y%라 하면

$$y=\frac{100x}{100+x}$$

이다. 설탕 $50g$을 넣었을 때 설탕의 양에 대한 당도의 순간변화율은 설탕 $25g$을

넣었을 때 설탕의 양에 대한 당도의 순간변화율의 몇 배인가?

풀이 순간변화율은 미분계수와 같으므로 먼저 도함수를 구하자.

$$y' = \frac{100(100+x)-100x}{(100+x)^2} = \frac{10000}{(100+x)^2}$$

$x=50$일 때 당도 y의 순간변화율은

$$y'|_{x=50} = \frac{10000}{(100+50)^2} = \frac{10000}{150^2}$$

이고, $x=25$일 때 당도 y의 순간변화율은

$$y'|_{x=25} = \frac{10000}{(100+25)^2} = \frac{10000}{125^2}$$

이므로 설탕 $25g$을 넣었을 때 당도의 순간변화율에 대한 설탕 $50g$을 넣었을 때 설탕의 양에 대한 당도의 순간변화율의 비율은

$$\frac{y'|_{x=50}}{y'|_{x=25}} = \frac{\frac{10000}{150^2}}{\frac{10000}{125^2}} = \left(\frac{125}{150}\right)^2 = \frac{25}{36}$$

이다.

예제 3

반지름이 $3m$인 원통형 탱크에 0.5 m^3/min의 속도로 기름이 채워지고 있다. 기름의 높이의 변화율을 구하여라.

풀이 반지름 3, 높이가 h인 원기둥의 부피는 $V=9\pi h$이다.

V와 h는 시간 t의 함수이고, 조건에서 $\frac{dV}{dt} = 0.5\,m^3/\text{min}$이다.

$V(t) = 9\pi h(t)$의 양변을 t에 관해 미분하면

$$\frac{dV}{dt} = 9\pi\frac{dh}{dt}$$

따라서 $\frac{dh}{dt} = \frac{0.5}{9\pi} = \frac{1}{18\pi}\,m/\text{min}$

즉 높이의 변화율은 $\frac{1}{18\pi}\,m/\text{min}$이다.

예제 4

타원 $3x^2+4y^2=12$ 위를 움직이는 점이 있다. 점$(1,-\frac{3}{2})$에서 x좌표는 $2m/\text{sec}$의 속도로 증가한다. 이 때 y좌표의 변화율을 구하여라.

풀이 x와 y는 시간에 따른 물체의 위치를 나타내는 위치함수이다.

문제의 조건에 의하면 점 $(1,-\frac{3}{2})$에서 $\frac{dx}{dt}=2m/\text{sec}$이다.

$3x^2+4y^2=12$의 양변을 t에 관해 미분하면

$6x\frac{dx}{dt}+8y\frac{dy}{dt}=0$

이므로, $\frac{dy}{dt}=-\frac{6x}{8y}\frac{dx}{dt}=-\frac{3}{4}(-\frac{2}{3})2=1m/\text{sec}$

즉 점$(1,-\frac{3}{2})$에서 y좌표의 변화율은 $1m/\text{sec}$이다.

2) 선형근사

접선과 도함수는 아주 밀접한 관계가 있다는 것을 알 수 있었다. 정확한 함숫값을 계산하기가 불가능하거나 어려운 경우에는 위의 관계를 이용하여 함수의 근삿값을 구할 수 있다.

함수 f가 a에서 미분가능하다고 하자. 그러면 함수 f가 $x=a$에서 미분계수 $f'(a)$를 갖게 된다. 그런데

$$\lim_{x\to a}\frac{f(x)-f(a)}{x-a}=f'(a)$$

이므로

$$x\to a\text{이면 }\frac{f(x)-f(a)}{x-a}\to f'(a)$$

이다. 즉

$$x\to a\text{이면 } f(x)-f(a)\to f'(a)(x-a)\ \text{ 또는 } f(x)\to f(a)+f'(a)(x-a)$$

이다. 따라서 x가 a에 매우 가깝게 접근할 때 $f(x)$는 근사적으로 $f(a)+f'(a)(x-a)$와 같게 된다. 이것을

$$f(x) \approx f(a)+f'(a)(x-a)$$

와 같이 나타내고, **선형 근사**(linear approximation) 또는 **접선 근사**(tangent line approximation)라 한다. 이 접선을 그래프로 갖는 1차 함수

$$L(x)=f(a)+f'(a)(x-a)$$

를 a에서 f의 **선형화**(linearization)라고 한다.

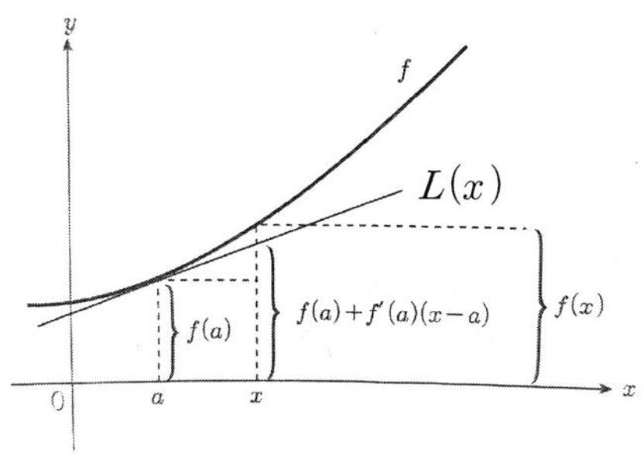

그림 3.9

접선 근사식은 주어진 함수의 특정한 점($x=a+h$)에서의 함숫값을 구하기 힘들 때 그 근방에 있는 점($x=a$)에서의 함숫값을 이용하여 $f(a+h)$의 근삿값을 구하는데 유용하게 이용될 수 있다.

예제 5

$a=1$에서 함수 $f(x)=\sqrt{x+8}$의 선형근사를 구하여라. 그리고 이를 이용하여 수 $\sqrt{8.98}$과 $\sqrt{9.03}$의 근삿값을 구하여라.

풀이 $f(x)=(x+8)^{1/2}$의 도함수는 다음과 같다.

$$f'(x)=\frac{1}{2}(x+8)^{-1/2}=\frac{1}{2\sqrt{x+8}}$$

그러므로 $f(1)=3$이고, $f'(1)=\frac{1}{6}$이다. 이를 이용하면 다음과 같은 선형화를 얻는다.

$$L(x)=f(1)+f'(1)(x-1)=3+\frac{1}{6}(x-1)=\frac{x}{6}+\frac{17}{6}$$

그러면 $\sqrt{x+8} \approx \frac{x}{6}+\frac{17}{6}$

이므로 $\sqrt{8.98} \approx \dfrac{0.98}{6} + \dfrac{17}{6} = \dfrac{1798}{600} = \dfrac{899}{300} \fallingdotseq 2.9967$

이고 $\sqrt{9.03} \approx \dfrac{1.03}{6} + \dfrac{17}{6} = \dfrac{1803}{600} = \dfrac{601}{200} = 3.005$

■

예제 6

접선 근사식으로 $\sqrt{8.5}$의 근삿값을 구하여라.

풀이 $f(x) = \sqrt{x}$라 놓고 $f(8.5) = \sqrt{8.5}$를 구하자. $a=9$, $h=-0.5$로 놓고 접선 근사식 $f(a+h) \approx f(a) + f'(a)h$을 이용하자.

그러면 $f(8.5) = f(9+(-0.5)) \approx f(9) + f'(9)(-0.5)$이다.

$f(9) = \sqrt{9} = 3$이고, $f'(x) = \dfrac{1}{2\sqrt{x}}$이므로

$f'(9) = \dfrac{1}{2\sqrt{9}} = \dfrac{1}{6}$이다.

그러므로
$$\begin{aligned}\sqrt{8.5} = f(8.5) &\approx f(9) + f'(9)(-0.5) \\ &= 3 + \frac{1}{6}(-0.5) \\ &\approx 2.91667\end{aligned}$$

을 얻는다. $\sqrt{8.5}$의 근삿값 2.91667은 실제의 값 2.91548…과 소수 다섯째 자리까지만 비교하면 대력 0.00119의 오차만 갖는다.

■

연습문제 3.5

1. 어떤 물체의 t초 후의 위치 함수가 $f(t)=2t^3-4t^2+7t-1$일 때 3초 후에 이 물체의 속도를 구하여라.

2. 키 $1.8m$인 사람이 수직 상방으로 20m까지 폭죽을 쏘아 올리는데 필요한 초속을 구하여라. (높이 $h_0\ m$에서 초속 v_0로 쏘아올린 물체의 t초 후의 높이는 $h(t)=-16t^2+v_0t+h_0$이다.)

3. 구 모양의 기구의 반경이 $4cm/\mathrm{min}$의 속도로 줄어들고 있다. 반경이 $50cm$일 때 부피의 변화율을 구하여라.

4. 두 개의 입자가 동일 지점에서 출발한다. 한 입자는 북쪽으로 $3m/\mathrm{min}$ 속력으로 향하고 다른 입자는 동쪽으로 $2m/\mathrm{min}$ 속력으로 향하고 있다. 5분 후 두 입자 사이의 거리는 얼마의 비율로 증가하는가?

5. $13m$ 길이의 사다리가 건물 벽에 기대어 있다. 만약 사다리의 땅에 닿아 있는 다리가 벽으로부터 $3m/s$의 속도로 계속 멀어져 간다면, 사다리의 다리가 벽으로부터 $5m$ 떨어져 있을 때 사다리의 꼭짓점은 얼마나 빠른 속도로 아래로 미끄러지고 있는가?

6. 정사각형의 한 변의 길이가 $3cm/s$의 비율로 증가하고 있다. 정사각형의 넓이가 $25cm^2$일 때 정사각형의 넓이의 증가율은 얼마인가?

7. $a=0$에서 함수 $f(x)=\sqrt{1-x}$의 선형 근사를 구하여라. 이를 이용해서 $\sqrt{0.9}$와 $\sqrt{0.99}$의 근삿값을 구하여라.

8. 선형 근사를 이용하여 다음의 근삿값을 구하여라.
   (1) $\sqrt[3]{1.1}$
   (2) $f(x)=x^4-2x^3+9x+7$; $x=1.997$

3.6 도함수의 응용

미분학을 활용하여 해결할 수 있는 중요한 문제 중의 하나는 어떤 일을 하는 데 있어서 최적의 방법을 찾아내는 최적화 문제이다. 최적화 문제는 다양한 분야에서 제기될 수 있다. 경제 분야에서는 최소의 비용으로 최대의 이윤을 얻기를 원하고, 생물학자들은 생물이 잘 성장할 수 있는 최적의 조건들에 관심을 가질 것이다.

이러한 문제들은 정해진 영역에서 함수의 최댓값과 최솟값을 구하는 문제로 귀착된다.

정리 3.6.1 (최대-최솟값 정리)

함수 $f(x)$가 폐구간 $[a,b]$에서 연속이라 하자. 그러면 f는 폐구간 $[a,b]$에서 최댓값과 최솟값을 갖는다.

정의 3.6.1

함수 $f(x)$가 c를 포함하는 어떤 구간에서 정의되었다고 하자. $f'(c)=0$이거나 $f'(c)$가 존재하지 않으면 c를 f의 임계점(critical point)이라고 한다.

정리 3.6.2 (페르마 정리)

함수 $f(x)$가 폐구간 $[a,b]$에서 정의 되었다고 하자. 개구간 (a,b)내의 c에서 미분가능하고, c에서 f의 최대값 또는 최소값을 갖는다면 $f'(c)=0$이다.

예제 1

다음 함수의 임계점을 구하여라.

(a) $f(x)=x^2+4x+5$ (b) $f(x)=x^{\frac{2}{3}}$, $[-1,1]$

풀이 (a) $f'(x)=2x+4$ 이므로 $f'(-2)=0$. 따라서 임계점은 $x=-2$이다.

(b) $f'(x)=\frac{2}{3}x^{-\frac{1}{3}}=\frac{2}{3\sqrt[3]{x}}$이므로 $f'(x)=0$인 점은 없고, $x=0$인 점에서

f는 미분가능하지 않다. 따라서 $x=0$은 f의 임계점이다.

1) 평균값 정리

평균값의 정리는 Largrange(1736~1813)가 최초로 발표하였는데, 이 정리는 미적분의 여러 정리를 증명하는데 사용되어진다. 평균값의 정리는 롤의 정리를 일반화한 것이므로 먼저 롤의 정리를 살펴보자.

정리 3.6.3 (Rolle의 정리)

$f(x)$는 $[a, b]$에서 연속이고, (a, b)에서 미분가능한 함수이다.
$f(a)=f(b)$이면 $f'(c)=0$을 만족하는 c가 (a, b)내에 적어도 하나 존재한다.

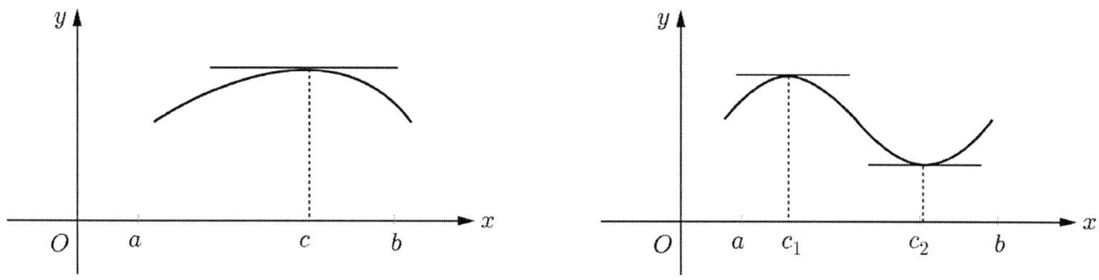

그림 3.10

증명 f가 상수함수이면 $f'(x)=0$이므로 (a, b)내의 모든 c에서 $f'(c)=0$이다.
f가 상수함수가 아니라고 하자. 그러면 최대-최솟값 정리에 의해 최댓값과 최솟값이 존재하고 상수함수가 아니므로 그 두 값은 같지 않다. $f(a)=f(b)$이므로 최댓값 또는 최솟값 중 적어도 하나는 (a, b)내의 c에서 갖게 된다. f가 c에서 미분가능하므로 [페르마 정리]에 의해 $f'(c)=0$이다.

■

정리 3.6.4 (평균값의 정리)

f가 $[a, b]$에서 연속이고, (a, b)에서 미분가능하면

$$f'(c)=\frac{f(b)-f(a)}{b-a}$$

를 만족하는 점 c가 (a, b)내에 적어도 하나 존재한다.

일반적으로 평균값의 정리는 순간변화율이 그 구간에서의 평균 변화율과 같아지는 점이 있다는 것을 뜻한다. 기하학적으로는 (a, b)내에 점 c가 존재해서 $(c, f(c))$에서의 접선이 두 점 $(a, f(a))$와 $(b, f(b))$를 잇는 할선에 평행하다는 것을 뜻한다.

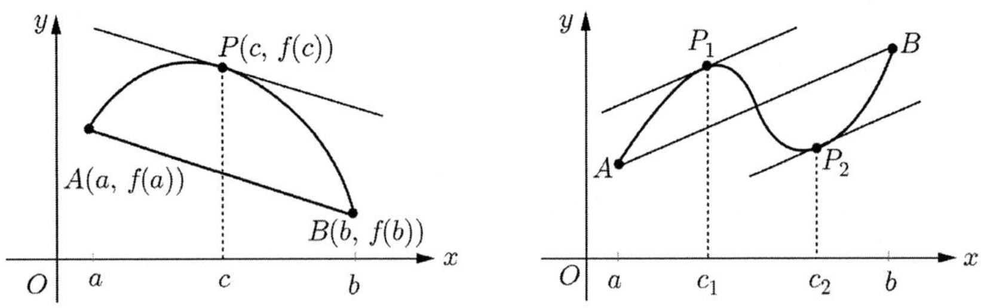

그림 3.11

증명 두 점 $(a, f(a))$와 $(b, f(b))$를 지나는 직선의 방정식을 $g(x)$라 하면

$$g(x)=\frac{f(b)-f(a)}{b-a}(x-a)+f(a)$$

이다.

이때 함수 $h(x)=f(x)-g(x)$는 (a, b)에서 미분가능하며 $h(a)=h(b)=0$을 만족한다.

따라서 롤의 정리에 의하면

$$h'(c)=f'(c)-g'(c)=f'(c)-\frac{f(b)-f(a)}{b-a}=0$$

을 만족하는 c가 a와 b사이에 적어도 하나 존재한다.

즉 $\frac{f(b)-f(a)}{b-a}=f'(c)$를 만족하는 $c\in(a, b)$가 적어도 하나 존재한다. ■

예제 2

$f(x)=x^3$의 $[-1, 2]$에서 평균값 정리를 만족하는 c를 구하여라.

풀이 $\frac{f(2)-f(-1)}{2-(-1)}=\frac{8-(-1)}{3}=3$이고, $f'(x)=3x^2$이므로 $3c^2=3$을 만족하는 c는 1과 -1이다. 그러나 c는 $(-1, 2)$안에 존재해야만 하므로 $c=1$이다.

2) 함수의 증감과 극값

정리 3.6.5

함수 $f(x)$가 구간 $[a, b]$에서 연속이고, (a, b)의 내부에 있는 모든 점에서

1. $f'(x) > 0$이면 f는 $[a, b]$에서 증가한다.
2. $f'(x) < 0$이면 f는 $[a, b]$에서 감소한다.
3. $f'(x) = 0$이면 f는 $[a, b]$에서 상수이다.

증명 x_1, x_2가 구간 $[a, b]$내의 임의의 두 점이고, $x_1 < x_2$라고 하자.
그러면 f는 $[x_1, x_2]$에서 연속이고 (x_1, x_2)에서 미분가능하므로 평균값의 정리에 의해 (x_1, x_2)내의 점 c가 존재하여 $f(x_2) - f(x_1) = f'(c)(x_2 - x_1)$을 만족한다.

1. $f'(c) > 0$이므로 $f(x_1) < f(x_2)$가 성립한다. 따라서 f는 $[a, b]$에서 증가한다.
2. $f'(c) < 0$이므로 $f(x_1) > f(x_2)$가 성립한다. 따라서 f는 $[a, b]$에서 감소한다.

■

예제 3

함수$f(x) = x^3 - 3x + 1$의 증가하는 구간과 감소하는 구간을 구하여라.

풀이 $f'(x) = 3x^2 - 3 = 3(x+1)(x-1)$이므로 $(-\infty, -1)$와 $(1, \infty)$에서 $f'(x) > 0$이므로 $f(x)$는 증가하고, $(-1, 1)$에서 $f'(x) < 0$이므로 $f(x)$는 감소한다.

함수의 전 영역에서 최댓값과 최솟값을 구하는 것도 중요하지만, 우리가 실제로 접하는 문제는 한정된 자원과 시간이 주어졌을 때 어떤 현상의 최적화를 구하는 경우가 대부분이다. 그래서 어떤 구간의 한 가운데 점에서의 함수값이 최대나 최소가 되기 위해서는 그래프에서 그 점이 볼록하거나 오목한 점 혹은 뾰족한 점이 됨을 알 수 있다. 양 끝점을 제외하고는 이러한 점에서 최대, 최소가 존재하므로 이러한 점에서의 함수값을 다음과 같이 정의한다.

정의 3.6.2

$\delta > 0$이 존재하여 구간 $[c - \delta, c + \delta]$에서 f의 최댓값이 $f(c)$이면 함수 f는 c에서 극댓값(relative maximum value) $f(c)$를 갖는다고 한다. 같은 방법으로 $\delta > 0$이

존재하여 $[c-\delta, c+\delta]$에서 f의 최솟값이 $f(c)$이면 함수 f는 c에서 극솟값(relative minimum value) $f(c)$를 갖는다고 한다. 극댓값과 극솟값을 통틀어 극값(relative extreme value)이라 한다.

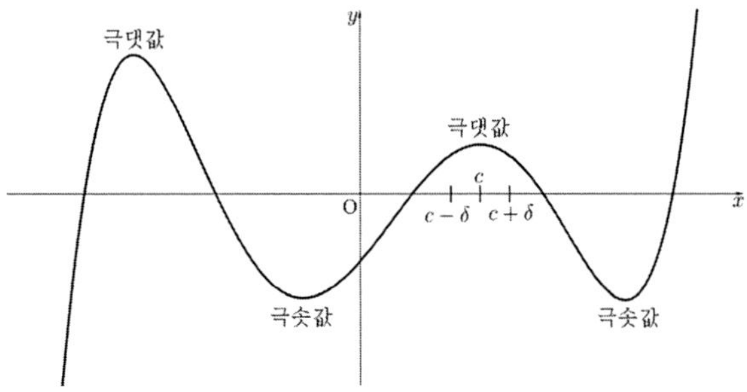

그림 3.12

위의 그림에서 알 수 있듯이 극점은 함수가 증가에서 감소로, 또는 감소에서 증가로 바뀌는 점이므로 우리에게 중요한 정보를 제공한다. 극점과 극값을 구하는 방법에 대해 알아보자.

정리 3.6.6 (제1계 도함수에 의한 극값 판정법)

함수 $f(x)$가 구간 I 에서 연속이고, $c \in I$가 f의 임계점이라 하자.

1. f' 의 부호가 c의 좌우에서 양(+)에서 음(−)으로 변하면 f는 c에서 극댓값 $f(c)$를 갖는다.
2. f' 의 부호가 c의 좌우에서 음(−)에서 양(+)으로 변하면 f는 c에서 극솟값 $f(c)$를 갖는다.
3. f'의 부호가 c에서 변하지 않으면 f는 c에서 극댓값이나 극솟값을 갖지 않는다.

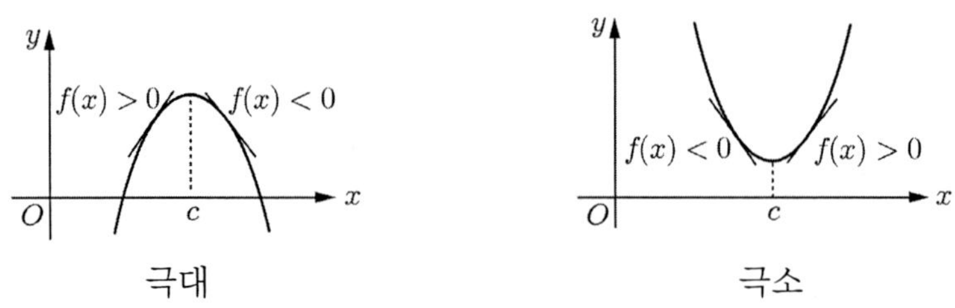

극대도 극소도 아니다　　　　극대도 극소도 아니다

그림 3.13

예제 4

함수 $f(x)=2x^2-8x+5$의 극값을 구하여라.

풀이

$$f'(x)=4x-8=4(x-2)=0$$

이므로 $x=2$에서 임계점을 갖고 $x>2$이면 $f'(x)>0$이고, $x<2$이면 $f'(x)<0$이므로 $x=2$에서 극소값 $f(2)=2\times4-8\times2+5=-3$을 갖는다.

예제 5

함수$f(x)=-2x^3-3x^2+12x+10$의 극값을 구하여라.

풀이

$$\begin{aligned} f'(x)&=-6x^2-6x+12\\ &=-6(x^2+x-2)\\ &=-6(x+2)(x-1) \end{aligned}$$

이므로 $x=-2,\ 1$에서 임계점을 갖는다. $f(x)$의 증가와 감소를 나타내는 표를 만들면

x	$\cdots$	-2	$\cdots$	1	$\cdots$
$f'(x)$	$-$	0	$+$	0	$-$
$f(x)$	↘	극솟값 -10	↗	극댓값 17	↘

$f(x)$는 $x=2$에서 극솟값 -10, 극댓값 17을 갖는다.

예제 6

함수 $f(x)=\sqrt[3]{x^2}$의 극값을 구하여라.

풀이 $x\neq0$일 때 $f'(x)=\dfrac{2}{3\sqrt[3]{x}}$이므로 $f'(x)=0$을 만족하는 점이 존재하지 않는다.

그러나 $x=0$에서 미분 불가능하므로 $x=0$에서 임계점을 갖는다.

$x=0$의 좌우에서 $f'(x)$의 부호가 음(−)에서 양(+)으로 바뀌었으므로 $x=0$에서 극솟값 0을 갖는다.

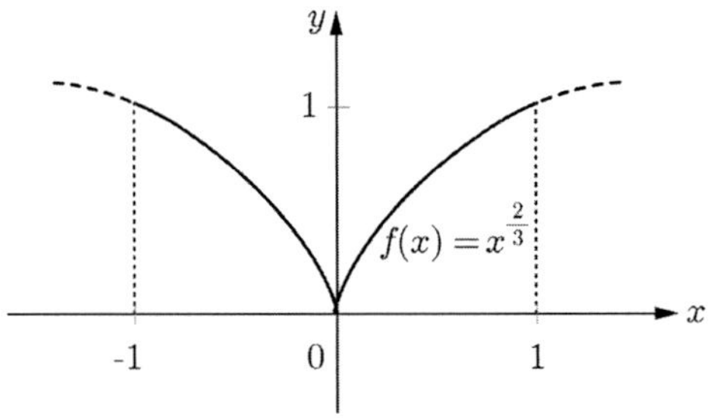

그림 3.14

정리 3.6.7 (제2계 도함수에 의한 극값 판정법)

함수 $f(x)$의 2계 도함수 $f''(x)$가 점 c의 근방에서 연속이고, $f'(c)=0$이라고 하자.

1. $f''(c)>0$이면, $x=c$에서 극솟값 $f(c)$를 갖는다.
2. $f''(c)<0$이면, $x=c$에서 극댓값 $f(c)$를 갖는다.

예제 7

$f(x)=-x^3+12x-1$의 극값을 구하여라.

풀이 $f'(x)=-3x^2+12=-3(x^2-4)=-3(x+2)(x-2)$, $f''(x)=-6x$이므로

$f'(x)=0$인 점은 $x=-2, 2$이다.

$f''(-2)=12>0$이므로 $x=-2$에서 극솟값 -17을 갖는다.

$f''(2)=-12<0$이므로 $x=2$에서 극댓값 15를 갖는다.

3) 최적화문제

함수 $f(x)$가 폐구간 $[a,b]$에서 연속이면 함수는 반드시 최댓값과 최솟값을 갖는다.

따라서 최댓값과 최솟값을 구하려면 $f(x)$의 극값과 $f(a)$, $f(b)$를 구했을 때 가장 큰 값이 최댓값이고 가장 작은 값이 최솟값이다.

예제 8

함수 $f(x)=x^2+3x+7$의 구간 [-2, 1]에서의 최댓값과 최솟값을 구하여라.

풀이 $f'(x)=2x+3$이므로 $x=-1.5$에서 임계점을 갖고, $x=-1.5$의 좌우에서 $f'(x)$의 부호가 음에서 양으로 바뀌므로 극솟값

$$f(-1.5)=(-\frac{3}{2})^2-3\times\frac{3}{2}+7=\frac{19}{4}$$

을 갖고, $f(-2)=5$, $f(1)=11$이므로 최댓값은 11, 최솟값은 $\frac{19}{4}$이다.

■

예제 9

함수 $f(x)=x^3-3x^2-9x+1$의 구간 $[1,4]$에서 최댓값과 최솟값을 구하여라.

풀이

$$\begin{aligned} f'(x) &= 3x^2-6x-9 \\ &= 3(x-3)(x+1) \end{aligned}$$

이므로 $f(x)$는 $x=3$, -1에서 임계점을 갖는다.

$f(3)=-26$, $f(1)=-10$, $f(4)=-19$이므로 최댓값은 -10, 최솟값은 -26을 갖는다.

■

예제 10

녹차 밭을 운영하는 A는 시간당 임금을 10000원을 지급하고 있다. 오전 8시 이후로의 시간을 t라 할 때 인부 B의 수확량은 $6t-\frac{t^2}{2}$(kg)이라고 한다. A가 1kg당 6000원을 번다면 A는 B에게 몇 시간 일을 시키는 것이 가장 이익인가?

풀이 시간 t에 대한 이익금은 함수

$f(t)=6000(6t-\frac{t^2}{2})-10000t=-3000t^2+26000t$로 표현된다.

$f'(t)=-6000t+26000$이므로 $t=\frac{26}{6}=4\frac{2}{6}$ 즉 4시간 20분 일을 시킬 때 가장 이익이 크다.

■

예제 11

좌표 평면 위의 점 (1, 3)에서 가장 가까운 직선 $y=3x+10$ 위의 점을 구하여라.

풀이 (x, y)를 직선 위의 임의의 점이라고 하자. 점 $(1, 3)$에서 (x, y)까지의 거리를 d라 하면 $d^2=(x-1)^2+(y-3)^2$이다. 이 식에 $y=3x+10$을 대입하면 $d^2=(x-1)^2+(3x+7)^2$이다. d^2이 최솟값을 갖는 점에서 d도 최솟값을 가지므로 $f(x)=d^2=(x-1)^2+(3x+7)^2$가 최솟값을 갖는 점을 구하면 된다.
$f'(x)=2(x-1)+2(3x+7)3=20x+40$, $f''(x)=20$이므로 $x=-2$에서 최솟값을 갖는다.
$x=-2$일 때, $y=3(-2)+10=4$이므로 점$(1,3)$에 가장 가까운 점은 $(-2, 4)$이다. ■

예제 12

만약 어떤 농작물의 생산량을 y라 하고 토양의 질소 양을 x라 하면 이들 사이에는 $y=\dfrac{6x}{1+x^2}$의 관계가 성립한다고 한다. 수확량이 최대일 때의 질소양 x를 구하여라.

풀이 $y=\dfrac{6x}{1+x^2}$, $x>0$이므로

$$y'=\frac{6(1+x^2)-6x\cdot 2x}{(1+x^2)^2}=\frac{-6(x+1)(x-1)}{(1+x^2)^2}$$

따라서 y는 $x=1$에서 임계점을 갖고 $(0, 1)$에서 $f'(x)>0$, $(1, \infty)$에서 $f'(x)<0$이므로 $x=1$에서 최댓값을 갖는다. ■

연습문제 3.6

1. 다음 함수의 임계점을 구하여라.

(1) $f(x)=3x^2+2x+1$

(2) $f(x)=x^3-6x$

(3) $f(x)=x+\dfrac{1}{x}$

(4) $f(x)=3x^{\frac{2}{5}}$

2. 주어진 함수 f에 대하여 평균값 정리를 만족하는 (a, b)내의 c를 모두 구하여라.

(1) $f(x)=x^2-6x$; $a=0, b=4$

(2) $f(x)=x^3+4$; $a=-2$, $b=2$

3. 다음 함수의 극값을 구하여라.

(1) $f(x)=-x^3+6x+2$

(2) $f(x)=x^4-2x^2+3$

(3) $f(x)=x\sqrt{1-x^2}$

(4) $f(x)=\dfrac{x}{16+x^2}$

4. 다음 함수의 최댓값과 최솟값을 구하여라.

(1) $f(x)=x^2-3x-4; [0, 2]$

(2) $f(x)=x^3-12x; [0, 3]$

(3) $f(x)=\sqrt{1+x^2}$; $[-2, 3]$

(4) $f(x)=\dfrac{x^2}{1+x^4}$

5. 점 $(2, 1)$에서 곡선 $y=1+\sqrt{18-2x^2}$ 까지 가장 짧은 거리와 가장 긴 거리를 구하여라.

6. $y=\sqrt{x}$ 의 점 중에서 (4,0)과 가장 가까운 점을 구하여라.

7. $100m$인 울타리의 재료를 가지고 긴 돌담을 따라서 그 담을 한 변으로 하고, 나머지 세 변만을 울타리를 쳐서 직사각형 모양의 울타리를 치려고 한다. 둘러막을 수 있는 가장 큰 땅의 면적은 얼마인가?

8. 물품 x개의 생산비용은 $C(x) = x^2 + 20x + 1200$원이다. 1개의 시장가격이 100원이라면 이윤을 최대화하기 위해서는 얼마나 많은 물품을 생산해야 하는가? 그때의 이윤(=총매출-생산비용)은 얼마인가?

9. x(백만원)가 개인의 월평균 소득, y(㎍)가 도시의 매연의 집적도이고 $y = 2x^3 - 45x^2 + 300x - 100$으로 주어진다. $1 \le x \le 12$에서 y의 최댓값과 최솟값을 구하여라.

10. x가 노동자의 수이고, 생산함수가 $y = 12x^2 - \frac{1}{20}x^3$이다. 생산량 y를 최대로 만드는 노동자의 수를 구하여라.

3.7 함수의 그래프

정의 3.7.1

함수 f의 그래프가 구간 (a, b)에서 그래프 위의 각 점에서의 접선보다 위에 있으면 f는 (a, b)에서 위로 오목 또는 아래로 볼록한다고 하고, f의 그래프가 구간 (a, b)에서 그래프 위의 각 점에서의 접선보다 아래에 있으면 f는 (a, b)에서 아래로 오목 또는 위로 볼록이라고 한다.

■

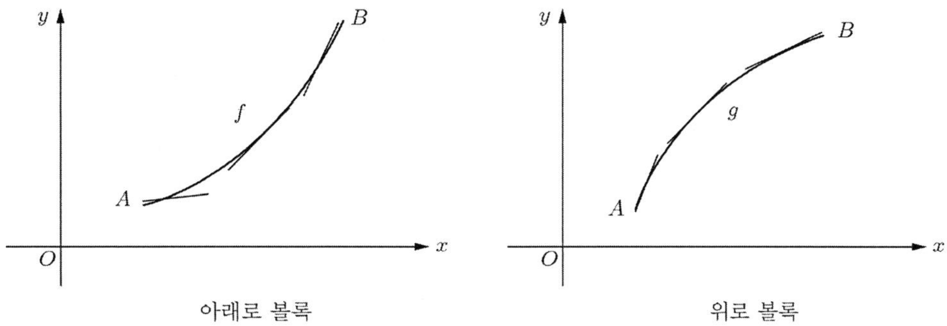

그림 3.15

정리 3.7.1

함수 f가 개구간 I에서 정의되고 이계도함수가 존재한다고 하자.

1. I에 있는 모든 x에 대하여 $f''(x) > 0$이면 f의 그래프는 I에서 아래로 볼록하다.
2. I에 있는 모든 x에 대하여 $f''(x) < 0$이면 f의 그래프는 I에서 위로 볼록하다.

예제 1

함수 $f(x) = 4x^3 - 3x^2 + 3x + 6$의 그래프의 오목, 볼록을 조사하여라.

풀이 $f'(x) = 12x^2 - 6x + 3$, $f''(x) = 24x - 6$이므로 $(-\infty, 0.25)$에서 $f''(x) < 0$이므로 그래프는 위로 볼록하고, $(0.25, \infty)$에서 $f''(x) > 0$이므로 그래프는 아래로 볼록하다.

■

정의 3.7.2

곡선위의 점 P에서 곡선이 아래로 볼록에서 위로 볼록, 또는 위로 볼록에서 아래로 볼록으로 바뀔 때 점 P를 **변곡점**이라 한다. 즉, 곡선의 볼록성이 변하는 점을 **변곡점**이라고 한다.

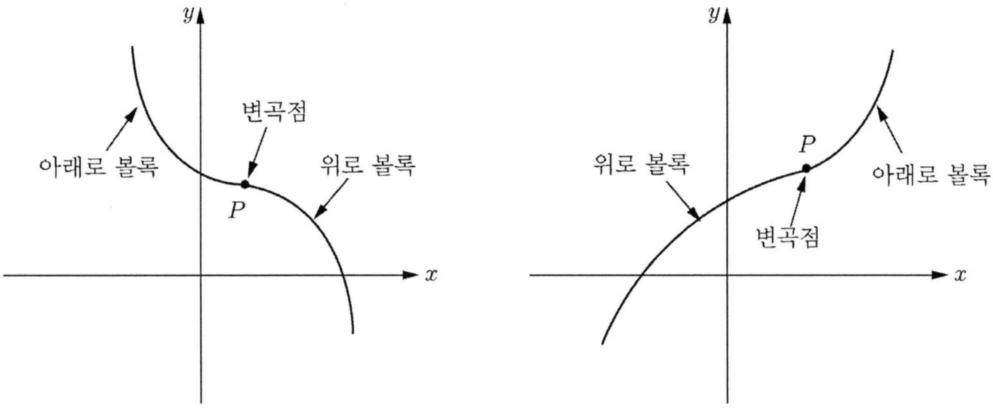

그림 3.16

점 c를 포함하는 개구간에서 $f''(x)$가 존재하고, $x=c$의 좌우에서 $f''(x)$의 부호가 바뀌면 $(c, f(c))$는 변곡점이다.

정의 3.7.3

(1) $\lim_{x\to a^+} f(x) = \infty$, $\lim_{x\to a^+} f(x) = -\infty$, $\lim_{x\to a^-} f(x) = \infty$, $\lim_{x\to a^-} f(x) = -\infty$ 중 적어도 하나를 만족하면 수직선 $x=a$를 f의 그래프의 **수직점근선**(vertical asymptote)이라 한다.

(2) $\lim_{x\to\infty} f(x) = L$ 또는 $\lim_{x\to-\infty} f(x) = L$이면 수평선 $y=L$을 f의 그래프의 **수평점근선**(horizontal asymptote)이라고 한다.

(1) 수직점근선

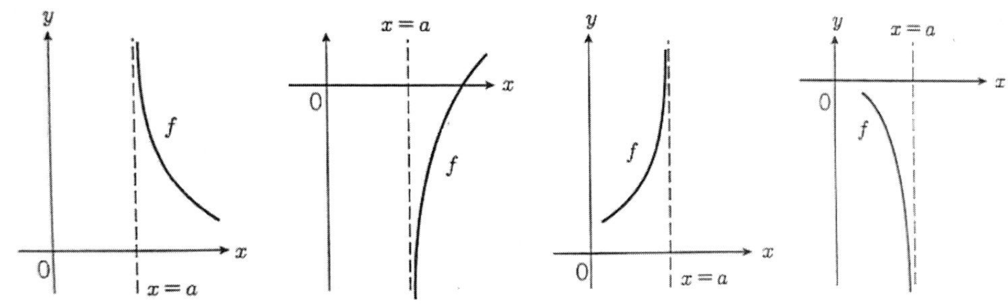

$\lim_{x \to a^-} f(x) = \infty$ (a)

$\lim_{x \to a^+} f(x) = -\infty$ (b)

$\lim_{x \to a^-} f(x) = \infty$ (c)

$\lim_{x \to a} f(x) = -\infty$ (d)

그림 3.17

(2) 수평점근선

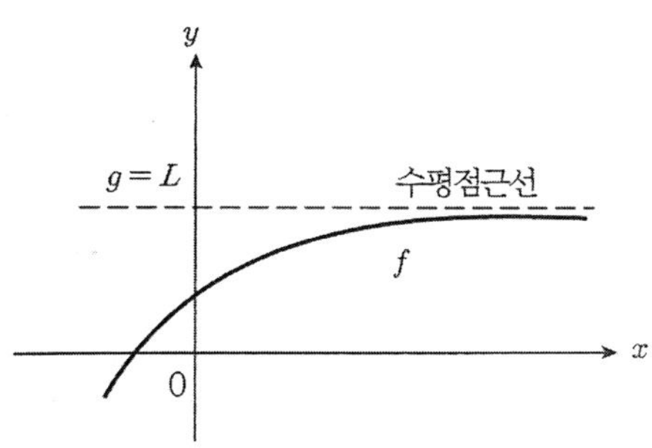

$$\lim_{x \to \infty} f(x) = L$$

그림 3.18

> 그래프를 그리는 요령
>
> (1) 함수의 정의역과 치역을 구한다.
>
> (2) 대칭성(x축, y축, 원점)을 조사한다.
>
> (3) 좌표축과의 교점을 구한다.
>
> (4) 함수의 증가, 감소, 극대, 극소를 구한다.
>
> (5) 곡선의 오목, 볼록, 변곡점을 구한다.
>
> (6) 점근선을 구한다.

예제 2

$f(x)=x^3$의 그래프를 그리시오.

풀이 (1) 함수의 정의역은 $(-\infty, \infty)$이다.

(2) $f(-x)=-f(x)$이므로 원점에 관해 대칭이다.

(3) (0, 0)을 지난다.

(4) $f'(x)=3x^2 \geq 0$이므로 $x=0$에서 임계점을 갖고 증가함수이다.
$f''(x)=6x$이므로 $x<0$이면 $f''(x)<0$이므로 위로 볼록이고, $x>0$이면 $f''(x)>0$이므로 아래로 볼록하다.

(5) $\lim_{x\to\infty} f(x)=\infty$, $\lim_{x\to-\infty} f(x)=-\infty$

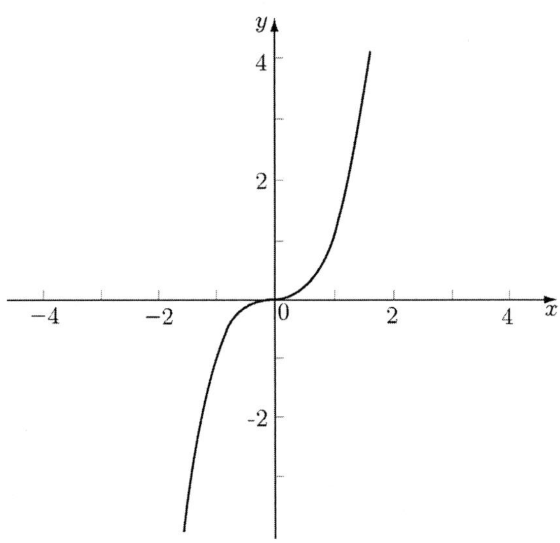

그림 3.19

예제 3

$f(x)=2x^3-3x^2+5$의 그래프를 그리시오.

풀이 정의역은 실수 전체이고 $\lim_{x\to\infty} f(x)=\infty$, $\lim_{x\to-\infty} f(x)=-\infty$이다.

$f'(x)=6x^2-6x=6x(x-1)$, $f''(x)=12x-6$이므로 $x=0, 1$에서 임계점을 갖고 $x=0.5$에서 변곡점을 갖는다.

함수의 증감과 볼록성을 알아보기 위해 표를 만들면 다음과 같다.

x	$\cdots$	0	$\cdots$	0.5	$\cdots$	1	$\cdots$
$f'(x)$	$+$	0	$-$	$-$	$-$	0	$+$
$f''(x)$	$-$	$-$	$-$	0	$+$	$+$	$+$
$f(x)$	↗	극대값 5	↘	변곡점 4.5	↘	극소값 4	↗

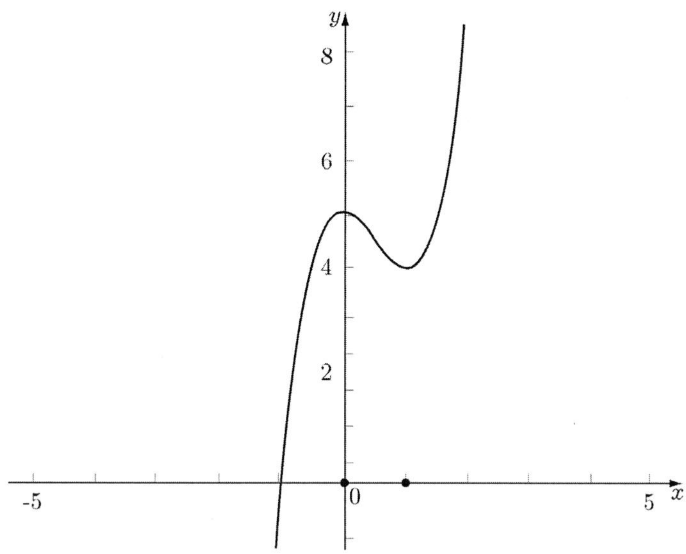

그림 3.20

예제 4

$f(x) = \dfrac{4}{x^2+4}$ 의 그래프를 그리시오.

풀이 정의역은 $(-\infty, \infty)$, y 절편은 1이고 $f(-x) = f(x)$이므로 그래프는 y축에 대칭이다.

$$f'(x) = \frac{-4(2x)}{(x^2+4)^2} = \frac{-8x}{(x^2+4)^2}$$

$$f''(x) = \frac{-8(x^2+4)^2 - (-8x)(2(x^2+4)(2x))}{(x^2+4)^4} = \frac{8(3x^2-4)}{(x^2+4)^3}$$

$f'(x) = 0$을 만족하는 점은 $x = 0$이고 $f''(x) = 0$을 만족하는 점은 $x = \pm\dfrac{2}{\sqrt{3}}$ 이다.

함수의 증감과 볼록성을 알아보기 위해 표를 만들면 다음과 같다.

x	$\cdots$	$-2/\sqrt{3}$	$\cdots$	0	$\cdots$	$2/\sqrt{3}$	$\cdots$
$f'(x)$	+	+	+	0	−	−	−
$f''(x)$	+	0	−	−	−	0	+
$f(x)$	증가(아래로 볼록)	변곡점 $\frac{3}{4}$	증가 (위로 볼록)	극댓값 1	감소(위로 볼록)	변곡점 $\frac{3}{4}$	감소(아래로 볼록)

$\lim_{x\to\infty}\frac{4}{x^2+4}=\lim_{x\to\infty}\frac{4}{x^2+4}=0$이므로 $y=0$인 x축이 그래프의 수평점근선이다.

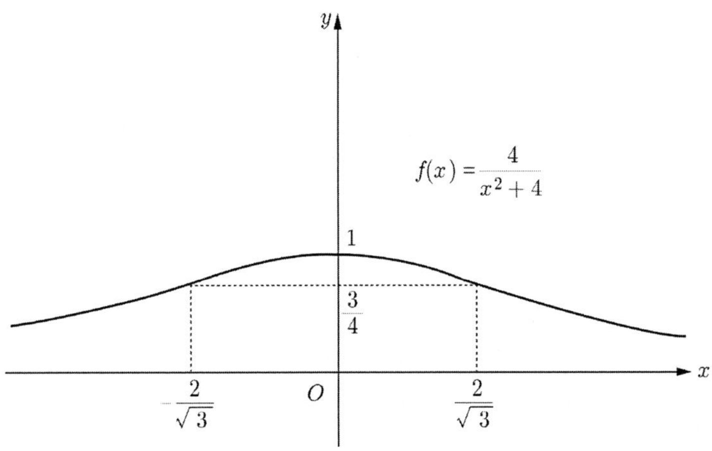

그림 3.21

어떤 곡선들은 비스듬한, 즉 수평도 수직도 아닌 점근선을 갖는다. 만일

$$\lim_{x\to\infty}[f(x)-(mx+b)]=0 \quad (m\neq 0)$$

이면 직선 $y=mx+b$는 **사선점근선**이라 한다.

예제 5

함수 $f(x)=x+\frac{4}{x}$의 그래프를 그리시오.

풀이 함수의 정의역은 분모를 0으로 하지 않는 점들로 $(-\infty,0)\cup(0,\infty)$이다. $f(-x)=-f(x)$이므로 원점에 관해 대칭이다.

$$\lim_{x \to \infty} f(x) = \infty, \quad \lim_{x \to -\infty} f(x) = -\infty, \quad \lim_{x \to 0^-} f(x) = -\infty, \quad \lim_{x \to 0^+} f(x) = \infty$$

$$\lim_{x \to \infty} (f(x) - x) = 0, \quad \lim_{x \to \infty} (f(x) - x) = 0$$

이므로 $y = x$를 사선 점근선으로 갖는다.

$f'(x) = 1 - \dfrac{4}{x^2}$ 이고 $f''(x) = \dfrac{8}{x^3}$이므로, $f'(x) = 0$은 $x = \pm 2$에서 성립하고,

$f'(x)$는 $x < -2$와 $x > 2$에서 양의 값을 가지므로 증가하고, $-2 < x < 2$에서 음의 값을 가지므로 감소한다.

$f''(x) = 0$이 되는 점은 존재하지 않으므로 변곡점은 없으며, $f''(x)$는 $x < 0$에서 음의 값을 가지므로 그래프는 위로 볼록하며, $x > 0$ 에서 양의 값을 가지므로 아래로 볼록하다.

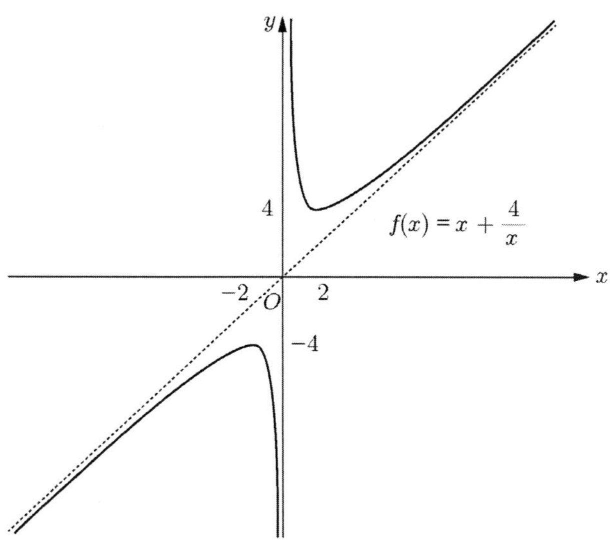

그림 3.22

연습문제 3.7

1. 다음 함수의 극점, 변곡점, 점근선이 있으면 구하고 그래프를 그리시오.

(1) $f(x) = 5x^2 + 2x + 7$

(2) $f(x) = -x^3 + 1$

(3) $f(x) = x^3 - 3x - 2$

(4) $f(x) = x^4 - x^2 - 2$

(5) $f(x) = \dfrac{x}{e^x}$

(6) $f(x) = \dfrac{2}{x^2 + 1}$

(7) $f(x) = \dfrac{x}{(x+1)^2}$

(8) $f(x) = 2x + \dfrac{1}{x}$

3.8 로피탈의 법칙

로피탈의 법칙1

a의 근방에서 정의된 함수 f, g가 미분가능하고, $g'(x) \neq 0$이라고 하자.

$$\lim_{x \to a} f(x) = 0, \quad \lim_{x \to a} g(x) = 0$$

또는

$$\lim_{x \to a} f(x) = \pm\infty, \quad \lim_{x \to a} g(x) = \pm\infty$$

이고 $\lim_{x \to a} \dfrac{f'(x)}{g'(x)} = L$이라고 하면 다음이 성립한다.

$$\lim_{x \to a} \frac{f(x)}{g(x)} = \lim_{x \to a} \frac{f'(x)}{g'(x)} = L$$

로피탈의 법칙2

f와 g가 (a, ∞)에서 미분가능하고, $x > a$에 대하여 $g'(x) \neq 0$이라고 하자.

$\lim_{x \to \infty} f(x) = \lim_{x \to \infty} g(x) = 0$, 또는 $\lim_{x \to \infty} f(x) = \pm\infty$, $\lim_{x \to \infty} g(x) = \pm\infty$이고

$$\lim_{x \to \infty} \frac{f'(x)}{g'(x)} = L$$

이면

$$\lim_{x \to \infty} \frac{f(x)}{g(x)} = \lim_{x \to \infty} \frac{f'(x)}{g'(x)} = L$$

이 성립한다.

예제 1

$\lim_{x \to 1} \dfrac{\ln x}{x - 1}$을 구하여라.

풀이 $\lim_{x \to 1} \ln x = \lim_{x \to 1} (x - 1) = 0$이므로

로피탈의 법칙1에 의하면

$$\lim_{x \to 1} \frac{\ln x}{x - 1} = \lim_{x \to 1} \frac{\frac{1}{x}}{1} = 1$$

예제 2

$\lim_{x\to\infty}\frac{x^2}{e^x}$을 구하여라.

풀이 로피탈의 정리에 의해

$$\lim_{x\to\infty}\frac{x^2}{e^x}=\lim_{x\to\infty}\frac{2x}{e^x}=\lim_{x\to\infty}\frac{2}{e^x}=0$$

예제 3

$\lim_{x\to 0}\frac{e^x-x-1}{x^2}$을 구하여라.

풀이 $\lim_{x\to 0}e^x-x-1=0=\lim_{x\to 0}x^2$

이므로 로피탈의 법칙1에 의해

$$\lim_{x\to 0}\frac{e^x-x-1}{x^2}=\lim_{x\to 0}\frac{e^x-1}{2x}$$

$\lim_{x\to 0}e^x-1=0=\lim_{x\to 0}2x$이므로 다시 로피탈의 법칙을 적용하면

$$\lim_{x\to 0}\frac{e^x-1}{2x}=\lim_{x\to 0}\frac{e^x}{2}=\frac{1}{2}$$

이다. 즉 $\lim_{x\to 0}\frac{e^x-x-1}{x^2}=\frac{1}{2}$

예제 4

$\lim_{x\to 0^+}x\ln x$를 구하여라.

풀이

$$\lim_{x\to 0^+}x\ln x=\lim_{x\to 0^+}\frac{\ln x}{\frac{1}{x}}$$

로피탈의 정리에 의해 $\lim_{x\to 0^+}\frac{\ln x}{\frac{1}{x}}=\lim_{x\to 0^+}\frac{\frac{1}{x}}{\frac{-1}{x^2}}=\lim_{x\to 0^+}(-x)=0$

따라서 $\lim_{x\to 0^+}x\ln x=0$이다.

연습문제 3.8

1. 로피탈의 법칙을 이용하여 다음 극한을 구하여라.

(1) $\lim\limits_{x\to 1}\dfrac{x^3-1}{x-1}$

(2) $\lim\limits_{x\to\infty}\dfrac{x^2+2x-1}{3x^2+1}$

(3) $\lim\limits_{x\to 0}\dfrac{e^{\frac{1}{x}}-1}{\frac{1}{x}}$

(4) $\lim\limits_{x\to\infty}\dfrac{\ln x}{x}$

(5) $\lim\limits_{x\to\infty}\dfrac{e^x}{x^4}$

(6) $\lim\limits_{x\to 1^+}(x-1)\ln\sqrt{x-1}$

제 4 장

적분법

4.1 부정적분

1) 역도함수와 부정적분

앞장에서 함수 $f(x)$를 미분하여 도함수 $f'(x)$를 구하는 방법을 공부하였다. 이제 미분한 결과가 $f(x)$가 되는 함수에 대하여 알아보자.

함수 $f(x)$에 대하여 $F'(x) = f(x)$인 함수 $F(x)$를 $f(x)$의 역도함수(antiderivative)라고 한다.

예를 들어보면, $f(x) = 3x^2$이라 하자. 미분법을 기억하면 f의 역도함수를 쉽게 찾을 수 있다. 실제로 $F(x) = x^3$이면 $F'(x) = 3x^2 = f(x)$이다.

그런데 $G(x) = x^3 + 2$도 $G'(x) = 3x^2$을 만족시킨다. 따라서 F와 G는 모두 f의 역도함수이다.

일반적으로 함수 $F(x)$가 함수 $f(x)$의 역도함수이고, $G(x)$가 $f(x)$의 또 다른 역도함수이면 즉,

$$F'(x) = f(x), \quad G'(x) = f(x)$$

이면

$$\{G(x) - F(x)\}' = G'(x) - F'(x)$$

$$= f(x) - f(x) = 0$$

도함수가 0인 함수는 상수함수이므로

$$G(x) - F(x) = C \ (C \text{ 는 상수})$$

$$\text{즉, } G(x) = F(x) + C$$

따라서 $f(x)$의 일반적인 역도함수는 $F(x)+C$의 꼴로 나타낼 수 있다. 여기서 C는 임의의 상수이다.

이제 역도함수를 쉽게 다룰 수 있는 간편한 기호가 필요하다. 전통적으로 f의 역도함수를 나타내는데 기호로 $\int f(x)\,dx$를 사용했는데 이를 $f(x)$의 부정적분 (indefinite integral)이라 한다.

그러므로 $\int f(x)\,dx = F(x) + C$는 $F'(x) = f(x)$를 뜻한다.

이때, C를 적분상수라고 하고, 함수 $f(x)$의 부정적분을 구하는 것을 $f(x)$를 적분한다고 한다.

예제 1

x^n의 부정적분을 구해보자.

풀이 x를 미분하면 1, $\frac{1}{2}x^2$을 미분하면 x, $\frac{1}{3}x^3$을 미분하면 x^2이다.

일반적으로, n이 음이 아닌 정수일 때

$$\left(\frac{1}{n+1}x^{n+1}\right)' = x^n$$

이 성립하므로, n이 음이 아닌 정수일 때

$$\int x^n dx = \frac{1}{n+1}x^{n+1} + C \quad \text{단, } C\text{는 적분상수}$$

■

예제 2

다음 부정적분을 구하여라.

(a) $\int dx$ (b) $\int 5x^4 dx$ (c) $\int x^3 dx$

풀이 (a) 피적분함수가 상수 1이므로 $\int 1dx = x + C$

(b) $(x^5)' = 5x^4$이므로 $\int 5x^4 dx = x^5 + C$

(c) $\int x^3 dx = \frac{1}{3+1} x^{3+1} + C = \frac{1}{4}x^4 + C$

이제 n이 실수일 때 함수 $f(x) = x^n$의 부정적분을 구하여 보자.

미분법에서 $n \neq -1$일 때

$$\left(\frac{1}{n+1} x^{n+1}\right)' = x^n$$

이므로

$$\int x^n dx = \frac{1}{n+1} x^{n+1} + C$$

이다. 한편, $(\ln|x|)' = \frac{1}{x} = x^{-1}$이므로

$$\int x^{-1} dx = \int \frac{1}{x} dx = \ln|x| + C$$

이다. 이상을 정리하면 다음과 같다.

〈함수 $f(x) = x^n$ (n은 실수)의 부정적분〉

1. $n \neq -1$일 때 $\int x^n dx = \frac{1}{n+1} x^{n+1} + C$

2. $n = -1$일 때 $\int x^{-1} dx = \int \frac{1}{x} dx = \ln|x| + C$

예제 3

다음 부정적분을 구하여라.

(a) $\int \frac{1}{x^2} dx$ (b) $\int \frac{2}{x} dx$ (c) $\int x\sqrt{x}\, dx$

풀이 (a) $\displaystyle\int \frac{1}{x^2}dx = \int x^{-2}dx = \frac{1}{-2+1}x^{-2+1} + C = -\frac{1}{x} + C$

(b) $\displaystyle\int \frac{2}{x}dx = 2\int \frac{1}{x}dx = 2\ln|x| + C$

(c) $x\sqrt{x} = x^{1+\frac{1}{2}} = x^{\frac{3}{2}}$이므로

$$\int x\sqrt{x}\,dx = \int x^{\frac{3}{2}}dx = \frac{1}{\frac{3}{2}+1}x^{\frac{3}{2}+1} + C = \frac{2}{5}x^{\frac{5}{2}} + C$$

■

2) 부정적분의 성질

미분법의 공식을 이용하여 함수의 실수배, 합, 차에 대한 부정적분의 성질을 알아보자. 두 함수 $f(x)$, $g(x)$의 부정적분을 각각 $F(x)$, $G(x)$라고 하면

$$F(x) = \int f(x)\,dx, \quad F'(x) = f(x)$$

$$G(x) = \int g(x)\,dx, \quad G'(x) = g(x)$$

가 성립한다.

(1) k가 상수라고 하면, $\{kF(x)\}' = kF'(x) = kf(x)$이므로

$$kF(x) = \int kf(x)\,dx$$

한편, $kF(x) = k\int f(x)\,dx$이므로 $\int kf(x) = k\int f(x)\,dx$

(2) $\{F(x) + G(x)\}' = F'(x) + G'(x) = f(x) + g(x)$이므로

$$F(x) + G(x) = \int \{f(x) + g(x)\}\,dx$$

한편, $F(x) + G(x) = \int f(x)\,dx + \int g(x)\,dx$이므로

$$\int \{f(x) + g(x)\}\,dx = \int f(x)\,dx + \int g(x)\,dx$$

따라서 다음의 부정적분의 성질을 얻는다.

〈부정적분의 성질〉

두 다항함수 $f(x)$, $g(x)$에 대하여

1. $\int kf(x)dx = k\int f(x)dx$ (단, k는 상수)

2. $\int \{f(x) \pm g(x)\}dx = \int f(x)dx \pm \int g(x)dx$

예제 4

다음 부정적분을 구하여라.

(a) $\int (x^3 - 6x)dx$　　　　(b) $\int (x+1)(2x-3)dx$

풀이 (a) $\int (x^3 - 6x)dx = \int x^3 dx - 6\int x\,dx$

$$= (\frac{1}{4}x^4 + C_1) - 6(\frac{1}{2}x^2 + C_2)$$

$$= \frac{1}{4}x^4 - 3x^2 + (C_1 - 6C_2)$$

여기서 $C_1 - 6C_2 = C$로 놓으면

$$\int (x^3 - 6x)dx = \frac{1}{4}x^4 - 3x^2 + C$$

(b) $\int (x+1)(2x-3)dx = \int (2x^2 - x - 3)dx$

$$= 2\int x^2 dx - \int x\,dx - \int 3\,dx$$

$$= \frac{2}{3}x^3 - \frac{1}{2}x^2 - 3x + C$$

예제 5

다음 조건을 만족시키는 함수 $F(x)$를 구하여라.

$$F'(x) = 2x^2 + 4x - 3,\ F(0) = 1$$

풀이 $F'(x) = 2x^2 + 4x - 3$이므로

$$F(x) = \int (2x^2 + 4x - 3)dx = \frac{2}{3}x^3 + 2x^2 - 3x + C$$

$F(0)=1$이므로 $F(0)=C=1$

$\therefore F(x)=\frac{2}{3}x^3+2x^2-3x+1$

함수 $f(x)$의 부정적분을 구하는 것을 $f(x)$를 적분한다고 하며, 그 계산방법을 **적분법**이라고 한다. 모든 미분법칙에 대응하는 적분법이 있다. 예를 들면 곱의 미분법에 대응하는 적분법칙은 부분적분법칙이고, 적분의 치환법칙은 미분의 연쇄법칙에 대응한다.

3) 치환적분법

함수 $f(x)$의 부정적분을 구할 때, 직접 계산하기 어려운 경우 식의 일부 또는 전체를 한 변수로 치환하여 부정적분을 쉽게 구할 수 있다. 합성함수의 도함수를 구하는데 이용했던 연쇄법칙은 적분하는데 있어 매우 유용한 방법을 제공해 준다.

연쇄법칙에 의하여

$$\frac{d}{dx}[F(g(x)]=F'(g(x))\cdot g'(x)$$

이므로, 만일 $F'=f$이면

$$\int f(g(x))\cdot g'(x)dx=F(g(x))+C$$

이다. 이를 설명하기 위해

$t=g(x)$로 놓으면 $dt=g'(x)dx$이므로

$$\begin{aligned}\int f(g(x))\cdot g'(x)dx &= \int f(t)dt \\ &= F(t)+C \\ &= F(g(x))+C\end{aligned}$$

이다. 이와 같은 적분법을 치환적분법이라고 한다. 치환적분의 기초를 이루는 발상은 상대적으로 복잡한 적분을 더 단순한 적분으로 바꾸는 것이다.

예제 6

다음 부정적분을 구하여라.

(a) $\int (3x+4)^{10}(3)dx$ (b) $\int e^{x^2}(2x)\,dx$ (c) $\int \frac{1}{1+x^3}(3x^2)dx$

풀이 (a) $3x+4=t$로 놓으면 $3dx=dt$. 따라서

$$\int (3x+4)^{10}(3)\,dx=\int t^{10}dt=\frac{1}{10+1}t^{10+1}+C=\frac{(3x+4)^{11}}{11}+C$$

(b) $x^2=t$로 놓으면 $2x\,dx=dt$. 따라서

$$\int e^{x^2}(2x)dx=\int e^t dt=e^t+C=e^{x^2}+C$$

(c) $1+x^3=t$로 놓으면 $3x^2\,dx=dt$. 따라서

$$\int \frac{1}{1+x^3}3x^2dx=\int \frac{1}{t}dt=\ln|t|+C=\ln|1+x^3|+C$$

■

예제 7

다음 부정적분을 구하여라.

(a) $\int (x-3)^2dx$ (b) $\int x(x^2+7)\,dx$

풀이 (a) $x-3=t$로 놓으면 $dx=dt$. 따라서

$$\int (x-3)^2\,dx=\int t^2\,dt=\frac{1}{3}t^3+C=\frac{1}{3}(x-3)^3+C$$

다른 풀이 방법으로, 전개를 이용하면

$$\int (x-3)^2dx=\int (x^2-6x+9)dx=\frac{1}{3}x^3-3x^2+9x+C$$

을 얻는다.

(b) $x^2+7=t$로 놓으면 $2x\,dx=dt$. 따라서

$$\int x(x^2+7)\,dx=\int t\cdot\frac{1}{2}dt=\frac{1}{2}\cdot\frac{1}{2}t^2+C$$

$$=\frac{1}{4}(x^2+7)^2+C$$

이 문제는 전개를 이용하여 풀 수 있다.

$$\int x(x^2+7)\,dx=\int (x^3+7x)\,dx=\frac{1}{4}x^4+\frac{7}{2}x^2+C$$

■

예제 8

다음 부정적분을 구하여라.

(a) $\int (3x-4)^3 dx$ (b) $\int \sqrt{2x-1}\, dx$

(c) $\int \frac{1}{2x+1} dx$ (d) $\int e^{2x} dx$ (e) $\int \frac{1}{x\ln x} dx$

풀이 (a) $3x-4=t$로 놓으면 $3\,dx=dt$. 따라서

$$\int (3x-4)^3 dx = \int t^3 \cdot \frac{1}{3} dt = \frac{1}{3} \cdot \frac{1}{4} t^4 + C$$
$$= \frac{1}{12}(3x-4)^4 + C$$

(b) $2x-1=t$로 놓으면 $2\,dx=dt$. 따라서

$$\int \sqrt{2x-1}\, dx = \int \sqrt{t} \cdot \frac{1}{2} dt = \frac{1}{2}\int \sqrt{t}\, dt$$
$$= \frac{1}{2} \cdot \frac{2}{3} t^{\frac{3}{2}} + C = \frac{1}{3} t\sqrt{t} + C$$
$$= \frac{1}{3}(2x-1)\sqrt{2x-1} + C$$

(c) $2x+1=t$로 놓으면 $2dx=dt$. 따라서

$$\int \frac{1}{2x+1} dx = \int \frac{1}{t} \cdot \frac{1}{2} dt = \frac{1}{2}\int \frac{1}{t} dt$$
$$= \frac{1}{2}\ln|t| + C = \frac{1}{2}\ln|2x+1| + C$$

(d) $2x=t$로 놓으면 $2dx=dt$. 따라서

$$\int e^{2x} dx = \int e^t \cdot \frac{1}{2} dt = \frac{1}{2}\int e^t dt$$
$$= \frac{1}{2} e^t + C = \frac{1}{2} e^{2x} + C$$

(e) $\ln x = t$로 놓으면 $\frac{1}{x} dx = dt$. 따라서

$$\int \frac{1}{x\ln x} dx = \int \frac{1}{t} \cdot \frac{1}{x} dx = \int \frac{1}{t} dt$$
$$= \ln|t| + C = \ln|\ln x| + C$$

이제 함수가 $\dfrac{f'(x)}{f(x)}$인 형태의 부정적분을 구하는 방법에 대해 알아보자.

부정적분 $\displaystyle\int \frac{f'(x)}{f(x)}dx$에 대하여 $f(x)=t$로 놓으면 $f'(x)dx=dt$가 된다. 따라서 치환적분법에 의해

$$\begin{aligned}\int \frac{f'(x)}{f(x)}dx &= \int \frac{1}{f(x)} \cdot f'(x)dx = \int \frac{1}{t}dt \\ &= \ln|t| + C = \ln|f(x)| + C\end{aligned}$$

예제 9

다음 부정적분을 구하여라.

(a) $\displaystyle\int \frac{3}{3x+2}dx$　　　(b) $\displaystyle\int \frac{2x-3}{x^2-3x+1}dx$

풀이 (a) $\displaystyle\int \frac{3}{3x+2}dx = \int \frac{(3x+2)'}{3x+2}dx = \ln|3x+2| + C$

(b) $\displaystyle\int \frac{2x-3}{x^2-3x+1}dx = \int \frac{(x^2-3x+1)'}{x^2-3x+1}dx = \ln|t| + C = \ln|x^2-3x+1| + C$

4) 부분적분법

두 함수의 곱의 형태로 된 부정적분을 구해보자. 이를 위해, 두 함수 $f(x)$, $g(x)$의 곱 $f(x)g(x)$의 미분법을 이용하면

$$\frac{d}{dx}\{f(x)g(x)\} = f'(x)g(x) + f(x)g'(x)$$

이므로 양변을 다시 적분하면, 부정적분의 정의에 의하여

$$\begin{aligned}f(x)g(x) &= \int \{f'(x)g(x) + f(x)g'(x)\}dx \\ &= \int f'(x)g(x)dx + \int f(x)g'(x)dx\end{aligned}$$

따라서

$$\int f(x)g'(x)dx = f(x)g(x) - \int f'(x)g(x)dx$$

이다. 이와 같은 적분법을 **부분적분법**이라고 한다.

예제 10

다음 부정적분을 구하여라.

(a) $\int xe^x\,dx$　　　　(b) $\int \ln x\,dx$　　　　(c) $\int xe^{5x}\,dx$

풀이 (a) $f(x)=x$, $g'(x)=e^x$로 택한다고 하면, $f'(x)=1$, $g(x)=e^x$이므로 부분적분법 공식에 의해

$$\int x\,e^x\,dx = x\cdot e^x - \int 1\cdot e^x dx = x\,e^x - \int e^x\,dx = x\,e^x - e^x + C$$

(b) $f(x)=\ln x$, $g'(x)=1$로 택한다고 하면, $f'(x)=\dfrac{1}{x}$, $g(x)=x$이므로 부분적분법 공식에 의해

$$\begin{aligned}\int \ln x\,dx &= \int \ln x\cdot 1\,dx = \ln x\cdot x - \int \frac{1}{x}\cdot x\,dx \\ &= x\ln x - x + C\end{aligned}$$

(c) $f(x)=x$, $g'(x)=e^{5x}$로 택한다고 하면, $f'(x)=1$이다. 이제 $g(x)$를 구하기 위해, $5x=t$로 놓고 치환적분을 하면 $g(x)=\dfrac{1}{5}e^{5x}$를 얻는다.

(g는 g'의 임의의 역도함수를 택할 수 있다.) 따라서,

$$\begin{aligned}\int x\,e^{5x}\,dx &= x\left(\frac{1}{5}e^{5x}\right) - \int \frac{1}{5}e^{5x}\,dx \\ &= \frac{1}{5}x\,e^{5x} - \frac{1}{5}\int e^{5x}\,dx \\ &= \frac{1}{5}x\,e^{5x} - \frac{1}{5}\cdot\left(\frac{1}{5}e^{5x}\right) + C \\ &= \frac{1}{5}x\,e^{5x} - \frac{1}{25}e^{5x} + C\end{aligned}$$

■

부분적분을 이용하는 목적은 처음 주어진 적분보다 더 간단한 적분을 얻는 것이다. 위의 예제 (a)에서는 주어진 $\int xe^x\,dx$에서 이보다 더 간단한 적분 $\int e^x\,dx$로 표현했다. 이때, $f(x)=e^x$, $g'(x)=x$를 선택했다면 $f'(x)=e^x$, $g(x)=\dfrac{1}{2}x^2$이 되어

$$\int x\,e^x\,dx = e^x\cdot\frac{x^2}{2} - \frac{1}{2}\int x^2\,e^x\,dx$$

를 얻는다. 이 형태는 처음 주어진 적분보다 더 어렵기 때문에 일반적으로 f, g를

선택할 때 유의해야 한다.

예제 11

다음 부정적분을 구하여라.

(a) $\int x^2 e^x\,dx$ (b) $\int (\ln x)^2\,dx$

풀이 (a) $f(x)=x^2$, $g'(x)=e^x$로 택한다고 하면, $f'(x)=2x$, $g(x)=e^x$이므로 부분적분법 공식에 의해

$$\begin{aligned}\int x^2 e^x\,dx &= x^2\cdot e^x-\int 2x\cdot e^x\,dx\\ &= x^2e^x-2\int xe^x\,dx\end{aligned}$$

여기에서 얻은 적분 $\int xe^x\,dx$에다 $f(x)=x$, $g'(x)=e^x$로 택하여 부분적분법을 다시 적용하자. $f'(x)=1$, $g(x)=e^x$이므로

$$\int xe^x\,dx=x\cdot e^x-\int 1\cdot e^x dx=xe^x-\int e^x\,dx=xe^x-e^x+C$$

를 얻는다. 이 결과를 처음에 얻은 식에 대입하면 다음을 얻는다.

$$\begin{aligned}\int x^2e^x\,dx &= x^2e^x-2\int xe^x\,dx=x^2e^x-2(xe^x-e^x)+C\\ &= x^2e^x-2xe^x+2e^x+C\end{aligned}$$

(b) $f(x)=(\ln x)^2$, $g'(x)=1$로 택한다고 하면, $f'(x)=\dfrac{2\ln x}{x}$, $g(x)=x$이므로 부분적분법 공식에 의해

$$\begin{aligned}\int(\ln x)^2\,dx &= (\ln x)^2\cdot x-\int\frac{2\ln x}{x}\cdot x\,dx\\ &= x(\ln x)^2-2\int\ln x\,dx\end{aligned}$$

여기에서 얻은 적분 $\int \ln x\,dx$에다 $f(x)=\ln x$, $g'(x)=1$로 택하여 부분적분법을 다시 적용하자. $f'(x)=\dfrac{1}{x}$, $g(x)=x$이므로

$$\int\ln x\,dx=\int\ln x\cdot 1\,dx=\ln x\cdot x-\int\frac{1}{x}\cdot x\,dx=x\ln x-x+C$$

를 얻는다. 이 결과를 처음에 얻은 식에 대입하면 다음을 얻는다.

$$\begin{aligned}\int(\ln x)^2\,dx &= x(\ln x)^2-2\int\ln x\,dx\\ &= x(\ln x)^2-2(x\ln x-x)+C\end{aligned}$$

$$= x(\ln x)^2 - 2x\ln x + 2x + C$$

5) 유리함수의 적분법

임의의 유리함수(다항함수들의 비)를 이미 적분방법을 알고 있는 간단한 분수식들의 합(부분분수)으로 나타냄으로써 유리함수를 적분하는 방법을 알아본다. 이 방법을 설명하기 위하여 분수식 $\dfrac{2}{x-1}$와 $\dfrac{1}{x+2}$의 공통 분모를 취하면

$$\frac{2}{x-1} - \frac{1}{x+2} = \frac{2(x+2) - (x-1)}{(x-1)(x+2)} = \frac{x+5}{x^2+x-2}$$

를 얻는다. 이 과정을 역으로 하면, 이 식의 오른쪽 함수를 적분하는 방법을 알 수 있다.

이번에는 $\dfrac{x+5}{x^2+x-2}$와 같은 분수식의 부정적분을 구해보자. 앞에서 배운 치환적분의 두 번째 유형인 $\displaystyle\int \frac{f'(x)}{f(x)}dx = \ln|f(x)| + C$을 분수식의 부정적분과 관련지어 해결해 보도록 하자.

분모에 있는 다항식을 $f(x) = x^2 - 3x - 4$라고 하면 $f'(x) = 2x - 3$이므로

$$\begin{aligned}\int \frac{2x-1}{x^2-3x-4}dx &= \int \frac{(2x-3)+2}{x^2-3x-4}dx \\ &= \int \frac{2x-3}{x^2-3x-4}dx + \int \frac{2}{x^2-3x-4}dx \\ &= \ln|x^2-3x-4| + 2\int \frac{1}{x^2-3x-4}dx\end{aligned}$$

그런데 부정적분 $\displaystyle\int \frac{1}{x^2-3x-4}dx$를 구할 때는 분자가 분모의 도함수 형태가 아니기 때문에 같은 방법을 적용시킬 수 없다. 이럴 때는 부분분수라 부르는 더 간단한 분수들의 합으로 표현하면 부정적분을 구할 수 있다.

부분분수를 이용한 부정적분에 대하여 자세히 알아보자.

분수식은 다음과 같이 부분분수로 분해할 수 있으므로 다음과 같다.

$$\frac{1}{AB} = \frac{1}{B-A}\left(\frac{1}{A} - \frac{1}{B}\right)$$

위의 부정적분에 나오는 식을 부분분수로 분해하여 계산해 보자.

$$\frac{1}{x^2-3x-4}=\frac{1}{(x-4)(x+1)}=\frac{1}{(x+1)-(x-4)}\left(\frac{1}{x-4}-\frac{1}{x+1}\right)$$

$$=\frac{1}{5}\left(\frac{1}{x-4}-\frac{1}{x+1}\right)$$

이므로

$$\int\frac{1}{x^2-3x-4}dx=\int\frac{1}{5}\left(\frac{1}{x-4}-\frac{1}{x+1}\right)dx$$

$$=\frac{1}{5}(\ln|x-4|-\ln|x+1|)+C$$

$$=\frac{1}{5}\ln\left|\frac{x-4}{x+1}\right|+C \text{ 이다.}$$

> 부분분수를 이용하여 부정적분을 구할 때는
> 1. 분자의 차수가 분모의 차수보다 크거나 같을 때는, 우선 분자를 분모로 나누어 분자의 차수를 분모의 차수보다 작게 만들어야 한다. 즉, 몫과 나머지로 분리하여 부정적분을 구한다.
> 2. 분자의 차수가 분모의 차수보다 작을 때는, 분모가 인수분해 되는 경우 주어진 분수식을 부분분수로 변형하여 부정적분을 구한다.

예제 12

다음 부정적분을 구하여라.

(a) $\int\frac{1}{x^2+x-2}dx$ (b) $\int\frac{x^3+x}{x-1}dx$

풀이 (a) 분자의 차수가 분모의 차수보다 작으므로 나눌 필요는 없다. 분모는 다음과 같이 인수분해 되므로

$$x^2+x-2=(x-1)(x+2)$$

적분하려는 함수의 부분분수 분해는 다음과 같다.

$$\frac{1}{x^2+x-2}=\frac{1}{(x-1)(x+2)}=\frac{1}{3}\left(\frac{1}{x-1}-\frac{1}{x+2}\right)$$

따라서

$$\int \frac{1}{x^2+x-2}\,dx = \frac{1}{3}\int\left(\frac{1}{x-1} - \frac{1}{x+2}\right)dx$$

$$= \frac{1}{3}\left(\int \frac{1}{x-1}\,dx - \int \frac{1}{x+2}\,dx\right)$$

$$= \frac{1}{3}(\ln|x-1| - \ln|x+2|) + C$$

$$= \frac{1}{3}\ln\left|\frac{x-1}{x+2}\right| + C$$

(b) 분자의 차수가 분모의 차수보다 크므로, 먼저 나눗셈을 시행하면

$$\frac{x^3+x}{x-1} = x^2+x+2+\frac{2}{x-1}$$

이므로 다음 결과를 얻는다.

$$\int \frac{x^3+x}{x-1}\,dx = \int\left(x^2+x+2+\frac{2}{x-1}\right)dx$$

$$= \frac{x^3}{3} + \frac{x^2}{2} + 2x + 2\ln|x-1| + C$$

연습문제 4.1

1. 다음 부정적분을 구하여라.

(1) $\int 3\, dx$ (2) $\int 2\pi dt$ (3) $\int e\, dt$

(4) $\int (12x^3 + 8x)dx$ (5) $\int (x+2)(2x-1)dx$ (6) $\int \left(1+\frac{1}{x}\right)^2 dx$

(7) $\int (3x+1)^2 dx$ (8) $\int \frac{x^4 - 8x^2}{x^2} dx$ (9) $\int \left(8\sqrt[3]{x} - \frac{6}{\sqrt{x}}\right)dx$

2. 다음 조건을 만족하는 함수 $F(x)$를 구하여라.

$$F'(x) = x(x-3),\ F(-1) = 2$$

3. 다음 부정적분을 구하여라.

(1) $\int (2-x)^5 dx$ (2) $\int x(x^2+3)^2 dx$

(3) $\int \frac{2x^3 - 1}{x^4 - 2x} dx$ (4) $\int x e^{x^2} dx$

(5) $\int \frac{1}{1+e^x}(e^x) dx$ (6) $\int \frac{x}{\sqrt{x-3}} dx$

4. 다음 부정적분을 구하여라.

(1) $\int x^2 e^{2x} dx$ (2) $\int x^4 \ln x dx$

(3) $\int (x^2+1)e^{-x} dx$ (4) $\int \frac{(\ln x)^2}{x^3} dx$

5. 다음 부정적분을 구하여라.

(1) $\int \frac{x-9}{(x+5)(x-2)} dx$ (2) $\int \frac{x^2+1}{x+1} dx$

(3) $\int \frac{3}{x^2-1} dx$ (4) $\int \frac{x^6}{x^2-4} dx$

4.2 정적분

1) 구분구적법

다각형과 같이 선분으로 둘러싸인 도형의 넓이는 삼각형들로 나누어 그 넓이의 합으로 구할 수 있다. 그러나 직선과 곡선, 곡선과 곡선으로 둘러싸인 도형의 넓이를 구하는 것은 그렇게 쉽지 않다. 이 절에서는 넓이를 계산하기 위한 일반적인 방법을 소개한다.

이러한 방법은 넓이 계산 이상의 중요성을 포함하고 있는데, 다양한 영역에 폭넓게 적용할 수 있는 미분적분학의 중심개념 중의 하나이다.

간단한 예를 들어 넓이에 대해 생각해 보자.

예제 1

곡선 $y=x^2$과 x축 및 직선 $x=1$로 둘러싸인 도형의 넓이를 구하여라.

풀이 구간 $[0,1]$를 n등분하여 양 끝점과 각 분점의 x좌표를 $x_0(=0)$, x_1, x_2, $\cdots$, $x_n(=1)$라고 하자. 각 소구간의 길이는 $[0,1]$를 n등분하였으므로 $\frac{1}{n}$가 된다. 따라서 $x_1=\frac{1}{n}$, $x_2=\frac{2}{n}$, $\cdots$, $x_n=\frac{n}{n}(=1)$이고 이에 대응하는 y좌표는 차례로 $\left(\frac{1}{n}\right)^2$, $\left(\frac{2}{n}\right)^2$, $\cdots$, $\left(\frac{n}{n}\right)^2$이다.

이때, 그림 4.1에서 색칠한 부분의 넓이를 S_n이라고 하면

$$\begin{aligned}S_n &= \frac{1}{n}\cdot 0+\frac{1}{n}\left(\frac{1}{n}\right)^2+\cdots+\frac{1}{n}\left(\frac{(n-1)}{n}\right)^2\\ &= \frac{1}{n^3}\{1^2+2^2+\cdots+(n-1)^2\}\\ &= \frac{1}{n^3}\cdot\frac{(n-1)n(2n-1)}{6}\\ &= \frac{1}{6}\left(1-\frac{1}{n}\right)\left(2-\frac{1}{n}\right)\end{aligned}$$

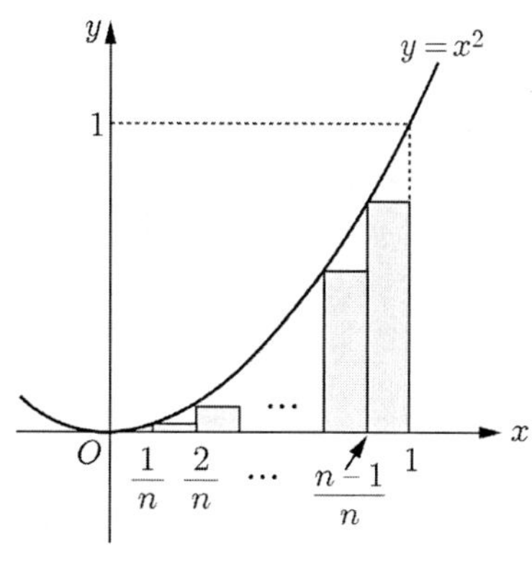

그림 4.1

또 그림 4.2에서 색칠한 부분의 넓이를 T_n이라고 하면

$$T_n=\frac{1}{n}\left(\frac{1}{n}\right)^2+\frac{1}{n}\left(\frac{2}{n}\right)^2+\cdots+\frac{1}{n}\left(\frac{n}{n}\right)^2$$

$$= \frac{1}{n^3}\{1^2+2^2+\cdots+n^2\}$$
$$= \frac{1}{n^3}\cdot\frac{n(n+1)(2n+1)}{6}$$
$$= \frac{1}{6}\left(1+\frac{1}{n}\right)\left(2+\frac{1}{n}\right)$$

구하는 넓이 S는 $S_n < S < T_n$이므로

$\lim_{n\to\infty} S_n \le S \le \lim_{n\to\infty} T_n$이 성립한다.

한편,

$$\lim_{n\to\infty} S_n = \lim_{n\to\infty}\frac{1}{6}\left(1-\frac{1}{n}\right)\left(2-\frac{1}{n}\right)=\frac{1}{3}$$
$$\lim_{n\to\infty} T_n = \lim_{n\to\infty}\frac{1}{6}\left(1+\frac{1}{n}\right)\left(2+\frac{1}{n}\right)=\frac{1}{3}$$

이므로 $S=\frac{1}{3}$이다.

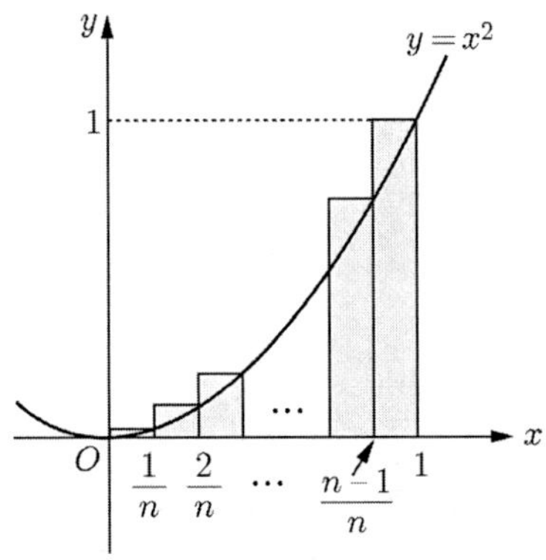

그림 4.2

이와 같이 평면도형의 넓이나 입체의 부피를 구하기 위하여 주어진 도형을 기본 도형으로 분할하여 그 넓이나 부피의 합으로 근삿값을 구하고, 그 근삿값의 극한으로써 주어진 도형의 넓이나 부피를 구하는 방법을 **구분구적법**이라 한다.

예제 2

밑면이 반지름의 길이가 r이고 높이가 h인 원뿔의 부피 V를 구분구적법으로 구하여라.

풀이 그림과 같이 원뿔의 높이를 n등분하는 각 분점을 지나고 밑면에 평행한 평면으로 원뿔을 자른다. 이때, 자른 단면의 반지름의 길이는 위에서부터 차례로 $\frac{r}{n}$, $\frac{2r}{n}$, $\cdots$, $\frac{(n-1)r}{n}$이다. 각 단면을 밑면으로 하고 $\frac{h}{n}$를 높이로 하는 $(n-1)$개의 원기둥의 부피의 합을 V_n이라고 하면

$$V_n = \frac{h}{n}\left[\pi\left(\frac{r}{n}\right)^2+\pi\left(\frac{2r}{n}\right)^2+\cdots+\pi\left\{\frac{(n-1)r}{n}\right\}^2\right]$$

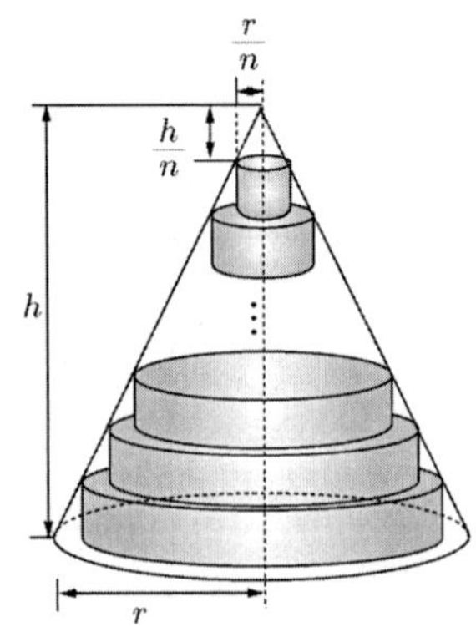

그림 4.3

$$= \frac{\pi r^2 h}{n^3}\{1^2 + 2^2 + \cdots + (n-1)^2\}$$

$$= \frac{\pi r^2 h}{n^3} \cdot \frac{(n-1)n(2n-1)}{6}$$

$$= \frac{1}{6}\pi r^2 h\left(1 - \frac{1}{n}\right)\left(2 - \frac{1}{n}\right)$$

따라서 구하는 원뿔의 부피 V는

$$V = \lim_{n\to\infty} V_n = \lim_{n\to\infty} \frac{1}{6}\pi r^2 h\left(1 - \frac{1}{n}\right)\left(2 - \frac{1}{n}\right)$$

$$= \frac{1}{3}\pi r^2 h$$

이제 구분구적법의 뜻을 확장하여 보기로 하자.

먼저, 함수 $y = f(x)$가 폐구간 $[a, b]$에서 연속이고, $f(x) \geq 0$이라고 하자. 구간 $[a, b]$를 n등분하여 양 끝점을 포함한 각 등분점의 x좌표를

$$a = x_0,\ x_1,\ x_2, \cdots, x_{n-1},\ x_n = b$$

라 하고, 각 부분구간의 길이를 Δx라고 하면 $\Delta x = \dfrac{b-a}{n}$이다.

다음 그림 4.4와 같이, 밑변의 길이가 Δx이고 각 부분구간의 오른쪽 끝점에서의 함숫값을 높이로 하는 직사각형의 넓이의 합을 S_n이라 하면

$$S_n = f(x_1)\Delta x + f(x_2)\Delta x + \cdots + f(x_n)\Delta x = \sum_{k=1}^{n} f(x_k)\Delta x$$

이다. 이때 n이 한없이 커지면 S_n은 곡선 $y = f(x)$와 x축 및 두 직선 $x = a, x = b$로 둘러싸인 도형의 넓이 S에 가까워진다. 즉,

$$S = \lim_{n\to\infty} S_n = \lim_{n\to\infty}\sum_{k=1}^{n} f(x_k)\Delta x$$

이 극한값을 함수 $y = f(x)$의 a에서 b까지의 **정적분**이라 하고, 기호 $\int_a^b f(x)dx$와 같이 나타낸다.

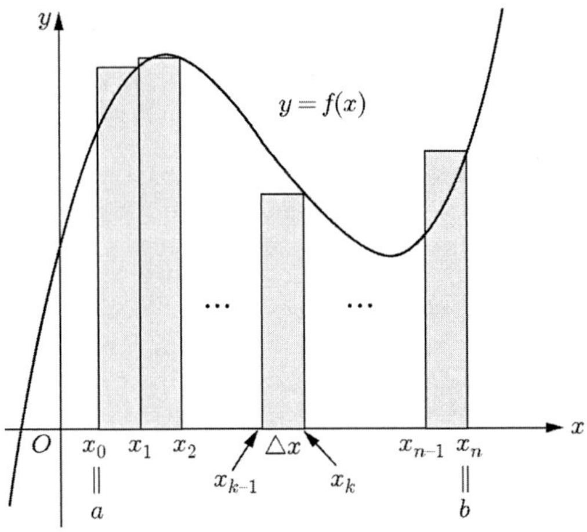

그림 4.4

우리는 정적분과 부정적분 사이를 분명히 구별해야 한다. 정적분 $\int_a^b f(x)dx$는 수이고, 부정적분 $\int f(x)dx$는 함수(또는 함수족)이다. 이 둘 사이의 관계는 정적분의 기본정리로 주어진다.

2) 정적분의 기본정리

앞에서 정적분을 합의 극한으로 정의하고 그 값을 계산하였다. 이런 과정은 종종 길고 복잡하다. 뉴턴은 적분 값을 찾는 훨씬 더 간단한 방법을 발견했고, 몇 년 뒤에 라이프니츠도 똑같은 결과를 발견했다. 그들은 $\int_a^b f(x)dx$는 f의 역도함수 F를 알면 그 값을 셈할 수 있다는 사실을 알게 됐다.

미분학은 접선 문제로부터 발생했고, 이에 비해 적분학은 겉보기에 관련이 없어 보이는 넓이 문제로부터 발생했다. 이 두 가지 문제가 실제로 매우 밀접하게 관련되어 있다는 사실이 발견되었는데, 적분과 미분과의 관계, 정적분과 부정적분과의 관계를 알아보고, 이를 이용하여 정적분을 간편하게 구하는 방법을 알아보자.

함수 $y=f(t)$가 구간 $[a, b]$에서 연속이고 $f(t)\geq 0$일 때, 아래 왼쪽그림과 같이 구간 $[a, b]$에 속하는 임의의 x에 대하여 곡선 $y=f(t)$와 t축 및 두 직선 $t=a$, $t=x$로 둘러싸인 도형의 넓이를 $S(x)$라고 하면

$$S(x) = \int_a^x f(t)dt$$

이다. 이때 x의 증분 $\triangle x$에 대한 $S(x)$의 증분을 $\triangle S$라 하면

$$\triangle S = S(x + \triangle x) - S(x)$$

이다.

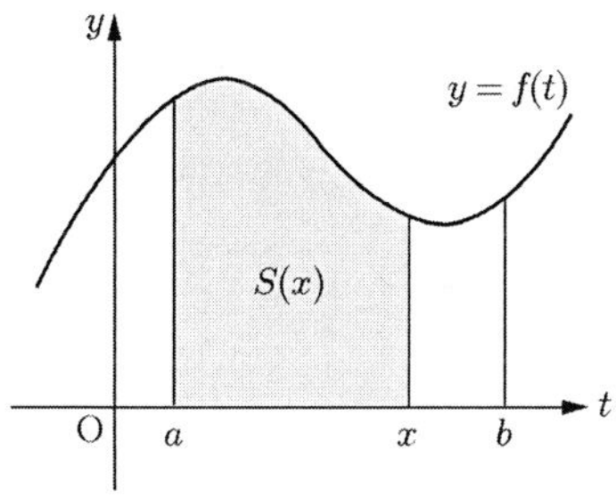

그림 4.5

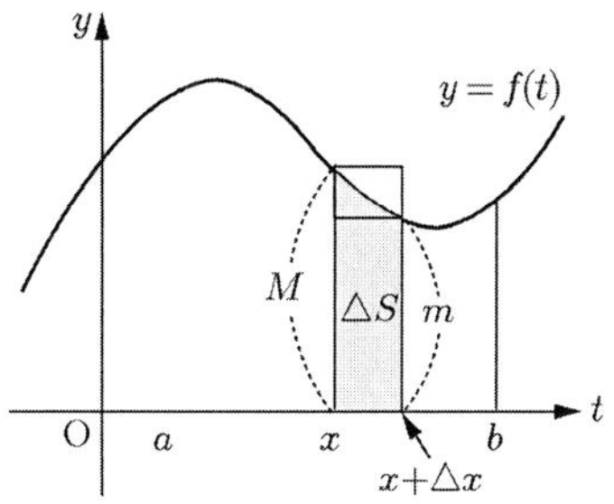

그림 4.6

(i) $\triangle x > 0$일 때, 함수 $f(t)$가 구간 $[x, x + \triangle x]$에서 연속이므로 이 구간에서 최댓값과 최솟값을 가진다. 그 최댓값과 최솟값을 각각 M, m이라 하면

$$m \cdot \triangle x \le \triangle S \le M \cdot \triangle x \text{이고, 양변을 } \triangle x \text{로 나누면 } m \le \frac{\triangle S}{\triangle x} \le M$$

(ii) $\triangle x < 0$일 때에도 같은 방법으로 $m \le \dfrac{\triangle S}{\triangle x} \le M$이 성립함을 보일 수 있다.

(i), (ii)에서 $\triangle x$의 부호에 관계없이 $m \le \dfrac{\triangle S}{\triangle x} \le M$이 성립하는데, 여기서 $\triangle x \to 0$이면

$$\lim_{\triangle x \to 0} m \le \lim_{\triangle x \to 0} \frac{\triangle S}{\triangle x} \le \lim_{\triangle x \to 0} M$$

이고, 함수 $f(t)$는 구간 $[a, b]$에서 연속이므로 $\lim_{\triangle x \to 0} m = f(x)$, $\lim_{\triangle x \to 0} M = f(x)$이다.

따라서

$$\frac{d}{dx}S(x) = \lim_{\triangle x \to 0} \frac{\triangle S}{\triangle x} = f(x), \text{ 즉 } \frac{d}{dx}\int_a^x f(t)dt = f(x)$$

이다. 일반적으로 적분과 미분 사이에는 다음 관계가 성립한다.

적분과 미분과의 관계

함수 $f(t)$가 구간 $[a, b]$에서 연속일 때

$$\frac{d}{dx}\int_a^x f(t)dt = f(x) \quad (\text{단, } a < x < b)$$

이 식은 먼저 f를 적분한 다음에 그 결과를 미분하면 다시 원래의 함수 f로 되돌아간다는 사실을 뜻하는데, 미분하기와 적분하기가 서로 역과정이라는 사실을 말해준다. 이제 정적분과 부정적분의 관계에 대하여 알아보고 이를 이용하여 보다 간편하게 정적분의 값을 구하는 방법을 알아보자. 함수 $f(x)$가 구간 $[a, b]$에서 연속일 때, 함수 $f(x)$의 부정적분 중의 하나를 $F(x)$라고 하면 $\frac{d}{dx}F(x) = f(x)$이고, 정적분과 미분의 관계에서

$$\frac{d}{dx}\int_a^x f(t)dt = f(x)$$

이므로

$$\frac{d}{dx}\{\int_a^x f(t)dt - F(x)\} = 0$$

이다. 따라서

$$\int_a^x f(t)dt - F(x) = C \quad (C\text{는 상수})$$

이다. 여기서 위 식의 양변에 $x = a$를 대입하면, 정의에 의해 $\int_a^a f(t)dt = 0$이므로 $C = -F(a)$이다. 즉,

$$\int_a^x f(t)dt = F(x) - F(a)$$

이다. 또 위 식의 양변에 $x = b$를 대입하고, 적분변수 t를 x로 바꾸면

$$\int_a^b f(x)dx = F(b) - F(a)$$

이다. 이때, $F(b) - F(a)$를 기호 $[F(x)]_a^b$로 나타낸다.

이상을 정리하면 다음과 같은 **정적분의 기본정리**를 얻는다.

〈정적분의 기본정리〉

함수 $f(x)$가 구간 $[a,b]$에서 연속이고, $f(x)$의 한 부정적분을 $F(x)$라고 하면

$$\int_a^b f(x)dx = [F(x)]_a^b = F(b) - F(a)$$

예제 3

임의의 실수 $x\ (x > a)$에 대하여 $\int_a^x f(t)dt = x^2 + 2x + 1$을 만족시키는 함수 $f(x)$와 상수 a의 값을 구하여라.

풀이 주어진 식의 양변을 x에 대하여 미분하면 정적분과 미분과의 관계에서

$$f(x) = 2x + 2$$

한편 주어진 식에 $x = a$를 대입하면 $\int_a^a f(t)dt = 0$이므로

$$0 = a^2 + 2a + 1, \quad \therefore a = -1$$

예제 4

다음 정적분을 구하여라.

(a) $\int_0^2 x^3 dx$ (b) $\int_0^1 e^x dx$

풀이 (a) $\int_0^2 x^3 dx = \left[\frac{1}{4}x^4\right]_0^2 = \frac{1}{4}(2^4 - 0) = 4$

(b) $\int_0^1 e^x dx = [e^x]_0^1 = e^1 - e^0 = e - 1$

3) 정적분의 성질

정적분 $\int_a^b f(x)dx$ $(a<b)$에서 아래끝 a가 위끝 b보다 큰 경우, 즉 $a>b$인 경우에도 정적분을 생각할 수 있으며

$$\int_a^b f(x)dx = -\int_b^a f(x)dx$$

로 정의한다.

이때, 함수 $f(x)$의 부정적분 중의 하나를 $F(x)$라고 하면

$$\int_a^b f(x)dx = -\int_b^a f(x)dx = -[F(x)]_b^a = F(b)-F(a)$$

이다. 즉, 정적분의 기본 정리는 위끝, 아래끝의 대소에 관계없이 성립한다.

부정적분의 성질과 정적분의 기본정리로부터 정적분의 성질을 알아보자. 연속함수 $f(x)$의 부정적분 중의 하나를 $F(x)$라고 하면 임의의 상수 k에 대하여

$$\int kf(x)dx = kF(x)+C$$

이므로

$$\begin{aligned}\int_a^b kf(x)dx &= [kF(x)]_a^b = kF(b)-kF(a)\\ &= k\{F(b)-F(a)\} = k[F(x)]_a^b\\ &= k\int_a^b f(x)dx\end{aligned}$$

가 성립한다. 또 임의의 실수 c에 대하여

$$\int_a^c f(x)dx = [F(x)]_a^c = F(c)-F(a)$$

$$\int_c^b f(x)dx = [F(x)]_c^b = F(b)-F(c)$$

이므로

$$\begin{aligned}\int_a^c f(x)dx + \int_c^b f(x)dx &= \{F(c)-F(a)\}+\{F(b)-F(c)\}\\ &= F(b)-F(a) = \int_a^b f(x)dx\end{aligned}$$

이다.

일반적으로 부정적분에서와 같이 정적분에서도 다음이 성립한다.

〈정적분의 성질〉

두 함수 $f(x)$, $g(x)$가 구간 $[a, b]$에서 연속일 때

1. $\displaystyle\int_a^b kf(x)dx = k\int_a^b f(x)dx$ (단, k는 상수)

2. $\displaystyle\int_a^b \{f(x) \pm g(x)\}dx = \int_a^b f(x)dx \pm \int_a^b g(x)dx$

3. $\displaystyle\int_a^b f(x)dx = \int_a^c f(x)dx + \int_c^b f(x)dx$ (단, $a \le c \le b$)

예제 5

다음 정적분을 구하여라.

(a) $\displaystyle\int_0^2 (2x-5)dx + \int_2^3 (2x-5)dx$ (b) $\displaystyle\int_0^3 |x-1|dx$

풀이 (a) $\displaystyle\int_0^2 (2x-5)dx + \int_2^3 (2x-5)dx$

$$= \int_0^3 (2x-5)dx$$

$$= [x^2-5x]_0^3 = 3^2-15 = -6$$

(b) 피적분함수를 $f(x)$라고 하면

$$f(x) = |x-1| = \begin{cases} x-1 & (x \ge 1) \\ -x+1 & (x \le 1) \end{cases}$$

이므로 구간을 나누어 계산하면

$$\int_0^3 |x-1|dx = \int_0^1 (-x+1)dx + \int_1^3 (x-1)dx$$

$$= \left[-\frac{1}{2}x^2 + x\right]_0^1 + \left[\frac{1}{2}x^2 - x\right]_1^3$$

$$= \left(-\frac{1}{2}+1\right) + \left\{\left(\frac{9}{2}-3\right) - \left(\frac{1}{2}-1\right)\right\} = \frac{5}{2}$$

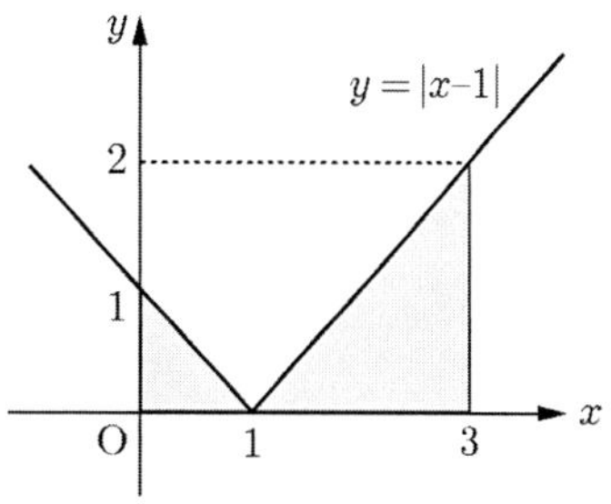

그림 4.7

■

예제 6

다음 정적분을 구하여라.

(a) $\displaystyle\int_0^2 (2x-6x^2)dx$ (b) $\displaystyle\int_1^2 \left(2x+3e^x-\frac{4}{x}\right)dx$

풀이 (a) $$\int_0^2 (2x-6x^2)dx = 2\int_0^2 xdx - 6\int_0^2 x^2dx$$
$$= 2\left[\frac{1}{2}x^2\right]_0^2 - 6\left[\frac{1}{3}x^3\right]_0^2$$
$$= 2^2 - 2\times 2^3 = -12$$

(b) $$\int_1^2 \left(2x+3e^x-\frac{4}{x}\right)dx = 2\int_1^2 xdx + 3\int_1^2 e^x dx - 4\int_1^2 \frac{1}{x}dx$$
$$= 2\left[\frac{1}{2}x^2\right]_1^2 + 3[e^x]_1^2 - 4[\ln x]_1^2$$
$$= 3 + 3e^2 - 3e - 4\ln 2$$

4) 치환적분법

정적분에서 치환적분은 만약 g'이 구간 $[a, b]$ 위에서 연속함수이고, f가 $t=g(x)$의 치역 위에서 연속함수이면,

$$\int_\alpha^\beta f(g(x))g'(x)dx = \int_{g(\alpha)}^{g(\beta)} f(t)dt$$

$a=g(\alpha)$, $b=g(\beta)$라고 하면

$$\int_\alpha^\beta f(g(x))\,g'(x)dx = [F(g(x))]_\alpha^\beta = F(g(\beta)) - F(g(\alpha))$$
$$= F(b) - F(a)$$

가 성립한다.

예제 7

다음 정적분을 구하여라.

(a) $\displaystyle\int_{-1}^0 (3x+2)^3 dx$ (b) $\displaystyle\int_1^2 \frac{1}{(3x-2)^2}dx$

풀이 (a) $3x+2=t$로 놓고, 양변을 미분하면 $3dx=dt$ 즉, $dx=\frac{1}{3}dt$이다.

이때, $x=-1$이면 $t=-1$, $x=0$이면 $t=2$이므로

$$\int_{-1}^{0}(3x+2)^3dx=\int_{-1}^{2}t^3\frac{1}{3}dt=\frac{1}{3}\cdot\left[\frac{1}{4}t^4\right]_{-1}^{2}=\frac{1}{12}(16-1)=\frac{5}{4}$$

(b) $3x-2=t$로 놓고, 양변을 미분하면 $3dx=dt$이다.

이때, $x=1$이면 $t=1$, $x=2$이면 $t=4$이므로

$$\int_{1}^{2}\frac{1}{(3x-2)^2}dx=\frac{1}{3}\int_{1}^{4}\frac{1}{t^2}dt=\frac{1}{3}[-t^{-1}]_1^4=\frac{1}{3}\left[-\frac{1}{4}-(-1)\right]=\frac{1}{4}$$

4) 부분적분법

부분적분 공식과 미적분학의 기본 정리를 결합하면 주어진 정적분을 부분적분법으로 다음과 같이 계산할 수도 있다.

$$\int_a^b f(x)g'(x)\,dx=f(x)g(x)|_a^b-\int_a^b f'(x)g(x)\,dx$$

예제 8

다음 정적분을 구하여라.

(a) $\int_0^2 x\,e^x dx$ (b) $\int_1^3 x^2\ln x\,dx$

풀이 (a) $f(x)=x$, $g'(x)=e^x$로 택한다고 하면, $f'(x)=1$, $g(x)=e^x$이므로 부분적분법에 의해

$$\int_0^2 x\,e^x\,dx=[x\cdot e^x]_0^2-\int_0^2 1\cdot e^x dx$$
$$=[x\cdot e^x]_0^2-\int_0^2 e^x\,dx=2e^2-e^2+1=e^2+1$$

(b) $f(x)=\ln x$, $g'(x)=x^2$로 택한다고 하면, $f'(x)=\frac{1}{x}$, $g(x)=\frac{1}{3}x^3$이므로 부분적분법에 의해

$$\int_1^3 x^2\ln x\,dx=\left[\ln x\cdot\frac{1}{3}x^3\right]_1^3-\int_1^3\frac{1}{x}\cdot\frac{1}{3}x^3dx$$

$$= \frac{1}{3}\left[x^3 \ln x\right]_1^3 - \frac{1}{3}\int_1^3 x^2 dx$$

$$= \frac{1}{3}\left[x^3 \ln x\right]_1^3 - \frac{1}{3}\left[\frac{1}{3}x^3\right]_1^3$$

$$= \frac{1}{3}(27\ln 3 - \ln 1) - \frac{1}{9}(27 - 1)$$

$$= 9\ln 3 - \frac{26}{9}$$

■

연습문제 4.2

1. 다음 정적분을 구하여라.

(1) $\int_{12}^{20} dx$ (2) $\int_{-1}^{0} 2x\,dx$

(3) $\int_{1}^{3} (3x^2 - 4x)dx$ (4) $\int_{-1}^{1} (2x+5)(2x-5)dx$

2. 다음 정적분을 구하여라.

(1) $\int_{-1}^{1} (x^3 - 2x - 2)dx$ (2) $\int_{-1}^{2} |x^2 - 1|dx$

(3) $\int_{1}^{3} \frac{2x+1}{x^2}dx$ (4) $\int_{1}^{2} (x+1)(x^2-1)\,dx$

(5) $\int_{1}^{2} \frac{1}{x}dx$ (6) $\int_{1}^{3} \frac{x+1}{\sqrt{x}}dx$

3. 두 개의 직선과 하나의 반원으로 된 $g(x)$의 그래프는 아래와 같다. 다음 적분을 계산하여라.

$$\int_{0}^{7} g(x)\,dx$$

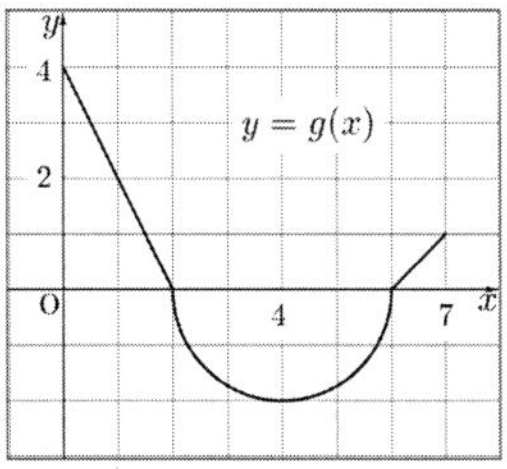

4. 다음 정적분을 구하여라.

(1) $\int_{1}^{2} (x-1)\sqrt{x+1}\,dx$ (2) $\int_{0}^{3} \frac{1}{5x+2}dx$

(3) $\int_{0}^{1} xe^{-x^2}dx$ (4) $\int_{0}^{1} x(2x^2+1)^3 dx$

5. 다음 정적분을 구하여라.

(1) $\int_{1}^{2} \ln 3x dx$

(2) $\int_{4}^{9} \frac{\ln x}{\sqrt{x}} dx$

(3) $\int_{0}^{1} (x+1)e^{x} dx$

(4) $\int_{1}^{2} x^{3}e^{x^{2}} dx$

4.3 정적분의 활용

1) 넓이

정적분을 이용하여 곡선으로 둘러싸인 도형의 넓이를 구하는 방법을 알아보자.

함수 $f(x)$가 구간 $[a, b]$에서 연속이고 $f(x) \geq 0$일 때, 곡선 $y=f(x)$와 x축 및 두 직선 $x=a$, $x=b$로 둘러싸인 도형의 넓이 S는 다음 정적분으로 주어짐을 알고 있다.

$$S=\int_a^b f(x)dx$$

만일 함수 $f(x)$가 $[a, b]$에서 $f(x) \leq 0$이면 $-f(x) \geq 0$이므로 넓이 S는 곡선 $y=f(x)$를 x축에 관하여 대칭이동 시킨 $y=-f(x)$와 x축 및 두 직선 $x=a$, $x=b$로 둘러싸인 도형의 넓이와 같다. 따라서

$$S=\int_a^b \{-f(x)\}dx=\int_a^b |f(x)|dx$$

이상을 정리하면 다음과 같다.

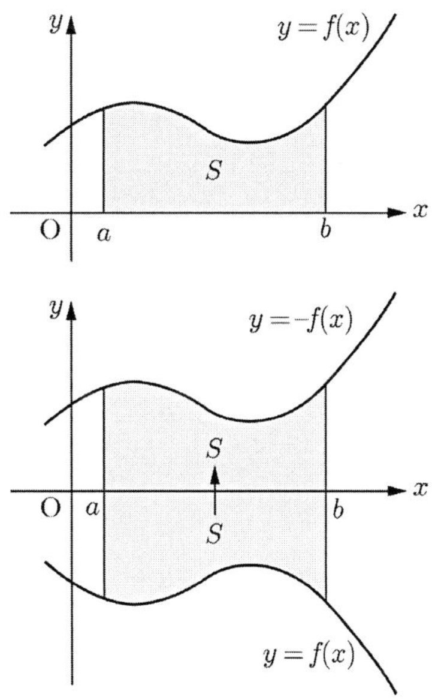

그림 4.8

곡선과 x축을 둘러싸인 도형의 넓이

함수 $f(x)$가 구간 $[a, b]$에서 연속일 때, 곡선 $y=f(x)$와 x축 및 두 직선 $x=a$, $x=b$로 둘러싸인 도형의 넓이 S는

$$S=\int_a^b |f(x)|dx$$

예제 1

다음 곡선과 직선으로 둘러싸인 도형의 넓이를 구하여라.

(a) $y=2x$, x축, $x=2$

(b) $y=x^2-2x$, x축, $x=1$, $x=3$

(c) $y=\ln x$, x축, $x=1$, $x=2$

풀이 (a) 구간 $[0, 2]$에서 $2x \geq 0$이므로, 구하는 넓이 S는

$$S = \int_0^2 2x\,dx = [x^2]_0^2 = 4$$

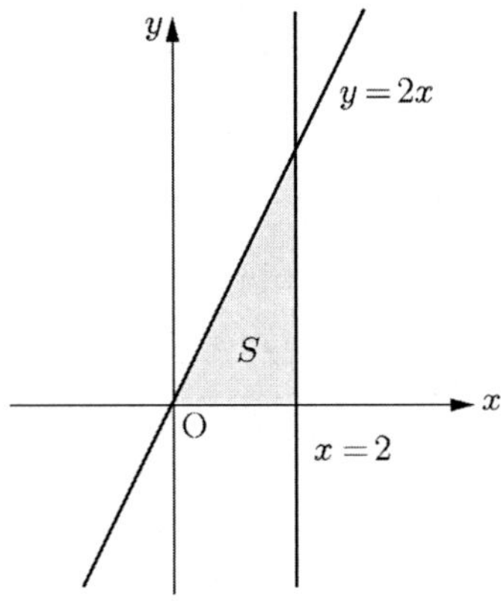

그림 4.9

(b) 주어진 곡선과 x축과의 교점의 x좌표는 0 또는 2이고, 구간 $[1, 2]$에서 $x^2 - 2x \leq 0$이고 구간 $[2, 3]$에서 $x^2 - 2x \geq 0$이므로 구하는 넓이 S는

$$\begin{aligned} S &= \int_1^3 |x^2 - 2x|\,dx \\ &= \int_1^2 (-x^2 + 2x)dx + \int_2^3 (x^2 - 2x)dx \\ &= \left[-\frac{1}{3}x^3 + x^2\right]_1^2 + \left[\frac{1}{3}x^3 - x^2\right]_2^3 \\ &= \frac{2}{3} + \frac{4}{3} = 2 \end{aligned}$$

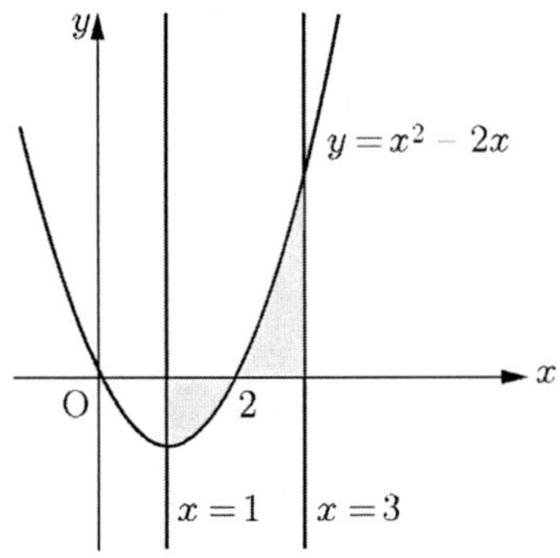

그림 4.10

(c) 주어진 곡선과 x축과의 교점의 x좌표는 1이고, 구간 $[1,\ 2]$에서 $\ln x \geq 0$이므로 구하는 넓이 S는 앞의 부분적분법에 의하여

$$\begin{aligned} S &= \int_1^2 \ln x dx \\ &= [x \ln x - x]_1^2 \\ &= 2\ln 2 - x - 1 \end{aligned}$$

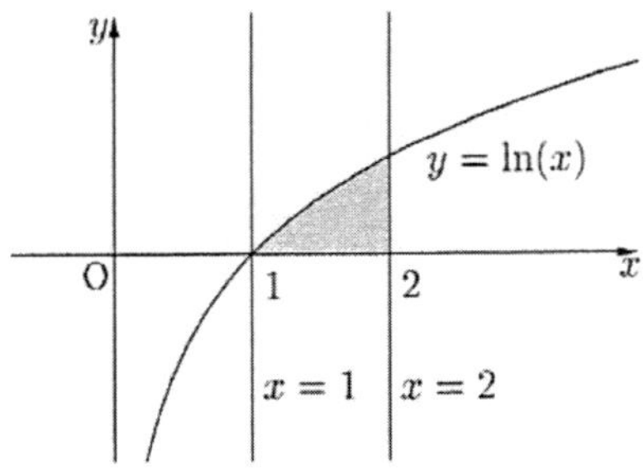

그림 4.11

이제 두 곡선으로 둘러싸인 도형의 넓이를 구하는 방법을 알아보자.

두 함수 $f(x)$, $g(x)$가 구간 $[a,\ b]$에서 연속일 때, 두 곡선 $y = f(x)$, $y = g(x)$와 두 직선 $x = a$, $x = b$로 둘러싸인 도형의 넓이 S를 구하여 보자.

(1) 구간 $[a,\ b]$에서 $f(x) \ge g(x) \ge 0$일 때, 다음 그림에서와 같이 넓이 S는 다음과 같다.

$$S = \int_a^b f(x)dx - \int_a^b g(x)dx$$

$$= \int_a^b \{f(x) - g(x)\}dx$$

(2) 구간 $[a,\ b]$에서 $f(x) \ge g(x)$이고 $g(x)$ 또는 $f(x)$가 음의 값을 가질 때, 오른쪽 그림과 같이 두 곡선 $y = f(x)$, $y = g(x)$를 y축의 방향으로 k만큼 평행이동하여 $f(x) + k \ge g(x) + k \ge 0$이 되도록 하면 평행이동한 도형의 넓이는 처음 도형의 넓이와 같으므로

$$S = \int_a^b [\{f(x) + k\} - \{g(x) + k\}]dx$$

$$= \int_a^b \{f(x) - g(x)\}dx$$

이상을 정리하면 다음과 같다.

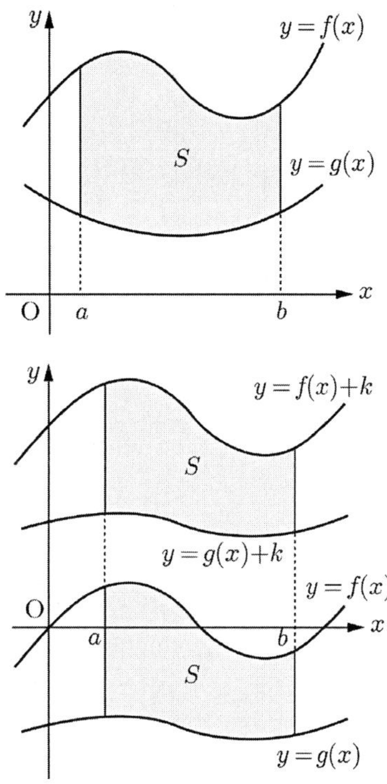

그림 4.12

두 곡선 사이의 도형의 넓이

두 함수 $f(x)$, $g(x)$가 구간 $[a,\ b]$에서 연속일 때, 두 곡선 $y = f(x)$, $y = g(x)$와 두 직선 $x = a$, $x = b$로 둘러싸인 도형의 넓이 S는

$$S = \int_a^b |f(x) - g(x)|\, dx$$

예제 2

다음 곡선과 직선 또는 곡선과 곡선으로 둘러싸인 도형의 넓이를 구하여라.

(a) $y = x^2 - 2x - 1$, $y = x - 1$

(b) $y = x^2 + 2x$, $y = -x^2 + 4$

풀이 (a) 주어진 곡선과 직선의 교점의 x좌표는 $x^2-2x-1=x-1$에서 $x=0$, $x=3$이다. 구간 $[0,3]$에서 $x-1 \ge x^2-2x-1$이므로 구하는 넓이 S는

$$S=\int_0^3 \{(x-1)-(x^2-2x-1)\}dx$$
$$=\int_0^3(-x^2+3x)dx$$
$$=\left[-\frac{1}{3}x^3+\frac{3}{2}x^2\right]_0^3=\frac{9}{2}$$

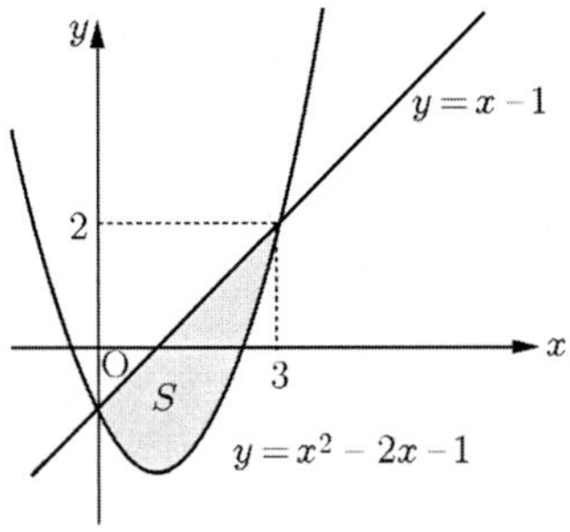

그림 4.13

(b) 두 곡선의 교점의 x좌표는 $x^2+2x=-x^2+4$에서 $x=-2$, $x=1$이다. 구간 $[-2,1]$에서 $-x^2+4 \ge x^2+2x$이므로 구하는 넓이 S는

$$S=\int_{-2}^1 \{(-x^2+4)-(x^2+2x)\}dx$$
$$=\int_{-2}^1(-2x^2-2x+4)dx$$
$$=\left[-\frac{2}{3}x^3-x^2+4x\right]_{-2}^1=9$$

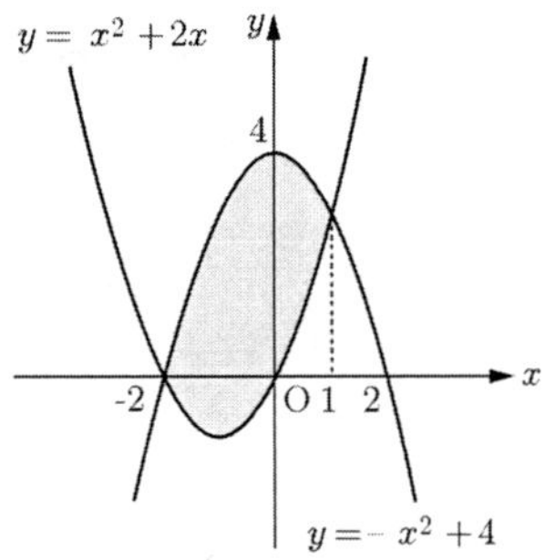

그림 4.14

2) 부피

여기서는 곡면으로 둘러싸인 입체도형 또는 회전체의 부피를 구하는 방법에 대하여 알아보자.

오른쪽 그림과 같이 x좌표가 a, b인 두 점을 지나 x축과 수직인 두 평면 사이에 있는 입체의 부피 V를 구하여 보자. 구간 $[a,b]$의 임의의 점 x를 지나 x축과 수직인 평면으로 자른 단면의 넓이를 $S(x)$라고 하자.

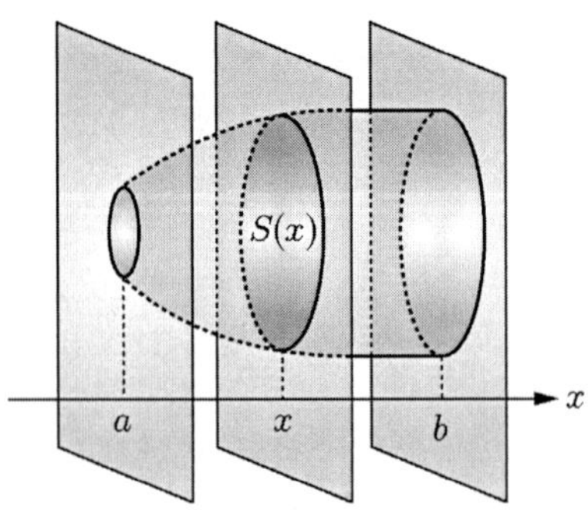

그림 4.15

또 구간 $[a,b]$를 n등분하여 양 끝점과 각 분점의 x좌표를 차례로

$$a = x_0, x_1, \cdots, x_n = b$$

라 하고, 각 소구간의 길이를 Δx라고 하자.

이때, 밑면의 넓이가 $S(x_k)$이고 높이가 Δx인 기둥의 부피는 $S(x_k)\Delta x$이므로 n개의 기둥의 부피의 합 V_n은

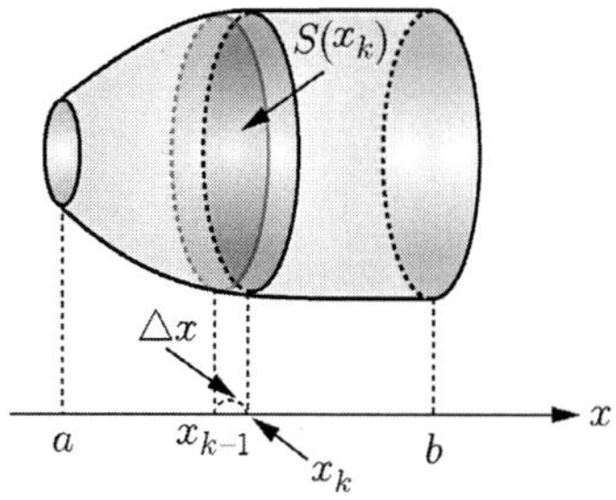

그림 4.16

$$V_n = S(x_1)\Delta x + S(x_2)\Delta x + \cdots + S(x_n)\Delta x$$

$$= \sum_{k=1}^{n} S(x_k)\Delta x$$

여기서 $n \to \infty$일 때 $V_n \to V$이므로 구하는 부피 V는 정적분의 정의에 의하여

$$V = \lim_{n\to\infty} V_n = \lim_{n\to\infty} \sum_{k=1}^{n} S(x_k)\Delta x = \int_a^b S(x)\,dx$$

이다. 이상을 정리하면 다음과 같다.

입체도형의 부피

구간 $[a, b]$의 임의의 점 x를 지나 x축과 수직인 평면으로 자른 단면의 넓이가 $S(x)$인 입체의 부피 V는

$$V = \int_a^b S(x)dx \quad (\text{단, } S(x)\text{는 구간 } [a, b]\text{에서 연속})$$

예제 3

정적분을 이용하여 밑면의 반지름의 길이가 r이고, 높이가 h인 원뿔의 부피를 구하여라.

풀이 오른쪽 그림과 같이 원뿔의 꼭짓점을 원점, 꼭짓점에서 밑면에 그은 수선을 x축으로 잡고, 좌표가 x인 점에서 x축에 수직인 평면으로 원뿔을 자른 단면의 넓이를 $S(x)$라고 하면

$$S(x) : \pi r^2 = x^2 : h^2$$

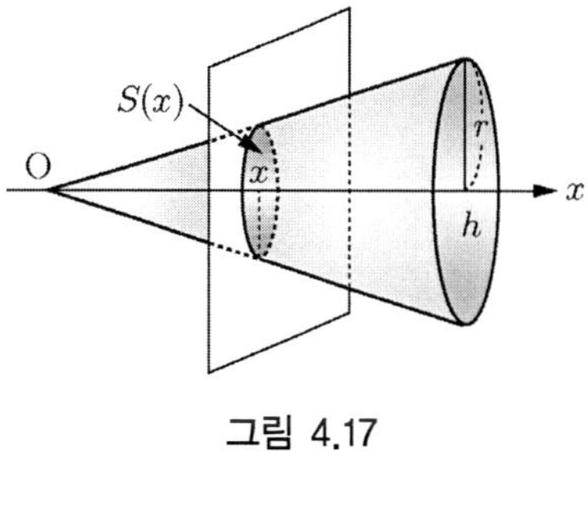

그림 4.17

$$\therefore\ S(x)=\frac{\pi r^2x^2}{h^2}$$

따라서 원뿔의 부피 V는

$$V=\int_0^h S(x)dx=\int_0^h\frac{\pi r^2x^2}{h^2}dx=\frac{\pi r^2}{h^2}\left[\frac{1}{3}x^3\right]_0^h=\frac{1}{3}\pi r^2h$$

이제, 회전체의 부피를 구하는 방법에 대하여 알아보자. 구간 $[a,b]$에서 연속인 곡선 $y=f(x)$와 x축 및 두 직선 $x=a, x=b$로 둘러싸인 도형을 x축의 둘레로 회전시킬 때 생기는 회전체의 부피 V를 구하여 보자.

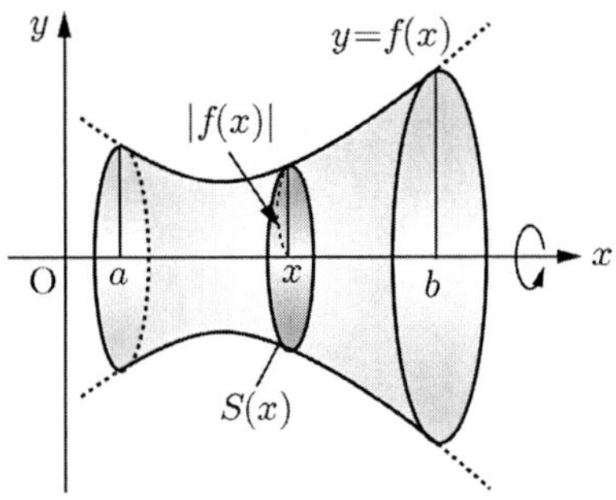

그림 4.18

오른쪽 그림과 같이 구간 $[a, b]$의 임의의 점 x를 지나 x축과 수직인 평면으로 자른 단면은 반지름의 길이가 $|f(x)|$인 원이 된다. 이때, 이 단면의 넓이를 $S(x)$라고 하면

$$S(x)=\pi y^2=\pi\{f(x)\}^2$$

이다. 따라서 구하는 회전체의 부피 V는

$$V=\int_a^b S(x)\,dx=\pi\int_a^b\{f(x)\}^2\,dx$$

이다. 이상을 정리하면 다음과 같다.

회전체의 부피

구간 $[a,b]$에서 연속인 곡선 $y=f(x)$를 x축의 둘레로 회전시킬 때 생기는 회전체의 부피 V는

$$V=\int_a^b\pi y^2\,dx=\pi\int_a^b\{f(x)\}^2\,dx$$

예제 4

(a) 함수 $y=\frac{1}{2}x$의 그래프와 x축 및 직선 $x=4$로 둘러싸인 도형을 x축의 둘레

로 회전시킬 때 생기는 회전체의 부피 V를 구하여라.

(b) 곡선 $y=\sqrt{2-x}$와 x축 및 y축으로 둘러싸인 도형을 x축의 둘레로 회전시킬 때 생기는 회전체의 부피 V를 구하여라.

풀이 (a) 구하는 부피 V는

$$V=\pi\int_0^4 y^2\,dx=\pi\int_0^4 \frac{1}{4}x^2dx$$

$$=\pi\left[\frac{1}{4}\cdot\frac{1}{3}x^3\right]_0^4=\frac{16}{3}\pi$$

위의 회전체의 부피는 반지름의 길이가 2이고 높이가 4인 원뿔의 부피가 됨을 알 수 있다.

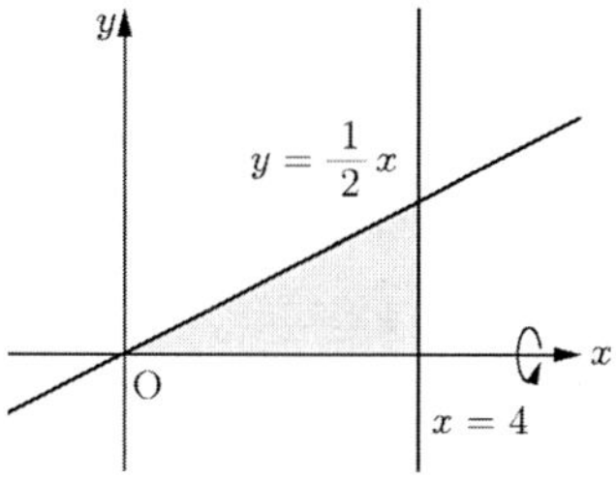

그림 4.19

(b) 곡선 $y=\sqrt{2-x}$와 x축과 만나는 x좌표는 2이다.

따라서 구하는 부피 V는

$$V=\pi\int_0^2 y^2dx=\pi\int_0^2(2-x)dx$$

$$=\pi\left[2x-\frac{1}{2}x^2\right]_0^2=2\pi$$

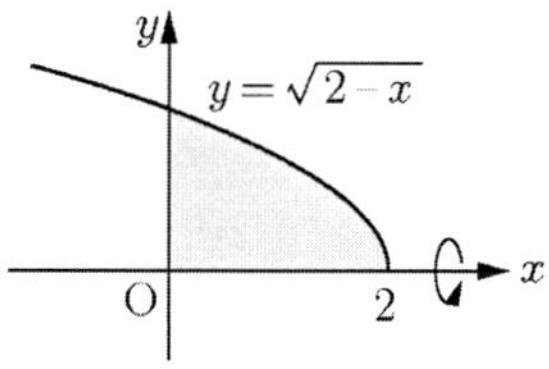

그림 4.20

이제 도형을 y축의 둘레로 회전시킬 때 생기는 회전체의 부피를 구하여 보자.

도형을 x축의 둘레로 회전시킬 때 생기는 회전체의 부피를 구할 때와 같은 방법으로 곡선 $x=g(y)$와 y축 및 두 직선 $y=c$, $y=d$로 둘러싸인 도형을 y축의 둘레로 회전시킬 때

생기는 회전체의 부피를 구하면 그 부피 V는

$$V=\pi\int_c^d x^2dy=\pi\int_c^d\{g(y)\}^2dy$$

이다.

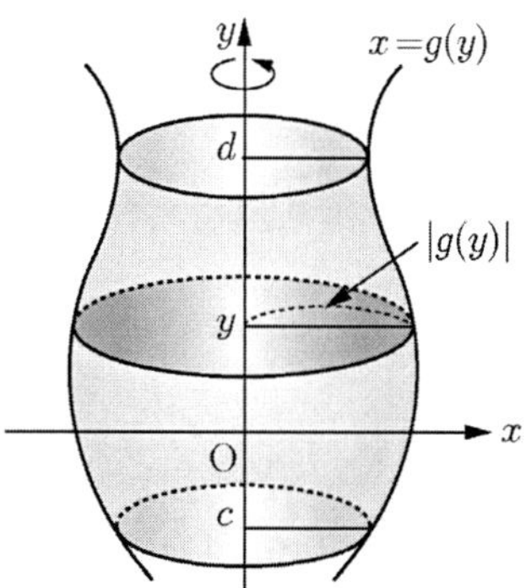

그림 4.21

예제 5

(a) 곡선 $y=\frac{1}{2}x^2$과 x축 및 직선 $x=2$로 둘러싸인 도형을 x축의 둘레로 회전시킬 때 생기는 회전체의 부피를 구하여라.

(b) 곡선 $y=\frac{1}{2}x^2$과 y축 및 직선 $y=2$로 둘러싸인 도형을 y축의 둘레로 회전시킬 때 생기는 회전체의 부피를 구하여라.

풀이 (a) 구하는 부피 V는

$$\begin{aligned} V &= \pi\int_0^2 y^2dx \\ &= \pi\int_0^2 \left(\frac{1}{2}x^2\right)^2dx \\ &= \pi\int_0^2 \frac{1}{4}x^4dx \\ &= \pi\left[\frac{1}{20}x^5\right]_0^2 = \frac{8}{5}\pi \end{aligned}$$

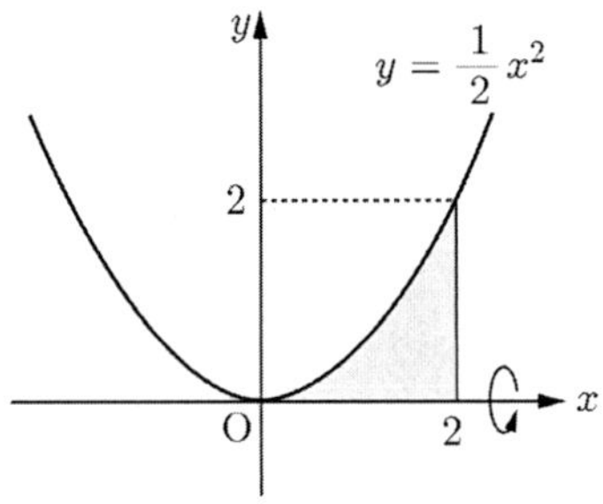

그림 4.22

(b) 구하는 부피 V는

$$\begin{aligned} V &= \pi\int_0^2 x^2dy \\ &= \pi\int_0^2 2y\,dy \\ &= \pi[y^2]_0^2 = 4\pi \end{aligned}$$

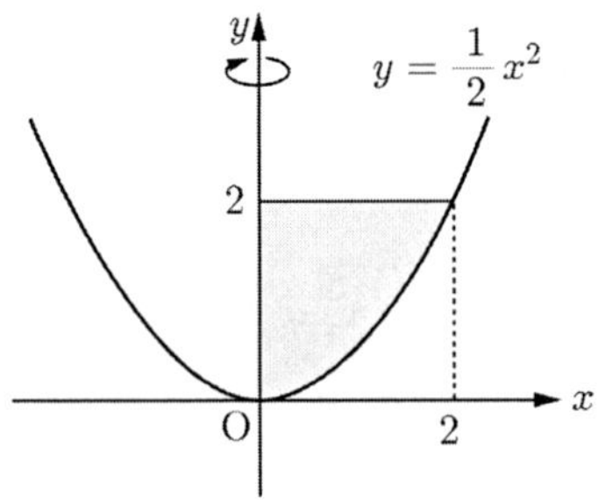

그림 4.23

예제 6

반지름의 길이가 r인 구의 부피를 구하여라.

풀이 반지름의 길이가 r인 구의 부피는 원점을 중심으로 하고, 반지름의 길이가 r인 원 $x^2+y^2=r^2$을 x축의 둘레로 회전시킬 때 생기는 회전체의 부피와 같으므로 부피 V는

$$V=\int_{-r}^{r}\pi y^2dx=\pi\int_{-r}^{r}(r^2-x^2)dx$$

$$= 2\pi \int_0^r (r^2 - x^2)\, dx = 2\pi \left[r^2 x - \frac{1}{3} x^3 \right]_0^r = \frac{4}{3} \pi r^3$$

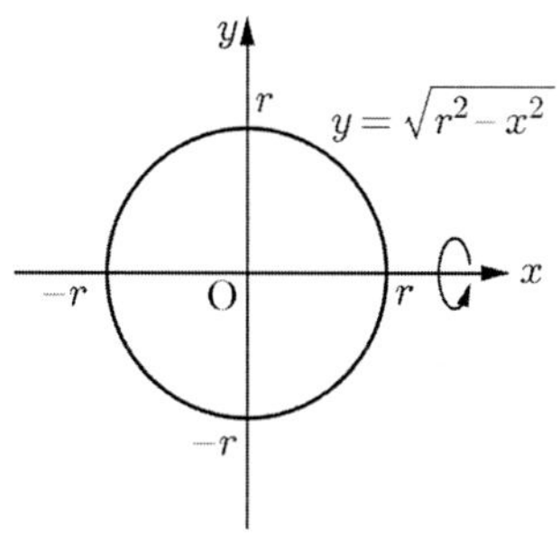

그림 4.24

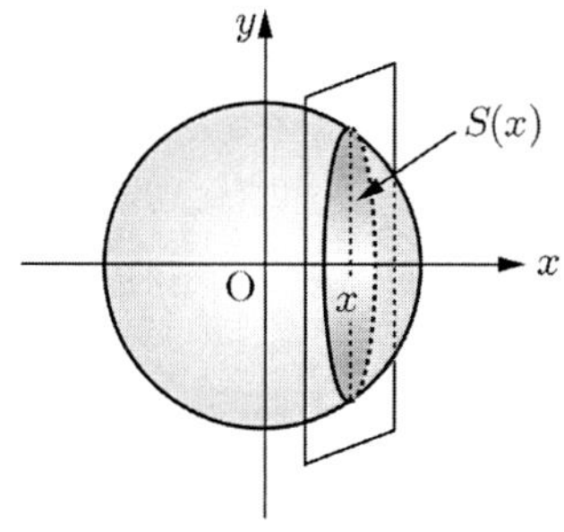

그림 4.25

마지막으로 두 함수 $f(x)$, $g(x)$ $(f(x) \geq g(x) \geq 0)$가 구간 $[a, b]$에서 연속일 때 두 곡선 $f(x)$와 $g(x)$ 사이의 평면영역을 x축의 둘레로 회전시킬 때 생기는 회전체의 부피 V를 구하여 보자.

오른쪽 그림과 같이 안쪽 반지름과 바깥쪽 반지름을 찾고, 다음과 같이 바깥 원판의 넓이로부터 안쪽 원판의 넓이를 빼서 단면의 넓이 $S(x)$를 구하면

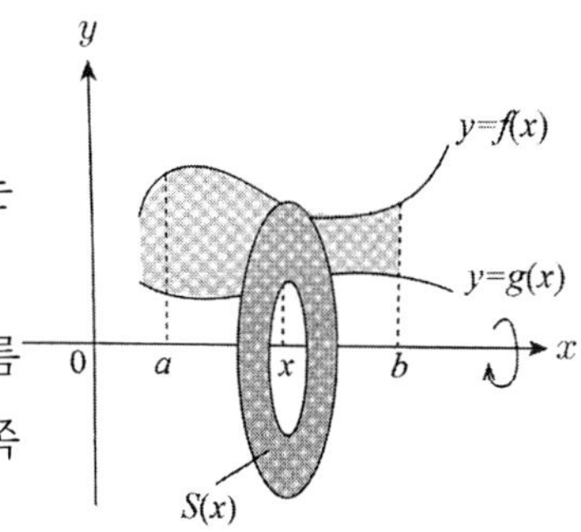

그림 4.26

$$S(x) = \pi(\text{바깥 반지름})^2 - \pi(\text{안쪽 반지름})^2$$

이다. 따라서, 구하는 회전체의 부피 V는

$$V = \int_a^b S(x)\, dx = \int_a^b \pi \{ (f(x))^2 - (g(x))^2 \}\, dx$$

즉, 회전체의 부피는 바깥 면으로 만들어진 입체도형의 부피에서 안쪽 면으로 만들어진 입체도형의 부피를 빼면 된다.

예제 7

두 함수 $y = x$와 $y = x^2$으로 둘러싸인 도형을 x축의 둘레로 회전시킬 때 생기는 회전체의 부피 V를 구하여라.

풀이 두 함수의 그래프는 두 점 $(0,0)$과 $(1,1)$에서 만난다 (그림 4.27).

둘러싸인 평면영역을 회전시킬 때 안쪽 반지름이 x^2이고 바깥쪽 반지름이 x이므로 회전체의 단면의 넓이 $S(x)$는

$$S(x)=\pi x^2-\pi(x^2)^2=\pi(x^2-x^4)$$

이다. 따라서 구하는 부피 V는

$$V=\int_0^1 \pi(x^2-x^4)\,dx=\pi\left[\frac{x^3}{3}-\frac{x^5}{5}\right]_0^1$$

$$=\frac{2\pi}{15}$$

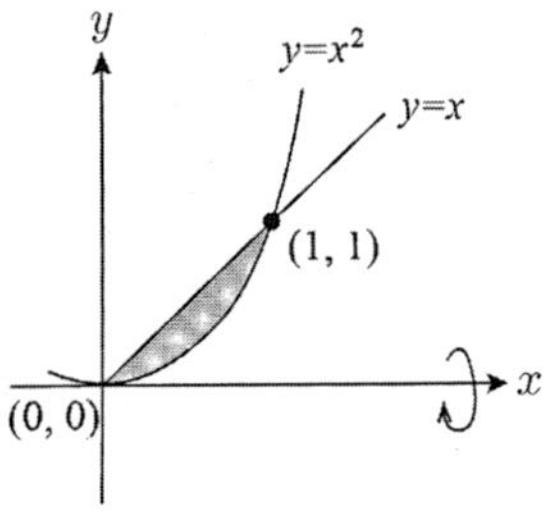

그림 4.27

비슷한 방법으로, 구간 $[c,d]$에서 두 곡선 $x=f(y)$, $x=g(y)$ $(f(y)\ge g(y)\ge 0)$으로 둘러싸인 평면 영역을 y축의 둘레로 회전시킬 때 생기는 회전체의 부피 V는 다음과 같이 구할 수 있다.

$$V=\int_c^d S(y)\,dy=\int_c^d \pi\{(f(y))^2-(g(y))^2\}\,dy$$

예제 8

곡선 $y=\sqrt{x}$와 직선 $y=x-2$ 및 x축으로 둘러싸인 도형에 대하여

(a) 이 도형을 x축의 둘레로 회전시킬 때 생기는 회전체의 부피 V_x를 구하여라.

(b) 이 도형을 y축의 둘레로 회전시킬 때 생기는 회전체의 부피 V_y를 구하여라.

풀이 (a) 먼저 곡선 $y=\sqrt{x}$와 직선 $y=x-2$의 교점을 구하면 $(4,2)$ 이므로, 구하는 부피 V_x는

$$V_x=\pi\int_0^4(\sqrt{x})^2-\pi\int_2^4(x-2)^2\,dx$$

$$=\pi\int_0^4 x\,dx-\pi\int_2^4(x^2-4x+4)\,dx$$

$$= \pi\left[\frac{x^2}{2}\right]_0^4 - \pi\left[\frac{x^3}{3} - 2x^2 + 4x\right]_2^4$$

$$= \frac{16\pi}{3}$$

(b) 구하는 부피 V_y

$$V_y = \pi\int_0^2 (y+2)^2\,dy - \pi\int_0^2 (y^2)^2\,dy$$

$$= \pi\int_0^2 \{(y+2)^2 - y^4\}\,dy = \pi\int_0^2 (y^2 + 4y + 4 - y^4)\,dy$$

$$= \pi\left[\frac{y^3}{3} + 2y^2 + 4y - \frac{y^5}{5}\right]_0^2 = \frac{184\pi}{15}$$

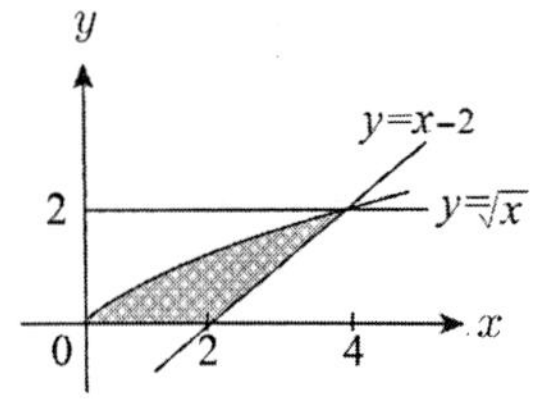

그림 4.28

연습문제 4.3

1. 다음을 구하여라.

(1) 곡선 $y=1-x^2$, x축 및 두 직선 $x=-1$, $x=2$으로 둘러싸인 도형의 넓이를 구하여라.

(2) 두 곡선 $y=x^2-2x$, $y=-x^2+4x$으로 둘러싸인 도형의 넓이를 구하여라.

2. 정적분을 이용하여 밑면의 넓이가 A, 높이가 h인 사각뿔의 부피를 구하여라.

3. 다음을 구하여라.

(1) 곡선 $y=-x^2+1$과 x축으로 둘러싸인 도형을 x축의 둘레로 회전시킬 때 생기는 회전체의 부피를 구하여라.

(2) 곡선 $y=\sqrt{x}$와 y축 및 두 직선 $y=1$, $y=4$으로 둘러싸인 도형을 y축의 둘레로 회전시킬 때 생기는 회전체의 부피를 구하여라.

(3) 두 함수 $y=x$와 $y=x^2$으로 둘러싸인 도형을 y축의 둘레로 회전시킬 때 생기는 회전체의 부피를 구하여라.

4. 어느 석유회사에서는 3년간의 생산자료를 이용하여 앞으로의 석유 생산량을 추정한다. 다음 식은 처음 원유를 생산한 t년 후에 석유 생산량을 나타낸 식이다.

$$R(t)=\frac{100}{t+10}+10, \quad 0 \le t \le 15$$

t가 $[5, 10]$일 때 $R(t)$의 그래프와 t축으로 둘러싸인 영역의 넓이를 구하고 그 결과를 해석하여라.

제 5 장

다변수함수

5.1 다변수함수

1) 이변수, 삼변수함수

R^2의 한 부분집한 U에서 정의된 함수 $f: U \to R$가 주어졌을 때, U 속의 각 점 $X = (x_1, x_2)$에 대하여 실수 $Z = f(X) = f(x_1, x_2)$가 대응된다. 이 때, f를 **이변수함수**(function of two variable)라 부르고 f의 그래프는 $\{(x_1, x_2, Z) \in R^3 | (x_1, x_2) \in U,\ Z = f(x_1, x_2)\}$ 가 된다. 또한 공간 R^3의 한 부분집합 U에서 정의된 함수 $f: U \to R$가 주어졌을 때, U 속의 각 점 $X = (x_1, x_2, x_3)$에 대하여 실수 $w = f(X) = (x_1, x_2, x_3)$가 대응된다. 이 때, 삼변수함수라 부르고 f의 그래프는 $\{(x_1, x_2, x_3, w) \in R^4 | (x_1, x_2, x_3) \in U,\ w = f(x_1, x_2, x_3)\}$가 된다. 우리는 f의 정의역을 3차원에 제한시키지만 n차원으로 그대로 확장할 수 있다. 일반적으로 이변수 이상의 함수를 **다변수함수**(function of several variables)라 부른다.

예제 1

함수 $f(x, y) = 700 + 70x + 100y$일 때, $f(10, 5)$를 구하여라.

풀이 $f(10, 5) = 700 + 70 \times 10 + 100 \times 5 = 1900.$

예제 2

함수 $f(x, y, z) = 2x^2 - 3xy + 3z + 1$일 때, $f(3, 0, -1)$을 구하여라.

풀이 $f(3, 0, -1) = 2\times 3^2 - 3\times 3\times 0 + 3\times(-1) + 1 = 16.$

■

예제 3

이변수함수 $f(x,y) = x^2 + y^2$의 그래프는 집합 $\{(x,\ y,\ x^2+y^2) \mid x,\ y \in R\}$이고 그림과 같은 회전포물면이 된다.

풀이

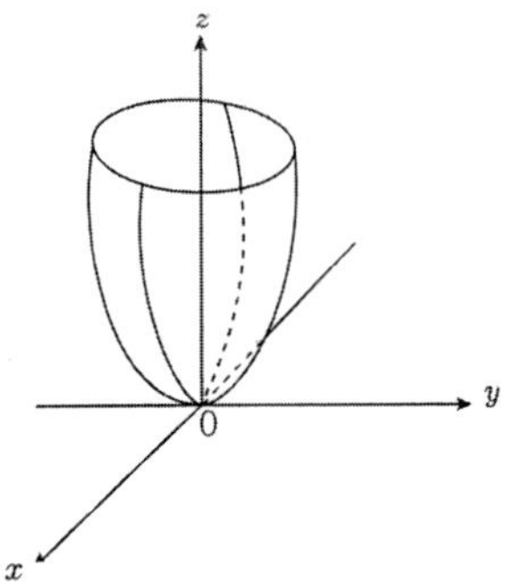

그림 5.1

■

두 개의 다변수함수 f와 g의 합, 곱, 몫 그리고 합성도 일변수함수의 경우와 똑같은 방법으로 정의된다.

정의 5.1.1

공간 R^3의 한 부분집합 U에서 정의된 함수 $f: U \to R$과 실수 c에 대하여 집합

$$f^{-1}(c) = \{x \in U : f(x) = c\}$$

를 f의 c−**등위면**(c-level surface) 또는 **등위면**이라고 하며, 특별히 $U \subset R^2$인 경우는 c−**등위선**이라고 부른다. U의 두 점이 같은 등위면에 속하면 이 두 점을 f에 대하여 등위(level)라고 부른다.

■

이변수함수 f의 그래프를 그릴 때 f의 그래프와 평면 $z=c$와의 교차선을 평면 $z=c$에서 f의 그래프의 **자취**(trace)라 부른다.

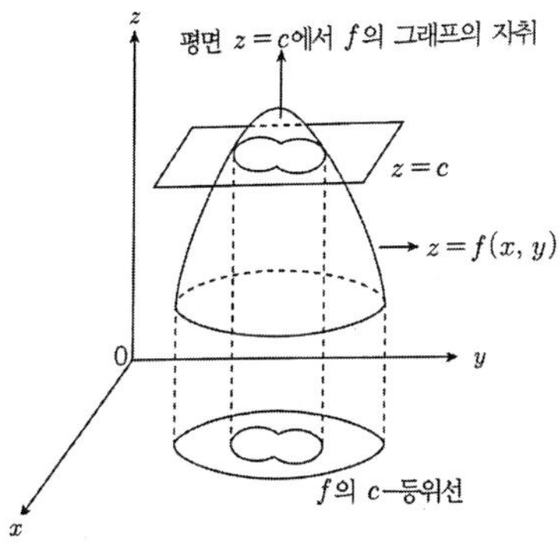

그림 5.2

예제 4

함수 $f(x,y)=x^2+y^2$의 그래프와 c-등위선을 구하여라.

풀이 $c>0$이면 c-등위선은 $\{(x,\ y)\in R^2 \mid x^2+y^2=c\}$이다. 그러므로 평면 $z=c$에서 그래프의 자취는 반경 $\sqrt{c}$인 원이다(그림 5.3).

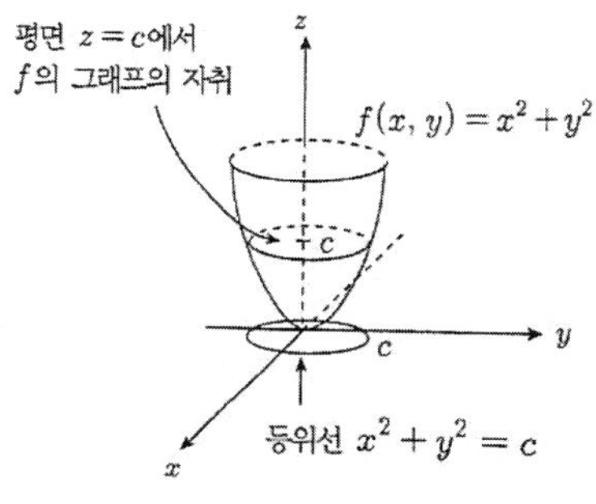

그림 5.3

예제 5

함수 $f(x,y)=\sqrt{9-x^2-y^2}$의 그래프와 c-등위선을 구하여라.

풀이 $z=f(x,y)$라고 하면 $z\geq 0$이고 $x^2+y^2+z^2=9$이므로 f의 그래프는 반구가 된다. $0\leq c\leq 3$이면 f의 c-등위선은 $\{(x,\ y)\in R^2 \mid x^2+y^2=q-c^2\}$인 원이

고, $c=3$이면 등위선은 $\{(0,0)\}$이다.

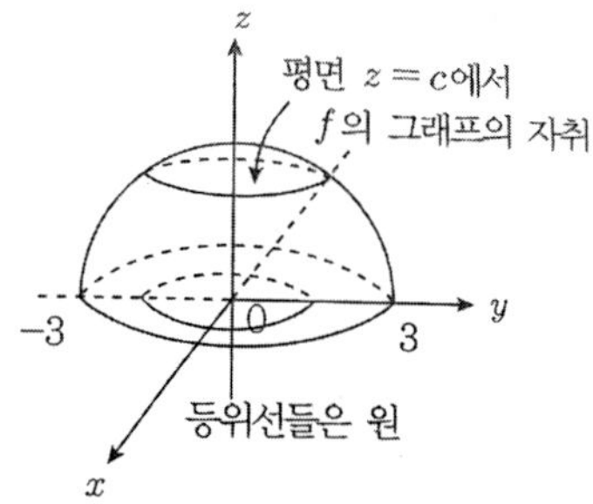

그림 5.4

예제 6

함수 $f(x,y)=\ln y$의 그래프를 그려라.

풀이 f의 그래프는 x에 독립이기 때문에 $(0,\ y,\ \ln y)$가 그래프 위의 점이면 x축으로 평행이동시킨 $(x,\ y,\ \ln y)$도 그래프 위에 있다. 따라서 f의 그래프는 yz평면상의 로그곡선에 의하여 결정된다.

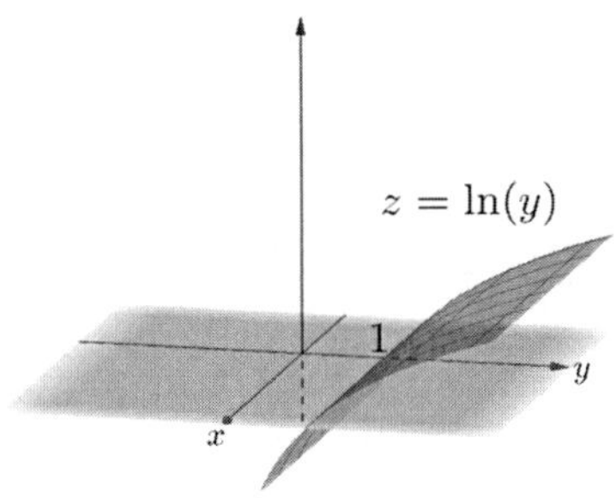

그림 5.5

예제 7

함수 $f(x,\ y,\ z)=x^2+y^2+z^2$의 c −등위면을 결정하여라.

풀이 f의 c −등위면은 $\{(x,\ y,\ z)\in R^3 \mid x^2+y^2+z^2=c\}$으로 원점을 중심으로 하고 반경이 $\sqrt{c}$인 구가 된다.

2) 극한

직관적으로 $\lim_{(x,y)\to(x_0,y_0)} f(x,\,y)=L$이라는 것은 $(x,\,y)$가 $(x_0,\,y_0)$에 충분히 가까워질 때 $f(x,\,y)$는 우리가 원하는 만큼 L에 가까워짐을 의미한다. 이 때 $f(x,\,y)$는 $(x_0,\,y_0)$에서 정의가 되지 않더라도 $(x_0,\,y_0)$근방에서 정의가 되면 극한은 정의가 가능하다. 이것을 수학적인 $\varepsilon-\delta$개념으로 표현하면 임의의 $\varepsilon>0$에 대하여 이에 대응하는 적당한 $\delta>0$가 존재하여 $0<\sqrt{(x-x_0)^2+(y-y_0)^2}<\delta$이면 $|f(x,\,y)-L|<\varepsilon$이 되는 것과 동치가 된다. 이 때 $(x_0,\,y_0)$에서 $f(x,\,y)$의 극한이 존재한다. 또는 $f(x,\,y)$는 L에 **수렴**(converge)한다고 한다. 그리고 L을 $(x_0,\,y_0)$에서의 $f(x,\,y)$의 **극한값**(limit)이라 한다.

예제 8

$\lim_{(x,y)\to(0,0)} \frac{xy}{x^2+y^2}$가 존재하지 않음을 보여라.

풀이 $x\neq 0,\ y=0$ 이면 $\frac{xy}{x^2+y^2}=0$이고, $x=y\neq 0$이면

$$\frac{xy}{x^2+y^2}=\frac{x^2}{2x^2}=\frac{1}{2}$$

이다. 그래서 원점의 아무리 작은 근방을 잡더라도 $f(x,\,y)$의 값이 0이 되는 점이 존재하고, 동시에 $\frac{1}{2}$이 되는 점도 존재하므로 $(0,\,0)$에서의 극한은 존재하지 않는다. 더 편리한 방법으로는 직선 $y=tx$를 따라 $(x,\,y)$가 $(0,\,0)$에 접근하면,

$$\lim_{(x,y)\to(0,0)} \frac{xy}{x^2+y^2}=\frac{t}{1+t^2}$$

가 되어 기울기 t에 따라 극한값이 달라지므로 극한이 존재하지 않는다. ■

일변수함수에서와 유사하게 이변수함수에도 다음과 같은 정리가 성립한다.

정리 5.1.1

함수 f, g가 R^2의 한 부분집합 U에서 정의된 실함수라 하고,

$\lim_{(x,y)\to(x_0,y_0)} f(x, y)$ 와 $\lim_{(x,y)\to(x_0,y_0)} g(x, y)$ 가 존재할 때,

1. $\lim_{(x,y)\to(x_0,y_0)} (f\pm g)(x, y) = \lim_{(x,y)\to(x_0,y_0)} f(x, y) \pm \lim_{(x,y)\to(x_0,y_0)} g(x, y)$
2. $\lim_{(x,y)\to(x_0,y_0)} (fg)(x, y) = \lim_{(x,y)\to(x_0,y_0)} f(x, y) \cdot \lim_{(x,y)\to(x_0,y_0)} g(x, y)$
3. $\lim_{(x,y)\to(x_0,y_0)} \left(\frac{f}{g}\right)(x, y) = \frac{\lim_{(x,y)\to(x_0,y_0)} f(x, y)}{\lim_{(x,y)\to(x_0,y_0)} g(x, y)}$, (단 $\lim_{(x,y)\to(x_0,y_0)} g(x, y) \neq 0$)

예제 9

$\lim_{(x,y)\to(-1,2)} \frac{x^3+y^3}{x^2+y^2}$ 을 구하여라.

풀이 $\lim_{(x,y)\to(-1,2)} x = -1$, $\lim_{(x,y)\to(-1,2)} y = 2$ 이므로

$$\lim_{(x,y)\to(-1,2)} x^3 = -1, \quad \lim_{(x,y)\to(-1,2)} y^3 = 8,$$

$$\lim_{(x,y)\to(-1,2)} x^2 = 1, \quad \lim_{(x,y)\to(-1,2)} y^2 = 4$$

이다. 따라서

$$\lim_{(x,y)\to(-1,2)} \frac{x^3+y^3}{x^2+y^2} = \frac{\lim_{(x,y)\to(-1,2)} (x^3+y^3)}{\lim_{(x,y)\to(-1,2)} (x^2+y^2)}$$

$$= \frac{\lim_{(x,y)\to(-1,2)} x^3 + \lim_{(x,y)\to(-1,2)} y^3}{\lim_{(x,y)\to(-1,2)} x^2 + \lim_{(x,y)\to(-1,2)} y^2} = \frac{7}{5}$$

■

3) 연속

R^3 공간의 한 부분공간 U에서 정의된 실함수 f가 U의 한 점 (x_0, y_0, z_0)에서

$\lim_{(x,y,z)\to(x_0,y_0,z_0)} f(x, y, z) = f(x_0, y_0, z_0)$ 을 만족하면 f는 (x_0, y_0, z_0)에서 **연속**이라 부르고, 또 함수 f가 U의 모든 점에서 연속이면 f는 U에서 연속이라 부른다.

극한의 성질을 사용해서 연속함수들의 합, 차, 곱, 몫도 이들 함수의 정의역 안에서 연속임을 보일 수 있다.

이변수의 다항식은 함수들의 곱과 합으로 만들 수 있기 때문에 모든 다항식함수는 R^2상에서 연속이다. 마찬가지로 모든 유리함수도 그 영역 안에서 연속이다. 왜냐하면 연속함수들의 분수식으로 표현되기 때문이다.

그리고 f가 이변수함수(혹은 삼변수함수)이고 g가 일변수함수일 때, f가 (x_0, y_0)에서 연속이고 g가 $f(x_0, y_0)$에서 연속이면 $g \circ f$도 (x_0, y_0)에서 연속이 된다.

예제 10

다음 극한을 구하여라.

(1) $\lim_{(x,y)\to(1,\,2)} (x^2 + 3xy)$　　　(2) $\lim_{(x,y)\to(2,\,-1)} \frac{x^2y + xy^2}{x^2 - y^2}$

풀이 (1) $f(x, y) = x^2 + 3xy$가 다항식이므로, 모든 점에서 연속이다. 따라서 극한은 직접 대입하여 구할 수 있다.

$$\lim_{(x,y)\to(1,\,2)} (x^2 + 3xy) = 1^2 + 3(1)(2) = 7$$

(2) $f(x, y) = \frac{x^2y + xy^2}{x^2 - y^2}$가 유리식이므로, 정의역 안의 모든 점에서 연속이다. 따라서 극한은 직접 대입하여 구할 수 있다.

$$\lim_{(x,y)\to(2,\,-1)} \frac{x^2y + xy^2}{x^2 - y^2} = \frac{2^2(-1) + 2(-1)^2}{2^2 - (-1)^2} = -\frac{2}{3}$$

다변수함수에 대한 대입정리도 성립하는데, 즉

$$\lim_{(x,y)\to(x_0,y_0)} f(x, y) = L$$

이고 g가 L 에서 연속인 일변수함수 일 때,

$$\lim_{(x,y)\to(x_0,y_0)} g(f(x, y)) = g(L)$$

이 성립된다.

예제 11

함수 $f(x,y)=\dfrac{x^2-y^2}{x^2+y^2}$은 어디에서 연속인가?

풀이 함수 f는 $(0,0)$에서 정의되지 않기 때문에 $(0,0)$에서는 불연속이다. 이 함수 f는 유리함수이기 때문에 정의역인 집합 $D=\{(x,y)|(x,y)\neq(0,0)\}$에서 연속이다. ■

예제 12

$\displaystyle\lim_{(x,y)\to(e,1)} \ln\frac{x}{y}$를 찾아라

풀이 $f(x,y)=\dfrac{x}{y}$, $g(t)=\ln t$라 하자.

$$\lim_{(x,y)\to(e,1)} f(x,y)=\frac{\displaystyle\lim_{(x,y)\to(e,1)} x}{\displaystyle\lim_{(x,y)\to(e,1)} y}=\frac{e}{1}=e$$

g가 e에서 연속이므로, $g(e)=1$이고 대입공식에 의해

$$\lim_{(x,y)\to(e,1)} \ln\frac{x}{y}=\lim_{(x,y)\to(e,1)} g(f(x,y))=g(e)=1$$

■

연습문제 5.1

1. 다음 함수들의 $c-$등위선을 그려라.

(1) $f(x,y)=3x-y\,;\,c=2,\,3$

(2) $f(x,y)=6x^2\,;\,c=6,\,24$

(3) $f(x,y)=x^2+4y^2\,;\,c=1,\,4$

(4) $f(x,y)=x^2-y\,;\,c=-2,\,2$

2. 다음 함수들의 그래프를 그려라.

(1) $f(x,y)=x+2y$

(2) $f(x,y)=2x-3y+4$

(3) $f(x,y)=\sqrt{4-x^2-y^2}$

(4) $f(x,y)=\sqrt{4x^2+9y^2}$

3. 다음 방정식의 그래프를 그려라.

(1) $z=2$

(2) $z=y^2$

(3) $z=x^3+1$

(4) $x=\sqrt{1-y^2}$

4. 다음 함수들의 $c-$등위면을 그려라.

(1) $f(x,y,z)=2x-4y+z\,;\;c=-1$

(2) $f(x,y,z)=x^2+y^2+z^2\,;\;c=2$

5. 다음 극한값을 구하여라.

(1) $\displaystyle\lim_{(x,y)\to(1,2)}(5x^3-x^2y^2)$

(2) $\displaystyle\lim_{(x,y)\to(1,0)}\frac{x^2-xy+1}{x^2+y^2}$

(3) $\displaystyle\lim_{(x,y,z)\to(2,1,-1)}\frac{2x^2y-xz^2}{y^2-xz}$

(4) $\displaystyle\lim_{(x,y)\to(\ln 2,0)}e^{2x+y^2}$

6. $f(x,y)=e^{x^2y}$, $g(t)=\ln t$ 일 때, $\displaystyle\lim_{(x,y)\to(-1,1)}g(f(x,y))$ 구하여라.

7. 다음 함수의 연속성을 조사하여라.

(1) $f(x,y,z)=3x^2z-\pi\dfrac{xy}{z}$

(2) $f(x,y)=\begin{cases}\dfrac{xy^2}{x^2+y^4} & (x,y)\neq(0,0)\\[2ex] 0 & (x,y)=(0,0)\end{cases}$

5.2 편도함수

1) 편도함수의 정의

이변수 x, y의 함수 f에 대하여 y를 일정한 값 $y=b$로 고정시키면 f는 x만의 함수가 되고, x를 일정한 값 $x=a$로 고정시키면 f는 y만의 함수가 되므로 일변수 함수의 미분을 적용할 수 있다.

정의 6.2.1

이변수함수 f에 대해 임의의 (x, y)에서 극한

$$f_x(x, y) = \lim_{h \to 0} \frac{f(x+h, y) - f(x, y)}{h}$$

가 존재할 때 $f_x(x, y)$를 x에 관한 f의 **편도함수**(partial derivative)라고 부른다. 또 극한

$$f_y(x, y) = \lim_{h \to 0} \frac{f(x, y+h) - f(x, y)}{h}$$

가 존재할 때 $f_y(x, y)$를 y에 관한 f의 **편도함수**라고 부른다.

편도함수 $f_x(x, y)$를 구하기 위해서는 y를 상수로 보고 x에 관하여 미분하며, $f_y(x, y)$를 구하기 위해서는 x를 상수로 보고 y에 관하여 미분한다.

일반적으로 $f_x(x, y)$, $f_y(x, y)$를 각각 x에 관한 f의 편도함수, y에 관한 f의 편도함수라고 부르며 $\frac{\partial f}{\partial x}$, $\frac{\partial f}{\partial y}$로도 쓴다. 이변수함수 $z=f(x, y)$의 x 및 y에 관한 편도함수는 다음과 같은 기호가 사용된다.

$$f_x,\ f_x(x, y),\ \frac{\partial f}{\partial x},\ \frac{\partial}{\partial x} f(x, y),\ \frac{\partial z}{\partial x},\ z_x$$

$$f_y,\ f_y(x, y),\ \frac{\partial f}{\partial y},\ \frac{\partial}{\partial y} f(x, y),\ \frac{\partial z}{\partial y},\ z_y$$

또 f의 편도함수를 구하는 것을 f를 편미분한다고 한다.

예제 1

$f(x, y) = x^3 + x^2y^3 - 2y^2$에서 $\frac{\partial f}{\partial x}$, $\frac{\partial f}{\partial y}$를 구하여라.

풀이 y를 상수로 간주하고 x에 관해 미분하면

$$f_x(x, y) = 3x^2 + 2xy^3$$

를 얻고,

x를 상수로 간주하고 y에 관해 미분하면

$$f_y(x, y) = 3x^2y^2 - 4y$$

를 얻는다.

편도함수에서도 합, 곱, 몫의 도함수의 연산이 그대로 성립한다. f와 g가 편도함수를 가질 때 다음과 같은 성질이 성립한다.

〈편도함수의 성질〉

1. $(f \pm g)_x = f_x \pm g_x$, $(f \pm g)_y = f_y \pm g_y$
2. $(fg)_x = f_x g + f g_x$, $(fg)_y = f_y g + f g_y$
3. $\left(\frac{f}{g}\right)_x = \frac{f_x g - f g_x}{g^2}$, $\left(\frac{f}{g}\right)_y = \frac{f_y g - f g_y}{g^2}$ 단, $g(x,\ y) \neq 0$

따라서 다항함수나 유리함수는 정의역의 각 점에서 편도함수를 갖는다.

예제 2

함수 $f(x, y) = \frac{x^3y - xy^3}{x^2 + y^2}$에서 f_x, f_y를 구하여라.

풀이 f는 유리함수이므로, $x^2 + y^2 \neq 0$인 모든 (x, y)에 대해서 $f_x(x, y)$, $f_y(x, y)$가 존재하고 편도함수의 몫의 법칙에 의해

$$f_x(x, y) = \frac{(3x^2y - y^3)(x^2 + y^2) - (x^3y - xy^3)2x}{(x^2 + y^2)^2}$$

$$= \frac{x^4y + 4x^2y^3 - y^5}{(x^2+y^2)^2}$$

같은 방법으로

$$f_y(x, y) = \frac{x^5 - 4x^3y^2 - xy^4}{(x^2+y^2)^2}$$

이다.

예제 3

함수 f를 다음처럼 정의할 때, $f_x(0,0) = 0 = f_y(0,0)$임을 보여라.

$$f(x,y) = \begin{cases} \dfrac{x^3y - xy^3}{x^2+y^2}, & (x,y) \neq (0,0) \\ 0, & (x,y) = (0,0) \end{cases}$$

풀이 모든 h에 대하여 $f(h, 0) = 0$이므로

$$f_x(0,0) = \lim_{h \to 0} \frac{f(h,0) - f(0,0)}{h} = \lim_{h \to 0} \frac{0-0}{h} = 0$$

또, 모든 h에 대하여 $f(0,h) = 0$이므로

$$f_y(0,0) = \lim_{h \to 0} \frac{f(0,h) - f(0,0)}{h} = \lim_{h \to 0} \frac{0-0}{h} = 0$$

이다.

2) 편도함수의 기하학적 의미

3차원 공간 R^3상에서 $z = f(x,y)$는 곡면의 방정식이다. $y = y_0$로 고정시키고, $z = f(x, y_0)$를 x만의 함수로 보면, 이것은 곡면 $z = f(x,y)$를 xz평면에 평행한 평면 $y = y_0$로 자를 때 생기는 곡면상의 곡선이다. 이러한 뜻에서, 곡선 $z = f(x, y_0)$, $z = f(x_0, y)$를 각각 $x-$곡선, $y-$곡선이라고 부른다. 따라서 곡면 $z = f(x,y)$는 $x-$곡선 및 $y-$곡선의 망으로 덮혀 있고, $f_x(x_0, y_0)$ 및 $f_y(x_0, y_0)$는 각각 $x-$곡선 및 $y-$곡선 위의 점 $P(x_0, y_0, z_0)$에서 접선의 기울기이다(그림 5.6).

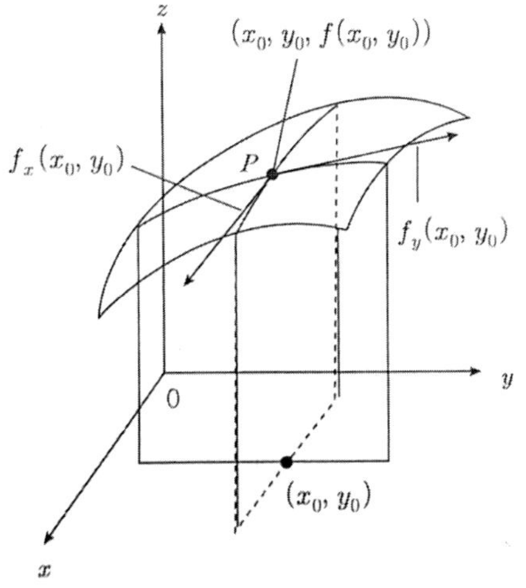

그림 5.6

변수가 3개 이상일 때도 2변수일 때와 마찬가지로 편도함수를 다음과 같이 정의할 수 있다.

$$f_x(x, y, z) = \lim_{h \to 0} \frac{f(x+h, y, z) - f(x, y, z)}{h}$$

$$f_y(x, y, z) = \lim_{h \to 0} \frac{f(x, y+h, z) - f(x, y, z)}{h}$$

$$f_z(x, y, z) = \lim_{h \to 0} \frac{f(x, y, z+h) - f(x, y, z)}{h}$$

예제 4

함수 $f(x, y, z) = e^{xy} \ln z$의 편도함수 $\frac{\partial f}{\partial x}$, $\frac{\partial f}{\partial y}$, $\frac{\partial f}{\partial z}$를 구하여라.

풀이 y, z를 상수로 고정하고, x에 관하여 미분하면 $\frac{\partial f}{\partial x} = ye^{xy} \ln z$이다.

x, z를 상수로 고정하고, y에 관하여 미분하면 $\frac{\partial f}{\partial y} = xe^{xy} \ln z$이다.

x, y를 상수로 고정하고, z에 관하여 미분하면 $\frac{\partial f}{\partial z} = \frac{e^{xy}}{z}$이다.

3) 고계 편도함수

$z = f(x, y)$의 편도함수 $f_x(x, y)$, $f_y(x, y)$ 또한 x 및 y의 이변수함수이므로 이들의 편도함수를 다시 생각할 수 있다. 이것을 2계 편도함수(partial derivative of second order)라 부르고, 다음과 같이 나타낸다.

$$\frac{\partial}{\partial x}\left(\frac{\partial z}{\partial x}\right)= \frac{\partial^2 z}{\partial x^2}= (z_x)_x = (f_x)_x = f_{xx}(x, y)$$

$$\frac{\partial}{\partial y}\left(\frac{\partial z}{\partial x}\right)= \frac{\partial^2 z}{\partial y \partial x}= (z_x)_y = (f_x)_y = f_{xy}(x, y)$$

$$\frac{\partial}{\partial x}\left(\frac{\partial z}{\partial y}\right)= \frac{\partial^2 z}{\partial x \partial y}= (z_y)_x = (f_y)_x = f_{yx}(x, y)$$

$$\frac{\partial}{\partial y}\left(\frac{\partial z}{\partial y}\right)= \frac{\partial^2 z}{\partial y^2}= (z_y)_y = (f_y)_y = f_{yy}(x, y)$$

같은 방법으로 3, 4, $\cdots$, n계 편도함수를 정의할 수 있다.

예제 5

함수 $f(x, y)= x^3 + x^2y^3 - 2y^2$의 2계 편도함수들을 구하여라.

풀이 $f_x(x, y)= 3x^2 + 2xy^3$, $f_y(x, y)= 3x^2y^2 - 4y$이므로

$$f_{xx}(x, y)= \frac{\partial}{\partial x}(3x^2 + 2xy^3)= 6x + 2y^3,$$

$$f_{xy}(x, y)= \frac{\partial}{\partial y}(3x^2 + 2xy^3)= 6xy^2,$$

$$f_{yx}(x, y)= \frac{\partial}{\partial x}(3x^2y^2 - 4y)= 6xy^2,$$

$$f_{yy}(x, y)= \frac{\partial}{\partial y}(3x^2y^2 - 4y)= 6x^2y - 4.$$

■

예제 6

$f(x, y)=\begin{cases} \dfrac{x^3y-xy^3}{x^2+y^2}, & (x, y)\neq(0, 0) \\ 0, & (x, y)\neq(0, 0) \end{cases}$ 일 때 $f_{xy}(0, 0)\neq f_{yx}(0, 0)$임을 보여라.

풀이 예제 2로부터

$$f_x(0, y) = \frac{0^4y+4(0^2)y^3-y^5}{(0^2+y^2)^2}=-y,\ y\neq 0$$

$$f_y(x, 0) = \frac{x^5-4x^3(0^2)-x(0^4)}{(x^2+0^2)^2}=x,\ x\neq 0$$

더욱이 예제 3으로부터 $f_x(0, 0)=0=f_y(0, 0)$이므로,

$$f_{xy}(0, 0)=\lim_{h\to 0}\frac{f_x(0, h)-f_x(0, 0)}{h-0}=\lim_{h\to 0}\frac{-h-0}{h-0}=-1$$

$$f_{yx}(0, 0)=\lim_{h\to 0}\frac{f_y(h, 0)-f_y(0, 0)}{h-0}=\lim_{h\to 0}\frac{h-0}{h-0}=1$$

따라서 $f_{xy}(0, 0)\neq f_{yx}(0, 0)$이다.

■

예제 5에서는 $f_{xy}=f_{yx}$이었으나, 예제 6에서는 $f_{xy}\neq f_{yx}$임을 알 수 있다. 아래의 정리는 $f_{xy}=f_{yx}$를 보장한다.

정리 6.2.1 (클레로 정리)

(x_0, y_0)의 어떤 근방 D에서 f_x, f_y, f_{xy}가 존재하고, f_{xy}가 (x_0, y_0)에서 연속이면, 그 때 $f_{yx}(x_0, y_0)$도 존재하고,

$$f_{xy}(x_0, y_0)=f_{yx}(x_0, y_0)$$

이 성립한다.

연습문제 5.2

1. 다음 함수들의 1계 편도함수를 구하여라.

(1) $f(x, y) = 9 - x^2 - 4y^2$ (2) $f(x, y) = \sqrt{x^2 + y^2}$

(3) $f(x, y) = \dfrac{x}{y}$ (4) $z = \sqrt{x}\ \ln y$

(5) $z = x^y$ (6) $w = \ln(x + 2y + 3z)$

2. 다음 함수들의 2계 편도함수를 구하여라.

(1) $f(x, y, z) = x^4 y - 2x^3 y^2$ (2) $f(x, y) = \sqrt{x^2 + y^2}$

3. $f(x, y) = 6x^2 y + 3y^3$ 일 때, 다음을 구하여라.

(1) $\dfrac{\partial z}{\partial x}$ (2) $\dfrac{\partial z}{\partial y}$ (3) $\dfrac{\partial^2 z}{\partial x^2}$

(4) $\dfrac{\partial^2 z}{\partial y^2}$ (5) $f_x(2, 3)$ (6) $f_y(2, 3)$

4. 다음 함수들의 클레로 정리 $f_{xy} = f_{yx}$ 가 성립함을 증명하여라.

(1) $f(x, y, z) = x^4 y^3 - y^4$ (2) $f(x, y) = \ln(x + 2y)$

5. $z = x^c e^{-\frac{y}{x}}$ 에서 $\dfrac{\partial z}{\partial x} = y\dfrac{\partial^2 z}{\partial y^2} + \dfrac{\partial z}{\partial y}$ 되는 상수 c를 구하여라.

6. 어느 마트에서 두 브랜드의 커피를 판매하고 있다. A브랜드의 g당 가격은 p(천원)이고, B브랜드의 g당 가격은 q(천원)이다. A, B브랜드의 일(별) 커피 수요량 방정식은 다음과 같다.

A브랜드: $x = 200 - 5p + 4q$, B브랜드: $y = 300 + 2p - 4q$

$\dfrac{\partial x}{\partial p}$, $\dfrac{\partial y}{\partial p}$ 를 구하고, 그 결과를 해석하여라.

5.3 연쇄법칙

1) 연쇄법칙

$u=f(x)$, $y=g(u)=g(f(x))$에서 $\dfrac{dy}{dx}=\dfrac{dy}{du}\dfrac{du}{dx}$임을 알 수 있듯이 일변수함수에 대한 연쇄법칙은 두 함수 f와 g의 합성함수에 대한 미분법칙을 제공한다. 여기서 변형된 연쇄법칙의 네 가지 경우를 제시하며, 언급하는 모든 함수는 요구되는 미분성을 만족하는 것으로 가정한다.

1. $z=f(x,y)$, $x=g_1(t)$, $y=g_2(t)$라 할 때,

   $z=f(g_1(t),g_2(t))$이고,

$$\frac{dz}{dt}=\frac{\partial z}{\partial x}\cdot\frac{dx}{dt}+\frac{\partial z}{\partial y}\cdot\frac{dy}{dt}$$

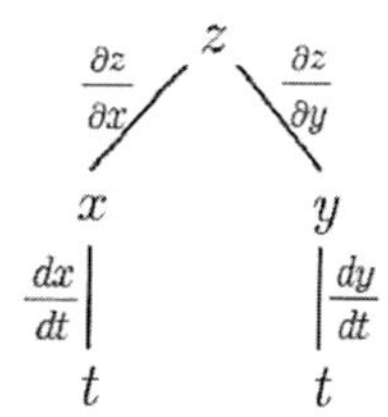

2. $z=f(x,y)$, $x=g_1(u,v)$, $y=g_2(u,v)$라 할 때,

   $z=f(g_1(u,v),g_2(u,v))$이고,

$$\frac{\partial z}{\partial u}=\frac{\partial z}{\partial x}\cdot\frac{\partial x}{\partial u}+\frac{\partial z}{\partial y}\cdot\frac{\partial y}{\partial u}$$

$$\frac{\partial z}{\partial v}=\frac{\partial z}{\partial x}\cdot\frac{\partial x}{\partial v}+\frac{\partial z}{\partial y}\cdot\frac{\partial y}{\partial v}$$

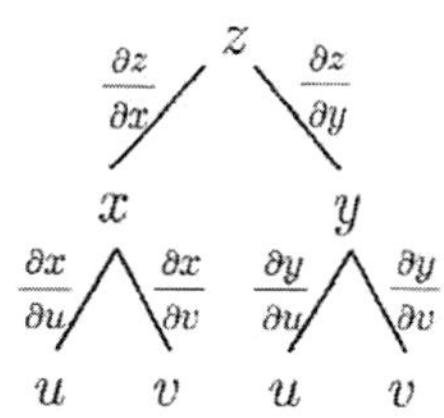

3. $w=f(x,y,z)$, $x=g_1(t)$, $y=g_2(t)$, $z=g_3(t)$라 할 때,

   $w=f(g_1(t),g_2(t),g_3(t))$이고,

$$\frac{dw}{dt}=\frac{\partial w}{\partial x}\cdot\frac{dx}{dt}+\frac{\partial w}{\partial y}\cdot\frac{dy}{dt}+\frac{\partial w}{\partial z}\cdot\frac{dz}{dt}$$

4. $w=f(x,y,z)$, $x=g_1(u,v)$, $y=g_2(u,v)$, $z=g_3(u,v)$라 할 때,

   $w=f(g_1(u,v),g_2(u,v),g_3(u,v))$이고,

$$\frac{\partial w}{\partial u}=\frac{\partial w}{\partial x}\cdot\frac{\partial x}{\partial u}+\frac{\partial w}{\partial y}\cdot\frac{\partial y}{\partial u}+\frac{\partial w}{\partial z}\cdot\frac{\partial z}{\partial u}$$

$$\frac{\partial w}{\partial v}=\frac{\partial w}{\partial x}\cdot\frac{\partial x}{\partial v}+\frac{\partial w}{\partial y}\cdot\frac{\partial y}{\partial v}+\frac{\partial w}{\partial z}\cdot\frac{\partial z}{\partial v}$$

예제 1

$z = xy^3 - x^2y,\ x = t^2 + 1,\ y = t^2 - 1$일 때, $\dfrac{dz}{dt}$를 구하여라.

풀이 $$\frac{dz}{dt} = \frac{\partial z}{\partial x}\cdot\frac{dx}{dt} + \frac{\partial z}{\partial y}\cdot\frac{dy}{dt} = (y^3 - 2xy)(2t) + (3xy^2 - x^2)(2t)$$

$$= 2t(t^2-1)^3 - 4t(t^2+1)(t^2-1) + 6t(t^2+1)(t^2-1)^2 - 2t(t^2+1)^2.$$

■

예제 2

$z = x\ln y,\ x = u^2 + v^2,\ y = u^2 - v^2$일 때, $\dfrac{\partial z}{\partial u},\ \dfrac{\partial z}{\partial v}$를 구하여라.

풀이 $$\frac{\partial z}{\partial u} = \frac{\partial z}{\partial x}\cdot\frac{\partial x}{\partial u} + \frac{\partial z}{\partial y}\cdot\frac{\partial y}{\partial u} = (\ln y)(2u) + \left(\frac{x}{y}\right)(2u)$$

$$= 2u\ln(u^2 - v^2) + 2u\frac{u^2+v^2}{u^2-v^2},$$

$$\frac{\partial z}{\partial v} = \frac{\partial z}{\partial x}\cdot\frac{\partial x}{\partial v} + \frac{\partial z}{\partial y}\cdot\frac{\partial y}{\partial v} = (\ln y)(2v) + \left(\frac{x}{y}\right)(-2v)$$

$$= 2v\ln(u^2 - v^2) - 2v\frac{u^2+v^2}{u^2-v^2}.$$

■

예제 3

$w = xe^{\frac{y}{z}},\ x = t^2,\ y = 1 - t,\ z = 1 + 2t$라 할 때, $\dfrac{dw}{dt}$를 구하여라.

풀이 $$\frac{dw}{dt} = \frac{\partial w}{\partial x}\cdot\frac{dx}{dt} + \frac{\partial w}{\partial y}\cdot\frac{dy}{dt} + \frac{\partial w}{\partial z}\cdot\frac{dz}{dt}$$

$$= e^{\frac{y}{z}}(2t) + \frac{x}{z}e^{\frac{y}{z}}(-1) + \left(-\frac{xy}{z^2}e^{\frac{y}{z}}\right)2$$

$$= 2te^{\frac{1-t}{1+2t}} - \frac{t^2}{1+2t}e^{\frac{1-t}{1+2t}} - \frac{2t^2(1-t)}{(1+2t)^2}e^{\frac{1-t}{1+2t}}.$$

■

예제 4

$w=\sqrt{x}+y^2z^3$, $x=1+u^2+v^2$, $y=uv$, $z=3u$라 할 때, $\dfrac{\partial w}{\partial u}$, $\dfrac{\partial w}{\partial v}$를 구하여라.

풀이

$$
\begin{aligned}
\frac{\partial w}{\partial u} &= \frac{\partial w}{\partial x}\cdot\frac{\partial x}{\partial u}+\frac{\partial w}{\partial y}\cdot\frac{\partial y}{\partial u}+\frac{\partial w}{\partial z}\cdot\frac{\partial z}{\partial u} \\
&= \frac{1}{2\sqrt{x}}(2u)+2yz^2(v)+3y^2z^2(3) \\
&= \frac{u}{\sqrt{1+u^2+v^2}}+54u^4v^2+81u^4v^2 \\
&= \frac{u}{\sqrt{1+u^2+v^2}}+135u^4v^2, \\
\frac{\partial w}{\partial v} &= \frac{\partial w}{\partial x}\cdot\frac{\partial x}{\partial v}+\frac{\partial w}{\partial y}\cdot\frac{\partial y}{\partial v}+\frac{\partial w}{\partial z}\cdot\frac{\partial z}{\partial v} \\
&= \frac{1}{2\sqrt{x}}(2v)+2yz^3(u)+3y^2z^2(0) \\
&= \frac{v}{\sqrt{1+u^2+v^2}}+54u^5v.
\end{aligned}
$$

■

예제 5

$z=f(u-v,v-u)$일 때, $\dfrac{\partial z}{\partial u}+\dfrac{\partial z}{\partial v}=0$임을 보여라.

풀이 $x=u-v$, $y=v-u$라 하면, $z=f(x,y)$이고

$$
\begin{aligned}
\frac{\partial z}{\partial u} &= \frac{\partial z}{\partial x}\cdot\frac{\partial x}{\partial u}+\frac{\partial z}{\partial y}\cdot\frac{\partial y}{\partial u}=\frac{\partial z}{\partial x}(1)+\frac{\partial z}{\partial y}(-1), \\
\frac{\partial z}{\partial v} &= \frac{\partial z}{\partial x}\cdot\frac{\partial x}{\partial v}+\frac{\partial z}{\partial y}\cdot\frac{\partial y}{\partial v}=\frac{\partial z}{\partial x}(-1)+\frac{\partial z}{\partial y}(1)
\end{aligned}
$$

이므로

$$\frac{\partial z}{\partial u}+\frac{\partial z}{\partial v}=0$$

이다.

■

2) 음함수 미분법

3.5절에서 소개했던 음함수의 미분법을 연쇄법칙을 이용하여 더 완전하게 서술하여 보자.

$f(x, y) = 0$에서 y가 x의 미분가능한 함수이고, f_x, $f_y(\neq 0)$가 존재할 때, $z = f(x, y)$, $x = t$, $y = g(t)$와 같이 생각하여 연쇄법칙을 이용하면

$$0 = \frac{dz}{dt} = \frac{\partial z}{\partial x} \cdot \frac{dx}{dt} + \frac{\partial z}{\partial y} \cdot \frac{dy}{dt} = \frac{\partial z}{\partial x} + \frac{\partial z}{\partial y} \cdot \frac{dy}{dx}$$

이다. 따라서

$$\frac{dy}{dx} = -\frac{\dfrac{\partial z}{\partial x}}{\dfrac{\partial z}{\partial y}} \text{ 또는 } \frac{dy}{dx} = -\frac{f_x}{f_y}$$

이다.

예제 6

$x^3 + y^3 = 2xy$일 때, $\dfrac{dy}{dx}$를 구하여라.

풀이 $z = x^3 + y^3 - 2xy$라 하면,

$$\frac{\partial z}{\partial x} = 3x^2 - 2y, \quad \frac{\partial z}{\partial y} = 3y^2 - 2x$$

이므로

$$\frac{dy}{dx} = -\frac{3x^2 - 2y}{3y^2 - 2x} = \frac{2y - 3x^2}{3y^2 - 2x}$$

이다. ■

3) 다변수 미분

일변수함수에서의 정의와 유사하게 이변수함수에서의 미분을 다음과 같이 정의한다.

정의 5.3.1

점 (x_0, y_0)의 어떤 근방에서 정의된 함수 f가 $f_x(x_0, y_0)$, $f_y(x_0, y_0)$이 존재하며, 또 다음을 만족할 때, f는 (x_0, y_0)에서 미분가능이라고 한다.

$$f(x, y) - f(x_0, y_0)$$
$$= f_x(x_0, y_0)(x - x_0) + f_y(x_0, y_0)(y - y_0) + \epsilon_1(x, y)(x - x_0)$$
$$+ \epsilon_2(x, y)(y - y_0),\ (x, y) \in D$$

$$\lim_{(x, y) \to (x_0, y_0)} \epsilon_1(x, y) = 0, \quad \lim_{(x, y) \to (x_0, y_0)} \epsilon_2(x, y) = 0$$

■

정리 5.3.1

함수 f에 대해서 f_x, f_y가 점 (x_0, y_0)의 어떤 근방 D에서 존재하고, 또 f_x, f_y가 점 (x_0, y_0)에서 연속이면, 그 때

$$f(x, y) - f(x_0, y_0)$$
$$= f_x(x_0, y_0)(x - x_0) + f_y(x_0, y_0)(y - y_0) + \epsilon_1(x, y)(x - x_0)$$
$$+ \epsilon_2(x, y)(y - y_0),\ (x, y) \in D$$

$$\lim_{(x, y) \to (x_0, y_0)} \epsilon_1(x, y) = 0, \quad \lim_{(x, y) \to (x_0, y_0)} \epsilon_2(x, y) = 0$$

을 만족하는 이변수함수 ϵ_1, ϵ_2가 존재한다.

정리 5.3.1에 의하면 f의 편도함수 f_x, f_y가 점 (x_0, y_0)의 어떤 근방 D에서 존재하고, f_x, f_y가 점 (x_0, y_0)에서 연속이면 함수 f의 점 (x_0, y_0)에서 미분가능임을 보인다. 이것은 함수의 미분가능성을 검토할 때 정의를 사용하는 것보다 일반적으로 더 쉽다. 이 사실을 적용하여 모든 유리함수는 정의역의 모든 점에서 미분가능함을 보일 수 있다.

이 절 처음에 이야기했던 연쇄법칙 1.에 대응하는 정리를 미분의 정의를 사용해 증명할 것이다.

정리 5.3.2 (연쇄법칙)

함수 f가 (x_0, y_0)에서 미분가능한 이변수함수라 하고, g_1, g_2는 t_0에서 미분가능한 일변수함수라 할 때, $x_0 = g_1(t_0)$, $y_0 = g_2(t_0)$, $F(t) = f(g_1(t), g_2(t))$라 하면 그때 F는 t_0에서 미분가능하고, 다음과 같다.

$$F'(t_0) = f_x(x_0, y_0)\, g'(t_0) + f_y(x_0, y_0)\, g_2'(t_0)$$

이 절 처음에 말했던 연쇄법칙 2.에 대응되는 정리는 정리 5.3.3과 증명이 유사하므로 진술만 하기로 한다.

정리 5.3.3 (연쇄법칙)

함수 f가 (x, y)에서 미분가능한 이변수함수라 하고, g_1, g_2는 (x, y)에서 편도함수를 갖는 이변수이고, $x = g_1(u, v)$, $y = g_2(u, v)$, $F(u, v) = f(g_1(u, v), g_2(u, v))$라 하면 그때 F는 (u, v)에서 편도함수가 존재하고

$F_u(u, v) = f_x(x, y)(g_1)_u(u, v) + f_y(x, y)(g_2)_u(u, v)$,

$F_v(u, v) = f_x(x, y)(g_1)_v(u, v) + f_y(x, y)(g_2)_v(u, v)$

이다.

연습문제 5.3

1. 다음 함수에서 $\dfrac{dz}{dt}$를 구하여라.

(1) $z = \dfrac{x-y}{x+2y}$, $x = e^{\pi t}$, $y = e^{-\pi t}$

(2) $z = \ln(3x^2 + y^3)$, $x = e^{2t}$, $y = t^{\frac{1}{3}}$

2. 다음 함수에서 $\dfrac{\partial z}{\partial u}$, $\dfrac{\partial z}{\partial v}$를 구하여라.

(1) $z = (x-y)^5$, $x = u^2 v$, $y = uv^2$

(2) $z = 2e^{x^2 y}$, $x = \sqrt{uv}$, $y = \dfrac{1}{u}$

3. 다음 함수에서 $\dfrac{dw}{dt}$를 구하여라.

$$w = xe^{\frac{y}{z}},\ x = t^2,\ y = 1-t,\ z = 1+2t$$

4. 다음 함수에서 $\dfrac{\partial w}{\partial \alpha}$, $\dfrac{\partial w}{\partial \beta}$, $\dfrac{\partial w}{\partial \gamma}$를 구하여라.

$$w = xe^{yz},\ x = \alpha^2\beta,\ y = \beta^2\alpha,\ z = \gamma^2\alpha$$

5. 다음 방정식에서 음함수 미분법을 이용하여 $\dfrac{dy}{dx}$를 구하여라.

(1) $x^2 - 4xy + y^2 = 4$

(2) $x^{\frac{2}{3}} + y^{\frac{2}{3}} = 2$

제 6 장

행렬과 행렬식

6.1 행렬

1) 행렬의 정의

행렬(Matrix)은 수, 수식이나 기호 등을 순서대로 직사각형의 모형으로 나열한 것으로 가로 줄을 행(row), 세로 줄을 열(column) 이라 부르고, m 개의 행과 n 개의 열로 이루어진 행렬을 $m \times n$ 행렬이라 한다. 행렬에서 i번째 행과 j번째 열에 있는 수, 수식이나 기호를 행렬의 (i, j)성분 이라 한다.

일반적으로 $m \times n$ 행렬 A의 (i, j)성분을 모두 나열하여 다음과 같이 표현한다.

$$A = \begin{bmatrix} a_{11} & a_{12} & a_{13} & \cdots & a_{1n} \\ a_{21} & a_{22} & a_{23} & \cdots & a_{2n} \\ a_{31} & a_{32} & a_{33} & \cdots & a_{3n} \\ \vdots & \vdots & \vdots & \vdots & \vdots \\ a_{m1} & a_{m2} & a_{m3} & \cdots & a_{mn} \end{bmatrix}.$$

이 경우 간단히, $A = (a_{ij}),\ i = 1, \cdots, m;\ j = 1, \cdots, n$으로 표현하기도 한다.

행과 열의 수가 모두 n인 $n \times n$ 행렬을 n차 **정사각행렬**(square matrix) 또는 **정방행렬**이라 부른다.

예제 1

다음 행렬들의 크기와 성분을 구하여라.

(a) $[-3\ 2\ 1]$ (b) $\begin{bmatrix} x \\ y \\ z \end{bmatrix}$ (c) $\begin{bmatrix} 3 & 5 & -7 \\ -2 & -4 & 6 \end{bmatrix}$

(d) $\begin{bmatrix} 11 & 4 \\ -3 & 5 \\ x & y \end{bmatrix}$ (e) $\begin{bmatrix} x+1 & 2 & 0 \\ -4 & y & 6 \\ 3x & 8 & y+2z \end{bmatrix}$

풀이 (a) 1×3 행렬이고 $(1,1)$성분은 -3, $(1,2)$성분은 2, $(1,3)$성분은 1

(b) 3×1 행렬이고 $(1,1)$성분은 x, $(2,1)$성분은 y, $(3,1)$성분은 z

(c) 2×3 행렬이고 $(1,2)$성분은 5, $(2,1)$성분은 -2, $(2,3)$성분은 6

(d) 3×2 행렬이고 $(3,2)$성분은 y

(e) 3×3 (정사각)행렬이고 $(1,3)$성분은 0, $(3,2)$성분은 8. ■

행렬의 각 행은 $1\times n$ 행렬로 n개의 순서쌍으로 볼 수 있고, 각 열은 $m\times 1$행렬로 m개의 순서쌍으로 볼 수 있다. 이런 의미에서 행을 행벡터, 열을 열벡터라고도 부른다.

두 행렬 $A=(a_{ij})$, $B=(b_{ij})$가 모두 $m\times n$ 행렬이고, 또 임의의 $1\leq i\leq m$, $1\leq j\leq n$ 에 대하여, 각각의 (i,j) 성분이 같을 때, 즉 $a_{ij}=b_{ij}$일 때, A와 B는 같다고 하고 $A=B$로 쓴다. 행렬 (a_{ij})에서 모든 i, j에 대하여 $a_{ij}=0$이면 **영행렬**(zero matrix)이라 부르고 대문자 O으로 표시한다.

2) 행렬의 합, 차, 스칼라 곱

행렬에서 스칼라 곱의 연산, 행과 열의 수가 같은 두 행렬의 덧셈 연산을 할 수 있다.

(1) 행렬의 합

$A=(a_{ij})$와 $B=(b_{ij})$가 $m\times n$ 행렬이라 하자. A와 B의 합(sum) $A+B$는 (i,j) 성분을 $a_{ij}+b_{ij}$로 정의하는 $m\times n$행렬이다. 즉

$$A+B=\begin{bmatrix} a_{11} & a_{12} & \cdots & a_{1n} \\ a_{21} & a_{22} & \cdots & a_{2n} \\ \vdots & \vdots & & \vdots \\ a_{m1} & a_{m2} & \cdots & a_{mn} \end{bmatrix} + \begin{bmatrix} b_{11} & b_{12} & \cdots & b_{1n} \\ b_{21} & b_{22} & \cdots & b_{2n} \\ \vdots & \vdots & & \vdots \\ b_{m1} & b_{m2} & \cdots & b_{mn} \end{bmatrix}$$

$$= \begin{bmatrix} a_{11}+b_{11} & a_{12}+b_{12} & \cdots & a_{1n}+b_{1n} \\ a_{21}+b_{21} & a_{22}+b_{22} & \cdots & a_{2n}+b_{2n} \\ \vdots & \vdots & & \vdots \\ a_{m1}+b_{m1} & a_{m2}+b_{m2} & \cdots & a_{mn}+b_{mn} \end{bmatrix}$$

(2) 행렬의 스칼라 곱

임의의 수 k에 의한 행렬 $A=(a_{ij})$의 스칼라 곱(scalar multiplication) kA는 (i,j)성분을 ka_{ij}로 정의하는 $m\times n$ 행렬이다. 즉

$$kA = k\begin{bmatrix} a_{11} & a_{12} & \cdots & a_{1n} \\ a_{21} & a_{22} & \cdots & a_{2n} \\ \vdots & \vdots & & \vdots \\ a_{m1} & a_{m2} & \cdots & a_{mn} \end{bmatrix} = \begin{bmatrix} ka_{11} & ka_{12} & \cdots & ka_{1n} \\ ka_{21} & ka_{22} & \cdots & ka_{2n} \\ \vdots & \vdots & & \vdots \\ ka_{m1} & ka_{m2} & \cdots & ka_{mn} \end{bmatrix}.$$

특별히 $k=-1$인 경우 $-A$로 쓴다. 즉 $-A=(-1)A$이다.

(3) 행렬의 차

행렬 A와 B의 차(difference) $A-B$는 다음과 같이 정의한다.

$$A-B=A+(-B).$$

따라서 $A-B$는 (i,j)성분이 $a_{ij}-b_{ij}$가 되는 $m\times n$ 행렬이다.

주의

행과 열의 수가 다른 두 행렬의 합과 차는 정의되지 않는다. 예를 들어 $A=\begin{bmatrix} 1 & 3 \\ 4 & 0 \end{bmatrix}$와 $B=\begin{bmatrix} 3 & 2 & 1 \\ 4 & 5 & 6 \end{bmatrix}$에서 $A+B$와 $A-B$는 정의할 수 없다.

예제 2

$A=\begin{bmatrix} 7 & 3 & 1 \\ -2 & 5 & 0 \end{bmatrix}$이고 $B=\begin{bmatrix} -1 & 2 & 8 \\ 4 & 0 & -3 \end{bmatrix}$일 때 $A-2B$를 구하여라.

풀이 $A-2B=\begin{bmatrix}7 & 3 & 1\\ -2 & 5 & 0\end{bmatrix}+(-2)\begin{bmatrix}-1 & 2 & 8\\ 4 & 0 & -3\end{bmatrix}$

$$=\begin{bmatrix}7 & 3 & 1\\ -2 & 5 & 0\end{bmatrix}+\begin{bmatrix}(-2)\cdot(-1) & (-2)\cdot 2 & (-2)\cdot 8\\ (-2)\cdot 4 & (-2)\cdot 0 & (-2)\cdot(-3)\end{bmatrix}$$

$$=\begin{bmatrix}7+2 & 3-4 & 1-16\\ -2-8 & 5+0 & 0+6\end{bmatrix}=\begin{bmatrix}9 & -1 & -15\\ -10 & 5 & 6\end{bmatrix}$$

■

정리 6.1.1 행렬의 덧셈과 스칼라 곱의 성질

A, B, C가 $m\times n$ 행렬, O는 $m\times n$ 영행렬이고 α와 β를 임의의 상수라고 할 때 다음성질을 만족한다.

1. $A+B=B+A$ (덧셈의 교환법칙)
2. $(A+B)+C=A+(B+C)$ (덧셈의 결합법칙)
3. $A+O=A=O+A$ (덧셈의 항등원의 존재)
4. $A+(-A)=O=(-A)+A$ (덧셈의 역원의 존재)
5. $1A=A$
6. $\alpha(A+B)=\alpha A+\alpha B$
7. $(\alpha+\beta)A=\alpha A+\beta A$
8. $(\alpha\beta)A=\alpha(\beta A)$

3) 행렬의 곱

두 행렬 A와 B의 곱 AB는 A의 열의 개수와 B의 행의 개수가 같을 때만 정의한다. $A=(a_{ik})$가 $m\times n$ 행렬이고 $B=(b_{kj})$는 $n\times l$ 행렬이라 하자. 행렬 A의 행벡터를 차례로 A_1, $\cdots$, A_m으로, 행렬 B의 열벡터를 차례로 B^1, $\cdots$, B^l로 표현하였을 때 $A_i\cdot B^j$는 다음과 같이 정의한다.

$$A_i\cdot B^j=[a_{i1}, a_{i2}, \ldots, a_{in}]\begin{bmatrix}b_{1j}\\ b_{2j}\\ \vdots\\ b_{nj}\end{bmatrix}=a_{i1}b_{1j}+a_{i2}b_{2j}+\cdots+a_{in}b_{nj}=\sum_{k=1}^{n}a_{ik}b_{kj}.$$

이때 행렬 A와 행렬 B의 곱이 $AB=C$이고 $C=(c_{ij})$라고하면, C는 (i,j) 성분을$c_{ij}=A_i\cdot B^j$로 정의하는 $m\times l$ 행렬이다. 따라서 행렬의 곱 AB는 다음과 같

이 표현할 수 있다.

$$AB=\begin{bmatrix} A_1\cdot B^1 & A_1\cdot B^2 & \cdots & A_1\cdot B^l \\ A_2\cdot B^1 & A_2\cdot B^2 & \cdots & A_2\cdot B^l \\ \vdots & \vdots & & \vdots \\ A_m\cdot B^1 & A_m\cdot B^2 & \cdots & A_m\cdot B^l \end{bmatrix}$$

예제 3

$A=\begin{bmatrix} 7 & 3 & 1 \\ -2 & 5 & 0 \end{bmatrix}$ 이고 $B=\begin{bmatrix} -1 & 2 \\ 4 & 0 \\ 8 & 3 \end{bmatrix}$이라 하자. AB와 BA를 구하여라.

풀이 $AB=\begin{bmatrix} 7 & 3 & 1 \\ -2 & 5 & 0 \end{bmatrix}\begin{bmatrix} -1 & 2 \\ 4 & 0 \\ 8 & 3 \end{bmatrix}=\begin{bmatrix} A_1\cdot B^1 & A_1\cdot B^2 \\ A_2\cdot B^1 & A_2\cdot B^2 \end{bmatrix}$

$$=\begin{bmatrix} 7\cdot(-1)+3\cdot 4+1\cdot 8 & 7\cdot 2+3\cdot 0+1\cdot 3 \\ (-2)\cdot(-1)+5\cdot 4+0\cdot 8 & (-2)\cdot 2+5\cdot 0+0\cdot 3 \end{bmatrix}=\begin{bmatrix} 13 & 17 \\ 22 & -4 \end{bmatrix}$$

$$BA=\begin{bmatrix} -1 & 2 \\ 4 & 0 \\ 8 & 3 \end{bmatrix}\begin{bmatrix} 7 & 3 & 1 \\ -2 & 5 & 0 \end{bmatrix}=\begin{bmatrix} A_1\cdot B^1 & A_1\cdot B^2 & A_1\cdot B^3 \\ A_2\cdot B^1 & A_2\cdot B^2 & A_2\cdot B^3 \\ A_3\cdot B^1 & A_3\cdot B^2 & A_3\cdot B^3 \end{bmatrix}$$

$$=\begin{bmatrix} (-1)\cdot 7+2\cdot(-2) & (-1)\cdot 3+2\cdot 5 & (-1)\cdot 1+2\cdot 0 \\ 4\cdot 7+0\cdot(-2) & 4\cdot 3+0\cdot 5 & 4\cdot 1+0\cdot 0 \\ 8\cdot 7+3\cdot(-2) & 8\cdot 3+3\cdot 5 & 8\cdot 1+3\cdot 0 \end{bmatrix}=\begin{bmatrix} -11 & 7 & -1 \\ 28 & 12 & 4 \\ 50 & 39 & 8 \end{bmatrix}$$

주의

1. 위의 예제3에서 두 행렬 A, B에 대해서 $AB\neq BA$임을 알 수 있다. 즉 행렬의 곱은 교환법칙을 만족하지 않는다.
2. 영행렬이 아닌 두 행렬의 곱은 영행렬일 수 있다. 예를 들면

   $$A=\begin{bmatrix} 1 & 2 \\ 3 & 6 \end{bmatrix} \text{ 이고 } B=\begin{bmatrix} 2 & 4 \\ -1 & -2 \end{bmatrix}$$

   일 때, $A\neq O$ 이고 $B\neq O$이지만 $AB=O$이다.

n차 정사각행렬 $A=(a_{ij})$에서 대각선에 위치하는 (i,i)성분인 a_{ii}는 모두 1이

고, $i \neq j$인 (i, j)성분은 모두 0 인 행렬을 n차 **단위행렬**(unit matrix)이라 부르고, I_n 으로 표시한다. 즉

$$I_n = \begin{bmatrix} 1 & 0 & \cdots & 0 \\ 0 & 1 & \cdots & 0 \\ \vdots & \vdots & & \vdots \\ 0 & 0 & \cdots & 1 \end{bmatrix}$$

A가 $m \times n$ 행렬일 때 $AI_n = A$이고 $I_m A = A$이다.

A가 n차 정사각행렬이면 곱 AA를 만들 수 있다. 이것을 간단히 A^2으로 표시하기로 하면 A^2도 n차 정사각행렬이 되고, 임의의 양의 정수 k에 대해서 A^k은 행렬 A를 반복하여 k번 곱하여 얻은 n차 정사각행렬이다. (문맥에 따라 행렬 A의 열벡터 A^k와 행렬의 곱 A^k를 혼돈하지 않도록 한다.)

행렬의 곱의 연산에 관하여 다음 성질을 만족한다.

정리 6.1.2 행렬에서 곱의 연산에 관한 성질

1. 곱셈의 결합법칙(associative law):

   A는 $m \times p$ 행렬, B는 $p \times r$ 행렬, C는 $r \times n$ 행렬일 때

   $$(AB)C = A(BC)$$

   이고 세 행렬의 곱은 아래와 같이 $m \times n$행렬이다.

2. 곱셈의 분배법칙(distributive law);

   A는 $m \times p$ 행렬이고 B와 C는 $p \times n$행렬일 때

   $$A(B+C) = AB + AC$$

   이다. 또한 B와 C는 $m \times p$행렬이고 A는 $p \times n$ 행렬일 때

   $$(B+C)A = BA + CA$$

   이다.

3. 임의의 수 α에 대하여 $\alpha(AB) = (\alpha A)B = A(\alpha B)$이다.

증명 1. $m \times p$행렬 $A = (a_{ih})$, $p \times r$행렬 $B = (b_{hk})$, $r \times n$행렬 $C = (c_{kj})$라고 하자.

AB의 (i, k)성분을 u_{ik}라고 하면 $u_{ik} = \sum_{h=1}^{p} a_{ih} b_{hk}$이고

$(AB)C$의 (i, j)성분은 $\sum_{k=1}^{r} u_{ik} c_{kj} = \sum_{k=1}^{r}\left(\sum_{h=1}^{p} a_{ih} b_{hk}\right) c_{kj}$

$= \sum_{k=1}^{r}\sum_{h=1}^{p} a_{ih} b_{hk} c_{kj}$ 이다.

같은 방법으로 BC의 (h, j)성분을 v_{hj} 라고 하면 $v_{hj} = \sum_{k=1}^{r} b_{hk} c_{kj}$ 이고

$A(BC)$의 (i, j)성분은 $\sum_{h=1}^{p} a_{ih} v_{hj} = \sum_{h=1}^{p} a_{ih}\left(\sum_{k=1}^{r} b_{hk} c_{kj}\right) = \sum_{h=1}^{p}\sum_{k=1}^{r} a_{ih} b_{hk} c_{kj}$

이다.

따라서 $(AB)C = A(BC)$이다.

2.와 3.은 행렬의 곱, 스칼라곱의 정의에 의하여 성립됨을 쉽게 확인 할 수 있다. ■

4) 전치행렬(transpose matrix)

$m \times n$ 행렬 $A = (a_{ij})$에 대하여 A 의 전치행렬(transpose matrix)은 A^T로 표현하고 다음과 같이 정의한다.

$$A = \begin{bmatrix} a_{11} & a_{12} & a_{13} & \cdots & a_{1n} \\ a_{21} & a_{22} & a_{23} & \cdots & a_{2n} \\ a_{31} & a_{32} & a_{33} & \cdots & a_{3n} \\ \vdots & \vdots & \vdots & \vdots & \vdots \\ a_{m1} & a_{m2} & a_{m3} & \cdots & a_{mn} \end{bmatrix} \text{일 때} \quad A^T = \begin{bmatrix} a_{11} & a_{21} & a_{31} & \cdots & a_{m1} \\ a_{12} & a_{22} & a_{32} & \cdots & a_{m2} \\ a_{13} & a_{23} & a_{33} & \cdots & a_{m3} \\ \vdots & \vdots & \vdots & \vdots & \vdots \\ a_{1n} & a_{2n} & a_{3n} & \cdots & a_{mn} \end{bmatrix}$$

즉, A의 i번째 행은 A^T의 i번째 열이 되고, A의 j번째 열은 A^T의 j번째 행이 된다. 따라서 A가 $m \times n$행렬이면 A^T는 $n \times m$ 행렬이 되고 A^T의 (i, j)성분은 A의 (j, i)성분과 같다.

정사각행렬 A가 $A = A^T$이면 A를 **대칭행렬**(Symmetric matrix)이라 하고 $A^T = -A$ 이면 A를 **교대행렬**(skew-symmetric matrix) 이라고 부른다.

예제 4

(a) $A = \begin{bmatrix} 1 & 2 & 3 \\ 2 & 4 & 5 \\ 3 & 5 & 6 \end{bmatrix}$는 대칭행렬임을 확인하여라.

(b) $B = \begin{bmatrix} 0 & 2 & -3 \\ -2 & 0 & 2 \\ 3 & -2 & 0 \end{bmatrix}$는 교대행렬임을 확인하여라.

풀이

(a) $A=\begin{bmatrix}1&2&3\\2&4&5\\3&5&6\end{bmatrix}$이면 $A=A^T$이므로 A는 대칭행렬이다.

(b) $B=\begin{bmatrix}0&2&-3\\-2&0&2\\3&-2&0\end{bmatrix}$이면 $B^T=\begin{bmatrix}0&-2&3\\2&0&-2\\-3&2&0\end{bmatrix}=-B$이므로 B는 교대행렬이다.

전치행렬에 관한 다음 성질들이 성립함을 알 수 있다.

정리 6.1.3 전치행렬의 성질

A와 B가 $A+B$와 AB가 정의되는 행렬이고 α는 임의의 수라고 할 때 다음이 성립한다.

1. $(A^T)^T=A$
2. $(A+B)^T=A^T+B^T$
3. $(AB)^T=B^TA^T$
4. $(\alpha A)^T=\alpha A^T$

예제 5

행렬 $A=\begin{bmatrix}7&3&1\\-2&5&0\end{bmatrix}$와 $B=\begin{bmatrix}-1&2\\4&0\\8&3\end{bmatrix}$라 할 때 $(AB)^T=B^TA^T$가 성립함을 보여라.

풀이 $AB=\begin{bmatrix}13&17\\22&-4\end{bmatrix}$ 이므로 $(AB)^T=\begin{bmatrix}13&22\\17&-4\end{bmatrix}$ 이다. 또한

$$B^TA^T=\begin{bmatrix}-1&4&8\\2&0&3\end{bmatrix}\begin{bmatrix}7&-2\\3&5\\1&0\end{bmatrix}=\begin{bmatrix}13&22\\17&-4\end{bmatrix}$$ 이므로

$(AB)^T=B^TA^T$ 가 성립한다.

5) 정칙행렬(Regular matrix)

n 차 정사각행렬 A 에 대하여 $AB = I_n = BA$ 인 n 차 정사각행렬 B 가 존재할 때 A 를 정칙행렬(regular matrix)이라 하고, B 를 A 의 역행렬(inverse matrix)이라고 부르며, $B = A^{-1}$ 와 같이 나타낸다. 모든 정사각행렬에 대하여 역행렬이 존재하지는 않는다.

예를 들어 $A = \begin{bmatrix} 4 & 2 \\ 2 & 1 \end{bmatrix}$ 일 때 $AB = I_2 = BA$ 을 만족하는 2차의 정사각행렬 B 가 존재하지 않음을 확인할 수 있다.

정리 6.1.4 정칙행렬의 성질

A가 $n \times n$ 정칙행렬이라고 할 때 다음이 성립한다.

1. B와 C가 A의 역행렬이면 $B = C$이다.
2. A^{-1}도 정칙행렬이고 $(A^{-1})^{-1} = A$이다.
3. B가 $n \times n$정칙행렬이면 AB도 정칙행렬이고 $(AB)^{-1} = B^{-1}A^{-1}$이다.
4. A^T도 정칙행렬이고 $(A^T)^{-1} = (A^{-1})^T$이다.
5. 임의의 수 $c(c \neq 0)$에 대하여 $(cA)^{-1} = \frac{1}{c}A^{-1}$이다.

증명 1. B와 C가 A의 역행렬이므로 $BA = I_n = AC$이다.
따라서 $C = I_n C = (BA)C = B(AC) = BI_n = B$.

2. $AA^{-1} = I_n = A^{-1}A$이므로 정의에 의해 A^{-1}의 역행렬은 A이다.
즉 $(A^{-1})^{-1} = A$.

3. $B^{-1}A^{-1}$가 AB 의 역행렬임을 보이면 된다.
실제로 $(AB)(B^{-1}A^{-1}) = A(BB^{-1})A^{-1} = AI_nA^{-1} = AA^{-1} = I_n$.
같은방법으로 $(B^{-1}A^{-1})(AB) = I_n$도 성립한다.

4. $AA^{-1} = I_n = A^{-1}A$이고 $I_n^T = I_n$이므로 $I_n = (AA^{-1})^T = (A^{-1})^T A^T$이고 $I_n = (A^{-1}A)^T = A^T(A^{-1})^T$이다. 따라서 $(A^T)^{-1} = (A^{-1})^T$이다.

5. $(cA)\left(\frac{1}{c}A^{-1}\right) = c\frac{1}{c}AA^{-1} = 1 \cdot I_n = I_n$이고 같은 방법으로
$\left(\frac{1}{c}A^{-1}\right)(cA) = I_n$이 성립한다. ■

예제 6

2×2행렬 $A=\begin{bmatrix}1 & -1\\ 2 & -3\end{bmatrix}$가 정칙행렬임을 보이자.

풀이 A가 정칙행렬이려면 2×2 행렬 $B=\begin{bmatrix}a & b\\ c & d\end{bmatrix}$가 존재하여 $AB=I_2=BA$을 만족하여야 한다. 이 때

$$AB=\begin{bmatrix}1 & -1\\ 2 & -3\end{bmatrix}\begin{bmatrix}a & b\\ c & d\end{bmatrix}=\begin{bmatrix}a-c & b-d\\ 2a-3c & 2b-3d\end{bmatrix}$$

이므로

$$\begin{bmatrix}a-c & b-d\\ 2a-3c & 2b-3d\end{bmatrix}=\begin{bmatrix}1 & 0\\ 0 & 1\end{bmatrix}$$

이다. 두 행렬이 같으려면 각 성분이 같아야 하므로 다음의 4개의 방정식을 얻는다.

$$a-c=1;\quad 2a-3c=0;\quad b-d=0;\quad 2b-3d=1.$$

이 방정식을 풀면 $a=3$, $b=-1$, $c=2$, $d=-1$임을 알 수 있다.

따라서 A의 역행렬은 $A^{-1}=\begin{bmatrix}a & b\\ c & d\end{bmatrix}=\begin{bmatrix}3 & -1\\ 2 & -1\end{bmatrix}$이고 A는 정칙행렬이다. ■

연습문제 6.1

1. $A=\begin{bmatrix}1&-1\\2&2\end{bmatrix}$, $B=\begin{bmatrix}-1&1\\0&-3\end{bmatrix}$일 때 $A+B$, A^T, $-2B$, $A+2B$, $A-B$를 구하여라.

2. A가 정사각행렬이면 $A+A^T$는 대칭행렬임을 보여라.

3. $A=\begin{bmatrix}1&2\\3&-1\end{bmatrix}$, $B=\begin{bmatrix}2&0\\1&1\end{bmatrix}$일 때 AB, BA를 구하여라.

4. $X=[1\quad 1\quad 0]$이고 $A=\begin{bmatrix}1&2&3\\1&0&1\\1&2&1\end{bmatrix}$일 때 XA를 구하여라.

5. 다음 식을 만족하는 2×2 행렬 A, B를 구하여라.

(1) $A-2B=\begin{bmatrix}1&2\\-1&1\end{bmatrix}$이고 $A-B=\begin{bmatrix}2&1\\1&-1\end{bmatrix}$

(2) $A-B=\begin{bmatrix}1&-2\\1&3\end{bmatrix}$이고 $A+B=\begin{bmatrix}3&0\\3&1\end{bmatrix}$

6. 임의의 정사각행렬 A는 대칭행렬과 교대행렬의 합의 형태로 표시할 수 있음을 보여라.

7. 행렬 $A=\begin{bmatrix}0&1&1\\0&0&1\\0&0&0\end{bmatrix}$에 대하여 행렬의 곱 A^2, A^3, A^4를 구하여라.

8. 다음에서 $(AB)C$와 $A(BC)$를 구하여라.

(1) $A=\begin{bmatrix}1&2\\1&1\end{bmatrix}$, $B=\begin{bmatrix}-1&0\\1&0\end{bmatrix}$, $C=\begin{bmatrix}1&3\\3&1\end{bmatrix}$

(2) $A=\begin{bmatrix}2&4&2\\3&0&-1\end{bmatrix}$, $B=\begin{bmatrix}1&1&0\\2&0&0\\3&0&0\end{bmatrix}$, $C=\begin{bmatrix}1&0\\3&0\\1&5\end{bmatrix}$

6.2 행렬식(Determinant)

행렬식은 정사각행렬에 대해서만 정의되고, 행렬식의 이론은 n 차 정사각행렬이 정칙행렬일 때 이것의 역행렬을 구하는 방법을 제공해 준다.

$A=(a_{ij})$는 n 차 정사각행렬 이라 하자. A의 행렬식은 $\det A$, $|A|$, 또는 A의 열벡터를 이용하여 $D(A^1, \dots, A^n)$으로 표기하고 행렬에서는 수직막대를 이용하여 표기한다.

$$A=\begin{bmatrix} a_{11} & a_{12} & a_{13} & \cdots & a_{1n} \\ a_{21} & a_{22} & a_{23} & \cdots & a_{2n} \\ a_{31} & a_{32} & a_{33} & \cdots & a_{3n} \\ \vdots & \vdots & \vdots & \vdots & \vdots \\ a_{m1} & a_{m2} & a_{m3} & \cdots & a_{mn} \end{bmatrix} \text{일 때 } \det A = D(A^1, \dots, A^n) = \begin{vmatrix} a_{11} & a_{12} & a_{13} & \cdots & a_{1n} \\ a_{21} & a_{22} & a_{23} & \cdots & a_{2n} \\ a_{31} & a_{32} & a_{33} & \cdots & a_{3n} \\ \vdots & \vdots & \vdots & \vdots & \vdots \\ a_{m1} & a_{m2} & a_{m3} & \cdots & a_{mn} \end{vmatrix}$$

1) 2×2 행렬의 행렬식

2×2 정방행렬 $A=\begin{bmatrix} a_{11} & a_{12} \\ a_{21} & a_{22} \end{bmatrix}$의 행렬식은 다음과 같다.

$$\det A = \begin{vmatrix} a_{11} & a_{12} \\ a_{21} & a_{22} \end{vmatrix} = a_{11}a_{22} - a_{12}a_{21}. \quad \cdots \ (6.1)$$

예제 1

다음 행렬들의 행렬식을 구하여라.

(a) $A=\begin{bmatrix} 1 & -3 \\ 4 & 7 \end{bmatrix}$ (b) $B=\begin{bmatrix} 6 & 5 \\ -2 & 0 \end{bmatrix}$

풀이 (a) $A=\begin{bmatrix} 1 & -3 \\ 4 & 7 \end{bmatrix}$ 일 때 $\det A = \begin{vmatrix} 1 & -3 \\ 4 & 7 \end{vmatrix} = 1\cdot 7 - (-3)\cdot 4 = 19$

(b) $B=\begin{bmatrix} 6 & 5 \\ -2 & 0 \end{bmatrix}$ 일 때 $\det B = \begin{vmatrix} 6 & 5 \\ -2 & 0 \end{vmatrix} = 6\cdot 0 - 5\cdot(-2) = 10$

예제 2

$A=\begin{bmatrix} a_{11} & a_{12} \\ a_{21} & a_{22} \end{bmatrix}$, $B=\begin{bmatrix} a_{21} & a_{22} \\ a_{11} & a_{12} \end{bmatrix}$, $C=\begin{bmatrix} a_{12} & a_{11} \\ a_{22} & a_{21} \end{bmatrix}$이라 하자.

A, B, C 의 행렬식들의 관계를 알아보자.

풀이 먼저 B는 A의 행벡터들을, C는 A의 열벡터들을 교환하여 얻은 행렬임을 알 수 있다.

$\det A = a_{11}a_{22} - a_{12}a_{21}$이고

$$\det B = \begin{vmatrix} a_{21} & a_{22} \\ a_{11} & a_{12} \end{vmatrix} = a_{21}a_{12} - a_{22}a_{11} = -(a_{11}a_{22} - a_{12}a_{21}) = -\det A$$

$$\det C = \begin{vmatrix} a_{12} & a_{11} \\ a_{22} & a_{21} \end{vmatrix} = a_{12}a_{21} - a_{11}a_{22} = -(a_{11}a_{22} - a_{12}a_{21}) = -\det A.$$

■

2) 3×3 행렬의 행렬식

3×3 행렬 $A=\begin{bmatrix} a_{11} & a_{12} & a_{13} \\ a_{21} & a_{22} & a_{23} \\ a_{31} & a_{32} & a_{33} \end{bmatrix}$의 행렬식은 다음과 같다.

$$\det A = \begin{vmatrix} a_{11} & a_{12} & a_{13} \\ a_{21} & a_{22} & a_{23} \\ a_{31} & a_{32} & a_{33} \end{vmatrix}$$

$$= (-1)^{1+1}a_{11}\begin{vmatrix} a_{22} & a_{23} \\ a_{32} & a_{33} \end{vmatrix} + (-)^{1+2}a_{12}\begin{vmatrix} a_{21} & a_{23} \\ a_{31} & a_{33} \end{vmatrix} + (-)^{1+3}a_{13}\begin{vmatrix} a_{21} & a_{22} \\ a_{31} & a_{32} \end{vmatrix}$$

$$= a_{11}a_{22}a_{33} + a_{12}a_{23}a_{31} + a_{13}a_{21}a_{32} - a_{11}a_{23}a_{32} - a_{12}a_{21}a_{33} - a_{13}a_{22}a_{31}. \quad \cdots (6.2)$$

위의 식 (6.2)는 행렬의 첫 행을 이용하여 행렬식을 정의하였지만 다른 행이나 열을 이용하여 같은 방법으로 구할 수 있다. 이 방법을 일반화하여 $n\times n$행렬의 행렬식의 정의를 알아보자.

3) $n\times n$ 행렬의 행렬식

$A=(a_{ij})$를 $n\times n$행렬 이라 하자. A에서 i 행과 j 열을 제거한 나머지 성분들로 이루어진 $(n-1)\times(n-1)$ 행렬을 A_{ij}라고 할 때 $\det A_{ij}$를a_{ij} 의 **소행렬식**(minor determinant)이라 하고 $(-1)^{i+j}\det A_{ij}$를 a_{ij} 의 **여인수**(cofactor) 라고 부른다.

a_{ij}의 여인수를 C_{ij}, 즉 $C_{ij}=(-1)^{i+j}\det A_{ij}$ 라고 하자.

이때 임의의 i행벡터 $[a_{i1}, a_{i2}, \cdots, a_{in}]$에 대하여 $\det A$는 다음과 같이 정의한다.

$$\det A = a_{i1}C_{i1} + a_{i2}C_{i2} + \cdots + a_{ij}C_{ij} + \cdots + a_{in}C_{in}.$$

이 식을 i행에 관한 행렬식의 전개식이라고 부른다. 같은 방법으로 임의의 j열벡터 $[a_{1j}, a_{2j}, \cdots, a_{nj}]^T$에서 j열에 관한 행렬식의 전개식은 다음과 같이 정의 할 수 있다.

$$\det A = a_{1j}C_{1j} + a_{2j}C_{2j} + \cdots + a_{ij}C_{ij} + \cdots + a_{nj}C_{nj}.$$

따라서 $A=\begin{bmatrix} a_{11} & a_{12} & a_{13} \\ a_{21} & a_{22} & a_{23} \\ a_{31} & a_{32} & a_{33}\end{bmatrix}$에서

$$\det A = a_{11}\begin{vmatrix} a_{22} & a_{23} \\ a_{32} & a_{33}\end{vmatrix} + (-a_{12})\begin{vmatrix} a_{21} & a_{23} \\ a_{31} & a_{33}\end{vmatrix} + a_{13}\begin{vmatrix} a_{21} & a_{22} \\ a_{31} & a_{32}\end{vmatrix} = a_{11}C_{11} + a_{12}C_{12} + a_{13}C_{13}$$

는 1행에 관한 행렬식의 전개식이며, 2열에 관한 행렬식의 전개식은

$$\begin{aligned}\det A &= a_{12}C_{12} + a_{22}C_{22} + a_{32}C_{32} \\ &= -a_{12}\begin{vmatrix} a_{21} & a_{23} \\ a_{31} & a_{33}\end{vmatrix} + a_{22}\begin{vmatrix} a_{11} & a_{13} \\ a_{31} & a_{33}\end{vmatrix} - a_{32}\begin{vmatrix} a_{11} & a_{13} \\ a_{21} & a_{23}\end{vmatrix} \\ &= -a_{12}(a_{21}a_{33} - a_{23}a_{31}) + a_{22}(a_{11}a_{33} - a_{13}a_{31}) - a_{32}(a_{11}a_{23} - a_{13}a_{21})\end{aligned}$$

이고 위의 1행에 관한 행렬식의 전개식과 같음을 알 수 있다.

예제 3

다음 행렬들의 행렬식을 구하여라.

(a) $\begin{vmatrix} 2 & 3 & 4 \\ 1 & 0 & -2 \\ 5 & 5 & -3\end{vmatrix}$ (b) $\begin{vmatrix} x & 0 & 3 \\ 1 & x & 2 \\ 0 & 1 & x\end{vmatrix}$ (c) $\begin{vmatrix} 1 & a & a^2 \\ 1 & b & b^2 \\ 1 & c & c^2\end{vmatrix}$ (d) $\begin{vmatrix} 1 & 4 & 2 & 3 \\ 0 & 1 & 4 & 4 \\ -1 & 0 & 1 & 0 \\ 2 & 0 & 4 & 1\end{vmatrix}$

풀이 (a) 2열에 관한 행렬식의 전개식을 이용하자.

$$\begin{vmatrix} 2 & 5 & 4 \\ 1 & 0 & -2 \\ 5 & 7 & -3 \end{vmatrix} = (-1)^3 \cdot 5\begin{vmatrix} 1 & -2 \\ 5 & -3 \end{vmatrix} + (-1)^4 \cdot 0\begin{vmatrix} 2 & 4 \\ 5 & -3 \end{vmatrix} + (-1)^5 \cdot 7\begin{vmatrix} 2 & 4 \\ 1 & -2 \end{vmatrix}$$

$$= -5(-3+10) - 7(-4-4) = 21$$

(b) 1행에 관한 행렬식의 전개식을 이용하자.

$$\begin{vmatrix} x & 0 & 3 \\ 1 & x & 2 \\ 0 & 1 & x \end{vmatrix} = x\begin{vmatrix} x & 2 \\ 1 & x \end{vmatrix} - 0\begin{vmatrix} 1 & 2 \\ 0 & x \end{vmatrix} + 3\begin{vmatrix} 1 & x \\ 0 & 1 \end{vmatrix} = x^3 - 2x + 3$$

(c) 1열에 관한 행렬식의 전개식을 이용하자.

$$\begin{vmatrix} 1 & a & a^2 \\ 1 & b & b^2 \\ 1 & c & c^2 \end{vmatrix} = \begin{vmatrix} b & b^2 \\ c & c^2 \end{vmatrix} - \begin{vmatrix} a & a^2 \\ c & c^2 \end{vmatrix} + \begin{vmatrix} a & a^2 \\ b & b^2 \end{vmatrix}$$

$$= (bc^2 - b^2c) - (ac^2 - a^2c) + (ab^2 - a^2b) = (a-b)(b-c)(c-a)$$

(d) 3행에 관한 행렬식의 전개식을 이용하자.

$$\begin{vmatrix} 1 & 4 & 2 & 3 \\ 0 & 1 & 4 & 4 \\ -1 & 0 & 1 & 0 \\ 2 & 0 & 4 & 1 \end{vmatrix} = (-1) \cdot (-1)^4\begin{vmatrix} 4 & 2 & 3 \\ 1 & 4 & 4 \\ 0 & 4 & 1 \end{vmatrix} + 1 \cdot (-1)^6\begin{vmatrix} 1 & 4 & 3 \\ 0 & 1 & 4 \\ 2 & 0 & 1 \end{vmatrix}$$

$$= (-1) \cdot (-1)^5 \cdot 4\begin{vmatrix} 4 & 3 \\ 1 & 4 \end{vmatrix} + (-1) \cdot (-1)^6\begin{vmatrix} 4 & 2 \\ 1 & 4 \end{vmatrix} + (-1)^4 \cdot 2\begin{vmatrix} 4 & 3 \\ 1 & 4 \end{vmatrix} + (-1)^6\begin{vmatrix} 1 & 4 \\ 0 & 1 \end{vmatrix}$$

$$= 4 \cdot 13 - 14 + 2 \cdot 13 + 1 = 65$$

■

4) 행렬식의 성질

행렬식의 성질에 관하여 알아보자.

$A = (a_{ij})$가 $n \times n$행렬 일 때 j열벡터 $A^j = [a_{1j}, a_{2j}, \dots, a_{nj}]^T$를 이용하여 A의 행렬식을 $D(A^1, A^2, \dots, A^n)$으로 표시하였음을 기억하자.

정리 6.2.1

$A = (a_{ij})$는 n차의 정사각행렬이라 하자.

A의 임의의 i행벡터 $[a_{i1}, a_{i2}, \cdots, a_{in}]$를 $[b_1, b_2, \cdots, b_n]$으로 바꾸어 얻은 행렬을 B 라고하고, $[a_{i1}+b_1, a_{i2}+b_2, \cdots, a_n+b_n]$으로 바꾸어 얻은 행렬을 C라

고 하자. 이때

$$\det C = \det A + \det B$$

이다. 또한 $A=(a_{ij})$의 한 i행벡터 $[a_{i1}, a_{i2}, \cdots, a_{in}]$을 임의의 수 λ에 대한 스칼라 곱 $[\lambda a_{i1}, \lambda a_{i2}, \cdots, \lambda a_{in}]$ 으로 바꾸어 얻은 행렬을 M 이라고 하면

$$\det M = \lambda \cdot \det A$$

이다.

증명 정리를 3×3 행렬에서 2열에 대하여 증명하여보자.

$A=\begin{bmatrix} a_1 & b_1 & c_1 \\ a_2 & b_2 & c_2 \\ a_3 & b_3 & c_3 \end{bmatrix}$에서 2열을 $\begin{bmatrix} b_1+x_1 \\ b_2+x_2 \\ b_3+x_3 \end{bmatrix}$으로 바꾸어 보자. 이때

다음 행렬식 (i)과 (ii)가 같음을 알 수 있다.

$$(i)\ \begin{vmatrix} a_1 & b_1 & c_1 \\ a_2 & b_2 & c_2 \\ a_3 & b_3 & c_3 \end{vmatrix} + \begin{vmatrix} a_1 & x_1 & c_1 \\ a_2 & x_2 & c_2 \\ a_3 & x_3 & c_3 \end{vmatrix} = a_1(b_2c_3 - c_2b_3) - b_1(a_2c_3 - c_2a_3) + c_1(a_2b_3 - b_2a_3)$$
$$+ a_1(x_2c_3 - c_2x_3) - x_1(a_2c_3 - c_2a_3) + c_1(a_2x_3 - x_2a_3)$$

$$(ii)\ \begin{vmatrix} a_1 & b_1+x_1 & c_1 \\ a_2 & b_2+x_2 & c_2 \\ a_3 & b_3+x_3 & c_3 \end{vmatrix} = a_1\begin{vmatrix} b_2+x_2 & c_2 \\ b_3+x_3 & c_3 \end{vmatrix} - (b_1+x_1)\begin{vmatrix} a_2 & c_2 \\ a_3 & c_3 \end{vmatrix} + c_1\begin{vmatrix} a_2 & b_2+x_2 \\ a_3 & b_3+x_3 \end{vmatrix}$$

또한 A의 1행벡터를 $[\lambda a_1, \lambda b_1, \lambda c_1]$으로 바꾸어 보자. 이 때 다음이 성립한다.

$$\begin{vmatrix} \lambda a_1 & \lambda b_1 & \lambda c_1 \\ a_2 & b_2 & c_2 \\ a_3 & b_3 & c_3 \end{vmatrix} = \lambda a_1\begin{vmatrix} b_2 & c_2 \\ b_3 & c_3 \end{vmatrix} - \lambda b_1\begin{vmatrix} a_2 & c_2 \\ a_3 & c_3 \end{vmatrix} + \lambda c_1\begin{vmatrix} a_2 & b_2 \\ a_3 & b_3 \end{vmatrix} = \lambda\begin{vmatrix} a_1 & b_1 & c_1 \\ a_2 & b_2 & c_2 \\ a_3 & b_3 & c_3 \end{vmatrix}$$

■

정리 6.2.1의 의미에서 행렬식은 선형성질을 만족한다고 하며 이 선형적 성질은 열벡터에서도 성립한다. 정리 1의 내용을 간단히 다음과 같이 간단히 표현할 수 있다.

$$D(A^1, \ldots, A^i + \lambda B^i, \ldots, A^n) = D(A^1, \ldots, A^i, \ldots, A^n) + \lambda D(A^1, \ldots, B^i, \ldots, A^n).$$

또한, $\det(\lambda A) = \lambda^n \det A$이다. 단 λ는 임의의 스칼라이다.

예제 4

$A=\begin{bmatrix}1 & 2\\3 & 4\end{bmatrix}$, $B=\begin{bmatrix}-5\\1\end{bmatrix}$이라 하자.

$D(A^1, A^2-2B)=D(A^1, A^2)-2D(A^1, B)$임을 보여라.

풀이 $D(A^1, A^2-2B)=\begin{vmatrix}1 & 2-2(-5)\\3 & 4-2(1)\end{vmatrix}=\begin{vmatrix}1 & 12\\3 & 2\end{vmatrix}=-34$ 이고

$D(A^1, A^2)-2D(A^1, B)=\begin{vmatrix}1 & 2\\3 & 4\end{vmatrix}-2\begin{vmatrix}1 & -5\\3 & 1\end{vmatrix}=-2-2(16)=-34$ 이다.

■

정리 6.2.2

$n\times n$ 행렬 $A=(a_{ij})$의 임의의 두 개의 열 또는 두 개의 행을 교환하여 얻은 행렬을 B 라고 하면 $\det B=-\det A$ 이다.

증명 정리를 3×3 행렬에서 1행과 3행에 대하여 증명하여보자.

$A=\begin{bmatrix}a_1 & b_1 & c_1\\a_2 & b_2 & c_2\\a_3 & b_3 & c_3\end{bmatrix}$에서 1행과 3행을 교환하여 얻은 행렬은 $B=\begin{bmatrix}a_3 & b_3 & c_3\\a_2 & b_2 & c_2\\a_1 & b_1 & c_1\end{bmatrix}$ 의 행렬식을 3행에 관한 행렬식의 전개식으로 계산하여 보자.

$$\det B=\begin{vmatrix}a_3 & b_3 & c_3\\a_2 & b_2 & c_2\\a_1 & b_1 & c_1\end{vmatrix}=a_1\begin{vmatrix}b_3 & c_3\\b_2 & c_2\end{vmatrix}-b_1\begin{vmatrix}a_3 & c_3\\a_2 & c_2\end{vmatrix}+c_1\begin{vmatrix}a_3 & b_3\\a_2 & b_2\end{vmatrix}$$

$$=a_1(b_3c_2-c_3b_2)-b_1(a_3c_2-c_3a_2)+c_1(a_3b_2-b_3a_2)$$

$$=-a_1(b_2c_3-c_2b_3)+b_1(a_2c_3-c_2a_3)-c_1(a_2b_3-b_2a_3)=-\det A.$$

■

정리 2의 내용을 간단히 다음과 같이 간단히 표현할 수 있다.

$$D(A^1, \ldots, A^i, \ldots, A^j, \ldots, A^n)=-D(A^1, \ldots, A^j, \ldots, A^i, \ldots, A^n)$$

예제 5

$$A=\begin{bmatrix}1 & x & 5\\4 & 1 & y\\2 & 0 & 3\end{bmatrix}$$ 이고 $$B=\begin{bmatrix}1 & x & 5\\2 & 0 & 3\\4 & 1 & y\end{bmatrix}$$ 이라 하자.

$\det B=-\det A$ 이 성립함을 보여라.

풀이 (a) $\det A=\begin{vmatrix}1 & x & 5\\4 & 1 & y\\2 & 0 & 3\end{vmatrix}=-x(12-2y)+(3-10)=2xy-12x-7$

(b) $\det B=\begin{vmatrix}1 & x & 5\\2 & 0 & 3\\4 & 1 & y\end{vmatrix}=-x(2y-12)-(3-10)=-2xy+12x+7=-\det A$

■

정리 6.2.3

두 열이나 또는 행이 같은 행렬의 행렬식은 0이다.

증명 행렬 A의 i행과 l행이 같다고 하자. 이 때 A의 i행과 l행을 교환하여 얻은 행렬을 B라고 하면 위의 정리 3에 의하여 $\det B=-\det A$이다. 그러나 i행과 l행이 같으므로 두 행렬 A와 B 는 같고 $\det B=\det A$이다. 따라서 $\det B=0$. ■

정리 6.2.3의 내용을 간단히 다음과 같이 간단히 표현할 수 있다. $A^i=A^j$ 일 때

$$D(A^1, \ldots, A^i, \ldots, A^i, \ldots, A^n)=0.$$

예제 6

$$A=\begin{bmatrix}1 & x & 5\\4 & 1 & y\\4 & 1 & y\end{bmatrix}$$ 와 $$B=\begin{bmatrix}5 & x & 5\\3 & 0 & 3\\y & 1 & y\end{bmatrix}$$ 의 행렬식을 계산하여라.

풀이 (a) $\begin{vmatrix}1 & x & 5\\4 & 1 & y\\4 & 1 & y\end{vmatrix}=(y-y)-x(4y-4y)+5(4-4)=0.$

(b) $\begin{vmatrix}5 & x & 5\\3 & 0 & 3\\y & 1 & y\end{vmatrix}=5(0-3)-x(3y-3y)+5(3-0)=0.$

■

정리 6.2.4

$A=(a_{ij})$는 $n\times n$ 행렬 이라하자.

A의 i행벡터 $[a_{i1}, a_{i2}, \cdots, a_{in}]$을 i행벡터에 k행벡터의 스칼라 곱을 더하여 얻은 $[a_{i1}+\lambda a_{k1}, a_{i2}+\lambda a_{k2}, \cdots, a_{in}+\lambda a_{kn}]$으로 바꾸어 얻은 행렬을 B라고 하면 $\det B=\det A$이다. j열을 l열벡터 스칼라 곱에 j열벡터를 더한 열로 바꾸어 얻은 행렬에서도 같은 정리가 성립한다.

증명 정리를 3×3 행렬에서 2행에 대하여 증명하여보자.

$A=\begin{bmatrix} a_1 & b_1 & c_1 \\ a_2 & b_2 & c_2 \\ a_3 & b_3 & c_3 \end{bmatrix}$에서 2행벡터를 $B=\begin{bmatrix} a_1 & b_1 & c_1 \\ a_2+\lambda a_3 & b_2+\lambda b_3 & c_2+\lambda c_3 \\ a_3 & b_3 & c_3 \end{bmatrix}$라고 하자.

이때 위의 정리 6.2.1, 정리 6.2.2, 정리 6.2.3에 의하여 다음이 성립함을 알 수 있다.

$$\begin{vmatrix} a_1 & b_1 & c_1 \\ a_2+\lambda a_3 & b_2+\lambda b_3 & c_2+\lambda c_3 \\ a_3 & b_3 & c_3 \end{vmatrix}=\begin{vmatrix} a_1 & b_1 & c_1 \\ a_2 & b_2 & c_2 \\ a_3 & b_3 & c_3 \end{vmatrix}+\lambda\begin{vmatrix} a_1 & b_1 & c_1 \\ a_3 & b_3 & c_3 \\ a_3 & b_3 & c_3 \end{vmatrix}=\begin{vmatrix} a_1 & b_1 & c_1 \\ a_2 & b_2 & c_2 \\ a_3 & b_3 & c_3 \end{vmatrix}.$$ ■

정리 6.2.4의 내용을 간단히 다음과 같이 간단히 표현할 수 있다.

$$\begin{aligned} & D(A^1, \dots, A^i+\lambda A^j, \dots, A^j, \dots, A^n) \\ & = D(A^1, \dots, A^i, \dots, A^j, \dots, A^n)+\lambda\cdot D(A^1, \dots, A^j, \dots, A^j, \dots, A^n) \\ & = D(A^1, \dots, A^i, \dots, A^j, \dots, A^n) \end{aligned}$$

예제 7

$A=\begin{bmatrix} 1 & x & 5 \\ 4 & 1 & y \\ 2 & 0 & 3 \end{bmatrix}$이고 B는 A의 3열을 1열의 3배를 더하여 얻은 행렬이라고 하면 $\det A=\det B$ 가 성립함을 보여라.

풀이 $\det A=\begin{vmatrix} 1 & x & 5 \\ 4 & 1 & y \\ 2 & 0 & 3 \end{vmatrix}=2xy-12x-7$ 이고

$$\det B=\begin{vmatrix} 1 & x & 5+3\cdot 1 \\ 4 & 1 & y+3\cdot 4 \\ 2 & 0 & 3+3\cdot 2 \end{vmatrix}=\begin{vmatrix} 1 & x & 5 \\ 4 & 1 & y \\ 2 & 0 & 3 \end{vmatrix}+3\begin{vmatrix} 1 & x & 1 \\ 4 & 1 & 4 \\ 2 & 0 & 2 \end{vmatrix}=\begin{vmatrix} 1 & x & 5 \\ 4 & 1 & y \\ 2 & 0 & 3 \end{vmatrix}=2xy-12x-7$$

이므로 $\det A=D(A^1, A^2 A^3)=D(A^1, A^2, A^3+3A^1)=\det B$ ■

정리 6.2.5

$n \times n$ 행렬 $A=(a_{ij})$ 에서 $\det A = \det(A^T)$.

증명 $\det A$는 임의의 i열 또는 j행에 대한 여인수로 전개로 계산할 수 있음에 유의하자. 이때 i열 전개에 의한 $\det A$는 i행 전개에 의한 $\det A^T$와 같으므로

$$\det A = \det A^T$$

이 성립한다. ■

예제 8

$A=\begin{bmatrix} 3 & 4 & x \\ 1 & y & 0 \\ z & 0 & 5 \end{bmatrix}$ 에서 $\det A = \det(A^T)$임을 보여라.

풀이 $\det A = \begin{vmatrix} 3 & 4 & x \\ 1 & y & 0 \\ z & 0 & 5 \end{vmatrix} = -xyz+15y-20$이고

$$\det(A^T) = \begin{vmatrix} 3 & 1 & z \\ 4 & y & 0 \\ x & 0 & 5 \end{vmatrix} = 3(5y)-20+z(-xy) = -xyz+15y-20 = \det A.$$

정리 6.2.6

$A=(a_{ij})$ 와 $B=(b_{ij})$ 가 $n \times n$ 행렬이라 하자.

이때 $\det(AB) = \det A \cdot \det B$ 이다.

증명 $AB=C=(c_{ij})$라 하고 $n=3$ 인 경우에 대하여 증명하자.

$A=\begin{bmatrix} a_{11} & a_{12} & a_{13} \\ a_{21} & a_{22} & a_{23} \\ a_{31} & a_{32} & a_{33} \end{bmatrix}$이고 $B=\begin{bmatrix} b_{11} & b_{12} & b_{13} \\ b_{21} & b_{22} & b_{23} \\ b_{31} & b_{32} & b_{33} \end{bmatrix}$라 하자.

이때 C의 k열벡터는

$$C^k = b_{1k}A^1 + b_{2k}A^2 + b_{3k}A^3$$

$$= b_{1k}\begin{bmatrix} a_{11} \\ a_{21} \\ a_{31} \end{bmatrix} + b_{2k}\begin{bmatrix} a_{12} \\ a_{22} \\ a_{32} \end{bmatrix} + b_{3k}\begin{bmatrix} a_{13} \\ a_{23} \\ a_{33} \end{bmatrix} = \begin{bmatrix} a_{11}b_{1k}+a_{12}b_{2k}+a_{13}b_{3k} \\ a_{21}b_{1k}+a_{22}b_{2k}+a_{23}b_{3k} \\ a_{31}b_{1k}+a_{32}b_{2k}+a_{33}b_{3k} \end{bmatrix}$$

이다. 이 때

$$\det(AB) = \det C = D(C^1, C^2, C^3)$$

$$= D(b_{11}A^1 + b_{21}A^2 + b_{31}A^3,\ b_{12}A^1 + b_{22}A^2 + b_{32}A^3,\ b_{13}A^1 + b_{23}A^2 + b_{33}A^3).$$

정리 6.2.1의 선형성과 정리 6.2.2의 $D(A^i, A^j) = -D(A^j, A^i)$, 정리 6.2.3의 $D(A^i, A^i) = 0$ 의 성질들을 이용하여 다음이 성립함을 알 수 있다.

$$D(b_{11}A^1 + b_{21}A^2 + b_{31}A^3,\ b_{12}A^1 + b_{22}A^2 + b_{32}A^3,\ b_{13}A^1 + b_{23}A^2 + b_{33}A^3)$$

$$= b_{11}b_{22}b_{33}D(A^1, A^2, A^3) + b_{21}b_{13}b_{32}D(A^1, A^2, A^3) + b_{31}b_{12}b_{23}D(A^1, A^2, A^3)$$

$$- b_{11}b_{23}b_{32}D(A^1, A^2, A^3) - b_{21}b_{12}b_{33}D(A^1, A^2, A^3) - b_{31}b_{13}b_{22}D(A^1, A^2, A^3)$$

$$= \det A \cdot \det B$$

■

예제 9

$A = \begin{bmatrix} 1 & 2 \\ 3 & 4 \end{bmatrix}$ 이고 $B = \begin{bmatrix} -3 & 10 \\ 2 & -1 \end{bmatrix}$ 이라 하자.

이 때 $\det(AB) = \det A \cdot \det B$ 임을 보여라.

풀이 $\det A = \begin{vmatrix} 1 & 2 \\ 3 & 4 \end{vmatrix} = -2$ 이고 $\det B = \begin{vmatrix} -3 & 10 \\ 2 & -1 \end{vmatrix} = -17$ 이다. 또한

$AB = \begin{bmatrix} 1 & 2 \\ 3 & 4 \end{bmatrix}\begin{bmatrix} -3 & 10 \\ 2 & -1 \end{bmatrix} = \begin{bmatrix} 1 & 8 \\ -1 & 26 \end{bmatrix}$ 가 되어 $\det(AB) = 34 = \det A \cdot \det B$

■

따름정리 6.2.7

1. I_n이 $n \times n$ 단위행렬이라고 하자. 이때 $\det I_n = 1$이다.
2. A가 $n \times n$ 정칙행렬이면 $\det A \neq 0$이고 $\det A^{-1} = \dfrac{1}{\det A}$이다.

증명 1. A가 $n \times n$ 행렬일 때 $AI_n = I_nA = A$이므로 $\det A \det I_n = \det A$이고 $\det I_n = 1$이다.

2. A가 $n \times n$ 정칙행렬이면 역행렬 A^{-1}가 존재하고 $AA^{-1} = A^{-1}A = I_n$ 이다.

이때 $\det A \det A^{-1} = \det(I_n) = 1$이므로 $\det A \neq 0$이고

$\det A^{-1} = \dfrac{1}{\det A}$이다. ■

이제 행렬식의 성질들을 이용하여 행렬의 행렬식을 구하여보자.

예제 10

행렬식의 성질을 이용하여 다음 행렬의 행렬식을 구하여라.

(a) $A = \begin{bmatrix} 2 & 1 & 0 \\ 1 & 1 & 4 \\ -3 & 2 & 5 \end{bmatrix}$ (b) $B = \begin{bmatrix} -1 & 2 & 3 & -4 \\ 4 & 2 & 0 & 1 \\ -1 & 1 & 2 & 3 \\ -5 & 1 & 6 & 2 \end{bmatrix}$.

풀이 (a) 정리 6.2.4를 이용하자.

$\det A = D(A^1, A^2, A^3) = D(A^1 - 2A^2, A^2, A^3)$ 이므로

A^1을 $A^1 + (-2)A^2$으로 바꾸면

$$\det A = \begin{vmatrix} 0 & 1 & 0 \\ -1 & 1 & 4 \\ -7 & 2 & 5 \end{vmatrix} = -\begin{vmatrix} -1 & 4 \\ -7 & 5 \end{vmatrix} = -(-5+28) = -23.$$

(b) 어느 열(행)의 원소 세 개가 가능한 0이 되도록 적절한 열 또는 행을 택한다. 먼저

$$\det B = D(B^1, B^2, B^3, B^4) = D(B^1, 2B^1 + B^2, 3B^1 + B^3, -4B^1 + B^4)$$

이므로 제 2열 B^2를 $2B^1 + B^2$로, 제3열 B^3를 $3B^1 + B^3$로, 제4열 B^4를 $-4B^1 + B^4$로 바꾸면 아래와 같이 제 1 행에 관하여 전개한 3×3 행렬의 행렬식을 얻는다.

$$\det B = \begin{vmatrix} -1 & 2 & 3 & -4 \\ 4 & 2 & 0 & 1 \\ -1 & 1 & 2 & 3 \\ -5 & 1 & 6 & 2 \end{vmatrix} = \begin{vmatrix} -1 & 0 & 0 & 0 \\ 4 & 10 & 12 & -15 \\ -1 & -1 & -1 & 7 \\ -5 & -9 & -9 & 22 \end{vmatrix} = -\begin{vmatrix} 10 & 12 & -15 \\ -1 & -1 & 7 \\ -9 & -9 & 22 \end{vmatrix}$$

다시 제 1열을 -1배하여 제2열에 더하고, 제 1열을 7배하여 제 3 열에 더한 후, 제 2행에 관하여 전개하면 전개한 2×2 행렬의 행렬식을 얻는다.

$$\det B = \begin{vmatrix} 10 & 2 & 55 \\ -1 & 0 & 0 \\ -9 & 0 & -41 \end{vmatrix} = -(-1)\begin{vmatrix} 2 & 55 \\ 0 & -41 \end{vmatrix} = -82.$$

■

연습문제 6.2

1. 다음 행렬식을 구하여라.

(1) $\begin{vmatrix} 2 & 1 & 2 \\ 0 & 3 & -1 \\ 4 & 1 & 1 \end{vmatrix}$

(2) $\begin{vmatrix} 3 & -1 & 5 \\ -1 & 2 & 1 \\ -2 & 4 & 3 \end{vmatrix}$

(3) $\begin{vmatrix} 1 & 2 & 3 \\ 0 & 4 & 5 \\ 0 & 0 & 6 \end{vmatrix}$

(4) $\begin{vmatrix} 1 & 0 & 0 & 0 \\ 0 & 2 & 0 & 0 \\ 0 & 0 & 3 & 0 \\ 0 & 0 & 0 & 4 \end{vmatrix}$

(5) $\begin{vmatrix} 1 & 5 & 2 & 3 \\ 0 & 2 & 7 & 6 \\ 0 & 0 & 4 & 1 \\ 0 & 0 & 0 & 5 \end{vmatrix}$

(6) $\begin{vmatrix} 9 & 12 & 13 & 4 \\ 18 & 15 & 28 & 8 \\ 30 & 42 & 40 & 13 \\ 24 & 27 & 37 & 11 \end{vmatrix}$

2. 행렬식의 성질을 이용하여 다음을 성립함을 보여라.

$$\begin{vmatrix} 1 & x_1 & x_1^2 & x_1^3 \\ 1 & x_2 & x_2^2 & x_2^3 \\ 1 & x_3 & x_3^2 & x_3^3 \\ 1 & x_4 & x_4^2 & x_4^3 \end{vmatrix} = (x_2 - x_1)(x_3 - x_1)(x_4 - x_1)(x_3 - x_2)(x_4 - x_3)(x_4 - x_2)$$

참고문헌

1. Barnett, Raymond A., Ziegler, Michael R., Byleen, Karl. 2002. *Applied calculus for business, economics, life sciences, and social sciences*, Prentice Hall : Eighth Edition.

2. Waner, Costenoble. 2014, *Applied Calculus for MSU*, Cengage; 6th Edition.

3. James Stewart. 2017. 『미분적분학』, 경문사

4. 강윤수, 김권욱, 신향근, 양기열, 정권수, 박희숙. 2018. 『대학수학 기초』, 교우사

연습문제 해답

제1장 방정식과 부등식

연습문제 1.1

1. (1) $x=\frac{8}{9}$ (2) $x=6$ (3) $x=\frac{4}{9}$

2. (1) $x=-\frac{3}{2}, x=2$ (2) $x=-1, x=3$ (3) $x=\frac{1+\sqrt{5}}{2}, x=\frac{1-\sqrt{5}}{2}$

3. (1) -2 (2) 20 (3) 88

4. (1) $x^2-4x-5=0$ (2) $x^2-4x+1=0$

5. $x^2-3x+1=0$

6. (1) $a=-\frac{1}{2},\ x=-2$ (2) $a=11,\ x=\frac{1}{2}$

7. (1) $m=\frac{1}{4}, m=4$ (2) $m=0, m=2$

8. (1) $x=4, y=1$ (2) $x=1, y=5$ (3) $x=\frac{7}{2}, y=\frac{9}{4}$

9. (1) $x=-13$ (2) $x=3$

10. (1) $x=-2$ (2) $x=-4, x=5$

연습문제 1.2

1. (1) $\{x|x>7\}$ (2) $\left\{x|x\ge -\frac{4}{13}\right\}$

(3) $\left\{x|\frac{1}{3}\le x\le 1\right\}$ (4) $\{x|-4\le x\le 2\}$

2. $k=5$

3. $k>-2$

4. (1) $\left\{x|\frac{3-\sqrt{21}}{2}\le x\le \frac{3+\sqrt{21}}{2}\right\}$ (2) $\{x|x=2\}$

(3) $\{x|x\ne 4\text{인 실 수}\}$ (4) R

5. $a=-1,\ b=6$

6. $-4 < m < -1$

7. $a \geq 4$

8. (1) $\varnothing$ (2) $\{x \mid x < -1\}$

(3) $\{x \mid -1 \leq x < 2\}$ (4) $\{x \mid -3 \leq x < -2,\ 4 < x \leq 6\}$

제2장 함수와 그래프

연습문제 2.1

1. (1) R (2) R (3) $R-\{3\}$ (4) $\{x \in R \mid x > 3\}$

(5) $\{x \in R \mid x \geq 0, x \neq 9\}$ (6) $\{x \in R \mid x \geq 2 \text{ or } x \leq -2\}$

2. R

3. (1) 같다. (2) 같지 않다.

4. (1) $y=-x^2+6$ (2) $y=x^2$ (3) $y=2x+\dfrac{32}{x}$

5. (1) [-2, 3] (2) -3 (3) 0

(4) 1 (5) -1, 2 (6) [-1, 2]

6. (1)

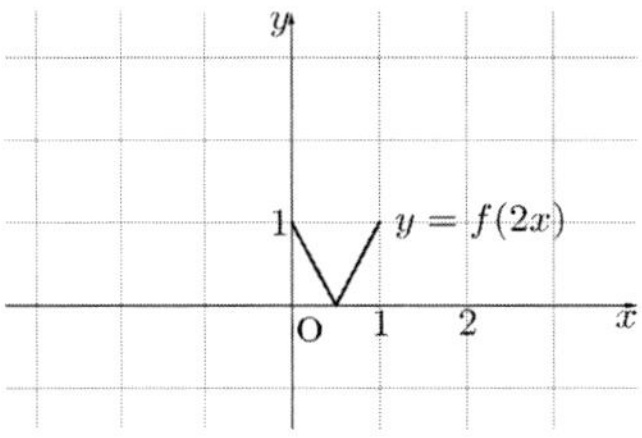

(2)

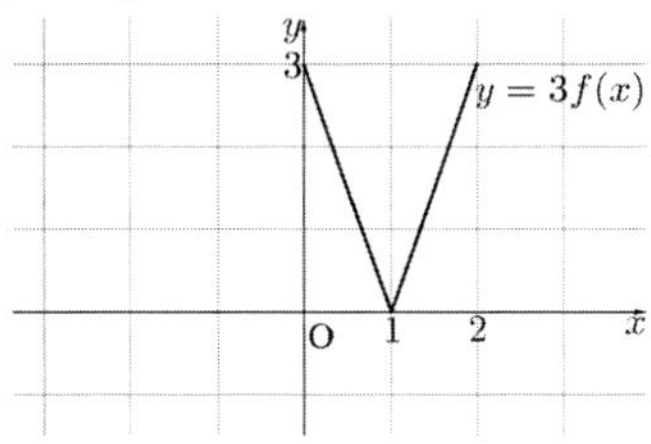

(3)

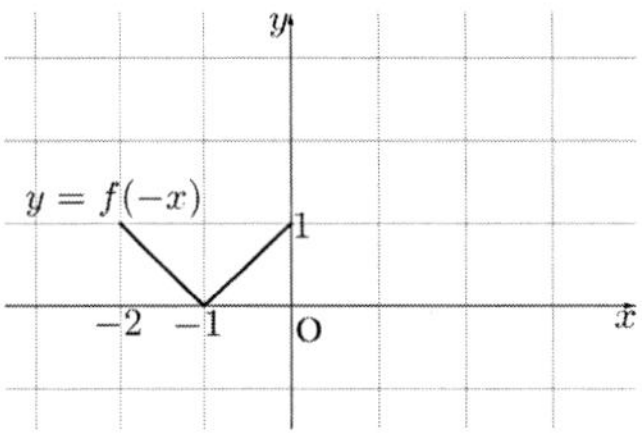

(4)

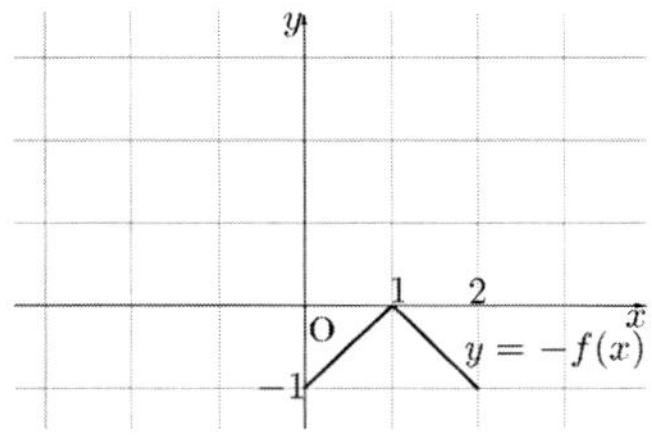

(5)

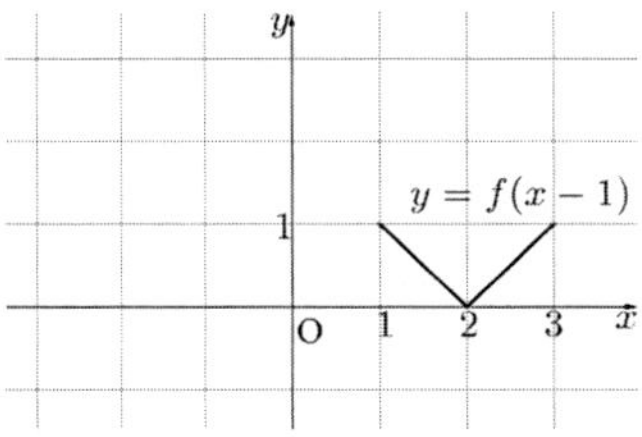

(6)

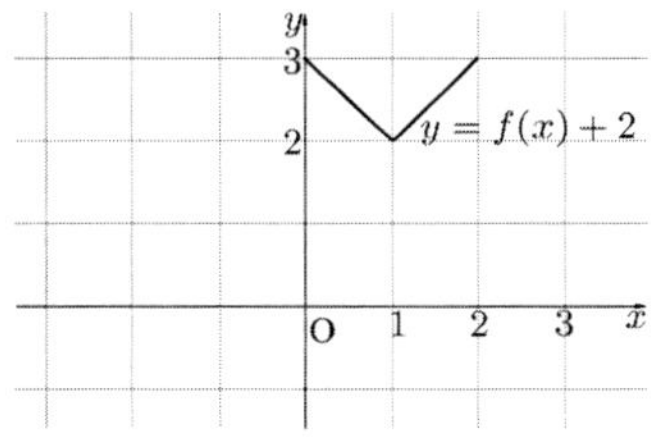

7. (1) $(h \circ (g \circ f))(x) = 2x^2$ (2) $((h \circ g) \circ f)(x) = 2x^2$

8. $a=2, b=2$

9. -1

10. (1) 3 (2) 3 (3) 4

11. $(f \circ f)(x) = 4x + 12$, $f^{-1}(x) = \frac{1}{2}(x-4)$

12. (1) $f(x) = x^5, g(x) = x^2 + 3$ (2) $f(x) = \sqrt[3]{x}, g(x) = 2x + 1$
(3) $f(x) = \frac{1}{x}, g(x) = x^2 + x$ (4) $f(x) = 2^x, g(x) = 3x - 1$

13. (1) $f^{-1}(x) = x - 2$ (2) $f^{-1}(x) = \sqrt[3]{x+2}$
(3) $f^{-1}(x) = \frac{x+1}{x-1}$ (4) $f^{-1}(x) = x^2 - 1, (x \geq 0)$

14. (1) 우함수 (2) 기함수 (3) 기함수 (4) 기함수

연습문제 2.2

1. $y = 0.1x + 70$(만원)
2. (1) $y = -300t + 3000$(만원) (2) $y = -5x + 50$(만원)
3. $y = 200x + 2000$(만원)
4. (1) (2) 기울기:-2, y절편:100, x절편:50
5. (1) $y = 3x - 1$ (2) $y = -2x$
(3) $y = 2x - 4$ (4) $y = 2x - 5$
(5) $y = -\frac{1}{2}x + 3$
6. $y = \begin{cases} 30000 & (0 \leq x \leq 300) \\ 100x & (300 < x \leq 500) \end{cases}$

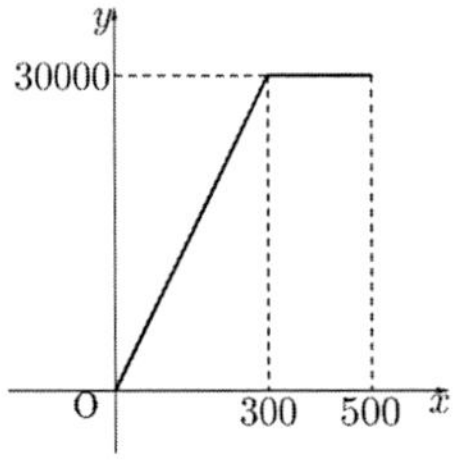

7. (1) $A = \pi r^2$ (2) $y = \frac{\sqrt{3}}{4}x^2$ (3) $y = 4\pi^2 x^2$ (4) $y = 20x^2$

8. 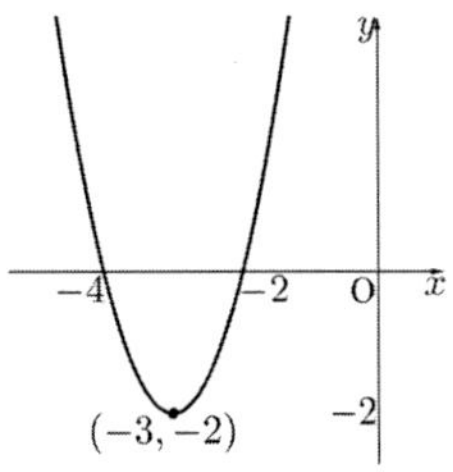

꼭짓점 $(-3, -2)$

9. (1) $y = 4(x-1)^2$ (2) $y = -3x^2 + 6x$

10. (1) $y=2(x-3)^2$ (2) $y=2x^2-4$ (3) $y=2(x+1)^2+5$
(4) $y=-2x^2$ (5) $y=2x^2$

연습문제 2.3

1. (1) $10^{\frac{7}{2}}$ (2) 8 (3) $9x^4y^{12}$ (4) $9x^4y^{-6}$ (5) $48x^4$ (6) $4x^4y^5$ (7) x^8y^{-3} (8) $x^{2n+1}y^n$

2. (1) 64 (2) 3

3. (1) 1 (2) 1 (3) 1 (4) 4 (5) 1, 2

4. (1) $x \geq 2$ (2) $x > 1$ (3) $x < 2$ (4) $\frac{1}{2} \leq x \leq 2$ (5) $1 < x < 2$

5. (1) $y=2^x$의 그래프를 x축 방향으로 -2만큼 평행이동
(2) $y=5^x$의 그래프를 x축 방향으로 3만큼 평행이동
(3) $y=2^x$의 그래프를 y축 방향으로 -1만큼 평행이동
(4) $y=2^x$의 그래프를 x축 방향으로 1만큼, y축 방향으로 2만큼 평행이동
(5) $y=e^x$의 그래프를 y축에 관하여 대칭이동한 후 x축 방향으로 2만큼 평행이동
(6) $y=e^x$의 그래프를 y축에 관하여 대칭이동한 후 y축 방향으로 -3만큼 평행이동
(7) $y=3e^x$의 그래프를 x방향으로 2만큼 평행이동
(8) $y=\frac{1}{2}e^x$의 그래프를 x방향으로 -3만큼 평행이동

6. (1) 800 마리 (2) $100 \cdot 2^{\frac{x}{3}}$ 마리 (3) 3200 마리 (4) 18시간 후

7. (1) 1440 명 (2) $1000(1.2)^t$명

8. (1) 1년 후: 102만원, 2년 후: 1040400원 (2) $1000000(1.02)^t$원

9. (1) 1993년: 11000명, 1994년: 12100명 (2) $10000(1.1)^t$명

연습문제 2.4

1. (1) 0 (2) $\frac{3}{2}$ (3) -2 (4) $-\frac{1}{2}$ (5) $\frac{1}{2}$ (6) -1 (7) $\frac{1}{3}$ (8) 4 (9) $\frac{1}{3}$ (10) 2

2. (1) 8 (2) $\log_a \frac{\sqrt[3]{x}\,y^4}{x^5}$ (3) $\ln(x^2+7x+12)$
(4) $\log_a(x^3-y^3)$ (5) $\log_a(a^4+b^4)(a^2+b^2)(a+b)$ (6) 2

3. (1) 3 (2) $\frac{1}{63}$ (3) 5 (4) $\frac{21}{8}$

4. (1) ln3 (2) $\frac{1}{2}(\ln 6-3)$ (3) $1-\log_2 7$ (4) $\frac{1}{2}(\log 15-3)$

5. (1) $x \geq 1000$ (2) $x > e^5$ (3) $x > \frac{1}{2}\log 5$ (4) $x < \ln 4+1$

6. (1) $f^{-1}(x)=\log_2 x+1$ (2) $f^{-1}(x)=\frac{1}{3}(\ln x+1)$ (3) $f^{-1}(x)=6-\log x$

(4) $f^{-1}(x)=2^x+1$ (5) $f^{-1}(x)=2(10^x-4)$ (6) $f^{-1}(x)=e^x-5$

7. (1) $\{x\in R|x>1\}$ (2) $\{x\in R|x\neq 2\}$ (3) $\{x\in R|x>0\}$

8. (1)

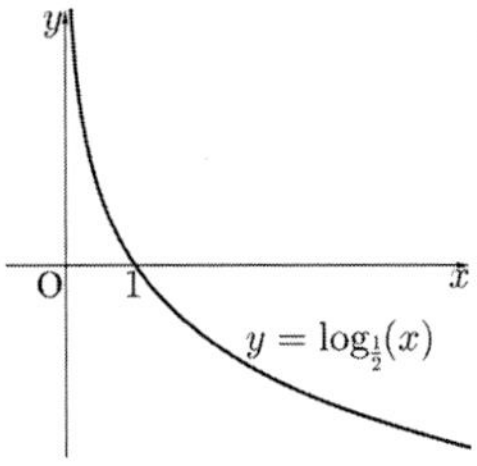

(2)

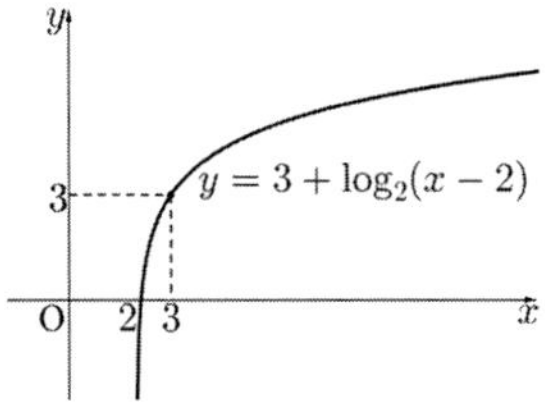

9. (1) 7.45(피트/초) (2) 2^{30}(명)

제3장 미분법

연습문제 3.1

1. (1) -5 (2) $\frac{5}{2}$ (3) 5 (4) $\frac{\sqrt{2}}{4}$

2. (1) $\frac{3}{2}$ (2) 0 (3) ∞ (4) $\frac{1}{2}$

3. (1) e^3 (2) e^2 (3) $e^{\frac{1}{2}}=\sqrt{e}$

4. (1) ∞ (2) ∞ (3) $-\infty$

5. (1) $x=4$에서 함수가 정의되지 않으므로 불연속이다. (2) 연속 $a=-1$

연습문제 3.2

1. (1) 접선 : $y=4x-2$, 법선: $y=-\frac{1}{4}x+\frac{9}{4}$

(2) 접선: $y=\frac{1}{4}x+1$, 법선: $y=-4x+18$

2. (1) 시각 a에서 b까지 인공위성의 평균속도

(2) 시각 a에서 b까지 유산균의 평균 증가율

(3) 농산물 $1g$을 생산하는데 드는 평균비용

(4) 시각 a에서 b까지의 전자의 평균속도

3. (1) -7 (2) -12

4. $y(50)=120{,}000$개, $y'(50)=-2400$

가격이 5만원이면 12만개가 팔리고, 천원 올릴 때마다 판매개수가 2400개 감소함

을 의미한다.

5. $f'(t) = -10t + 75$, $f'(5) = 25$(백만원)

연습문제 3.3

1. (1) $f'(x) = 8x^7$ (2) $f'(x) = 11x^{10}$

(3) $f'(x) = 12x^2 + 14x - 5$ (4) $f'(x) = 3x^2 + 7$

2. (1) $f'(x) = 4x^3 - 3x^2 + 2x + 1$ (2) $f'(x) = 5x^4 + 4x^3 + 21x^2 + 10x + 5$

(3) $f'(x) = 11x^{10} + 9x^8 + 8x^7 - 15x^2 - 5$ (4) $f'(x) = 45x^2 + 56x - 5$

3. (1) $f'(x) = \dfrac{-10}{(5x+3)^2}$ (2) $f'(x) = \dfrac{x^2 + 4x}{(x+2)^2}$

(3) $f'(x) = 1 - \dfrac{1}{x^2}$ (4) $f'(x) = \dfrac{-4x-3}{x^4}$

4. (1) $f'(x) = 45x^2(3x^3 - 1)^4$ (2) $f'(x) = \dfrac{-16x}{(x^2-2)^5}$

(3) $f'(x) = (2x+1)^2(10x^2 + 10x + 7)$ (4) $f'(x) = \dfrac{4x-5}{(2x+5)^4}$

연습문제 3.4

1. $\dfrac{1}{11}$

2. (1) $y' = \dfrac{1}{x\ln 2}$ (2) $y' = \dfrac{2x}{x^2+5}$ (3) $y' = \ln x + 1$

(4) $y' = 3e^x - 1$ (5) $y' = -10xe^{-x^2}$ (6) $y' = \dfrac{-3x+1}{e^x}$

(7) $y' = \dfrac{1 - 2\ln x}{x^3}$ (8) $y' = \dfrac{1}{2\sqrt{x}} - \dfrac{1}{2x\sqrt{x}}$ (9) $y' = e^{3x}(3x+1)$

(10) $y' = \dfrac{e^x - e^{-x}}{2}$ (11) $y' = -\dfrac{3}{2x^2\sqrt{x}}$ (12) $y' = 5^x \ln x$

(13) $y' = \dfrac{3}{2\sqrt{3x+4}}$ (14) $y' = \dfrac{4}{3\sqrt[3]{2x-1}}$

3. (1) $\dfrac{dy}{dx} = -\dfrac{y}{x+2y}$ (2) $\dfrac{dy}{dx} = \dfrac{-3x^2 - 2xy}{x^2+2}$

(3) $\dfrac{dy}{dx} = -\dfrac{\sqrt{y}}{\sqrt{x}}$ (4) $\dfrac{dy}{dx} = \dfrac{2y - x^2}{y^2 - 2x}$

4. $\dfrac{175}{29}$

5. (1) $\frac{4}{3}$ (2) 9 (3)5 (4) $\frac{-3\ln 3}{1-e}$

6. (1) $e^{x}(x^{3}+6x^{2}+6x)$ (2) $-\frac{3}{x^{2}}$ (3) $\frac{2e^{2x}(2x^{2}-2x+1)}{x^{3}}$ (4) $-\frac{3}{4x\sqrt{x}}$

7. $s(10)=5\ln(50)$억원 $S'(10)=\frac{1}{5}$이므로 2000만원의 속도로 증가

8. $0.3e^{0.8}$

연습문제 3.5

1. $37\,m/\sec$
2. $8\sqrt{18.2}\,m/\sec$
3. $-40000\pi\,cm^{3}/\min$
4. $\sqrt{13}\,m/\min$
5. $-\frac{5}{4}\,m/s$
6. $30\,cm^{2}/s$
7. $L(x)=\frac{1}{2}x+1$, $\sqrt{0.9}\approx\frac{19}{20}=0.95$, $\sqrt{0.99}\approx\frac{199}{200}=0.995$
8. (1) $\frac{31}{30}$ (2) 24.949

연습문제 3.6

1. (1) $x=-\frac{1}{3}$ (2) $x=\pm\sqrt{2}$ (3) $x=\pm 1$ (4) $x=0$

2. (1) $c=2$ (2) $c=\pm\frac{2\sqrt{3}}{3}$

3. (1) $x=-\sqrt{2}$일 때 극솟값 $2-4\sqrt{2}$, $x=\sqrt{2}$일 때 극댓값 $2+4\sqrt{2}$
   (2) $x=0$일 때 극댓값 3, $x=-1$일 때 극솟값 2, $x=1$일 때 극솟값 2
   (3) $x=-\frac{\sqrt{2}}{2}$일 때, 극솟값 $-\frac{1}{2}$, $x=\frac{\sqrt{2}}{2}$일 때, 극댓값 $\frac{1}{2}$
   (4) $x=-4$일 때 극솟값 $-\frac{1}{8}$, $x=4$일 때 극댓값 $\frac{1}{8}$

4. (1) $x=\frac{3}{2}$일 때 최솟값 $-\frac{25}{4}$, $x=0$일 때 최댓값 -4
   (2) $x=2$일 때 최솟값 -16, $x=0$일 때 최댓값 0
   (3) $x=0$일 때 최솟값 1, $x=3$일 때 최댓값 $\sqrt{10}$
   (4) $x=0$일 때 최댓값 0, 최솟값은 존재하지 않음.

5. 가장 짧은 거리: 1, 가장 긴 거리: $\sqrt{26}$

6. $\left(\frac{7}{2}, \sqrt{\frac{7}{2}}\right)$

7. 1250

8. 40개, 400원

9. 최솟값 $157\mu g$ 최댓값 $525\mu g$

10. 160명

연습문제 3.7

1. (1) 극소점 $\left(-\frac{1}{5}, \frac{34}{5}\right)$, 변곡점 없음, 점근선 없음

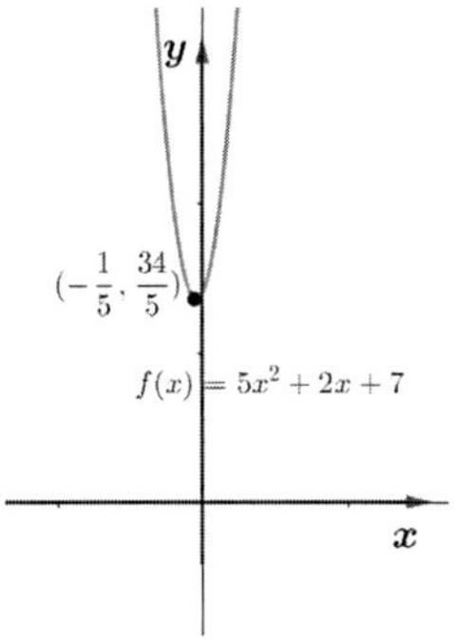

(2) 극점 없음, 변곡점 (0, 1), 점근선 없음

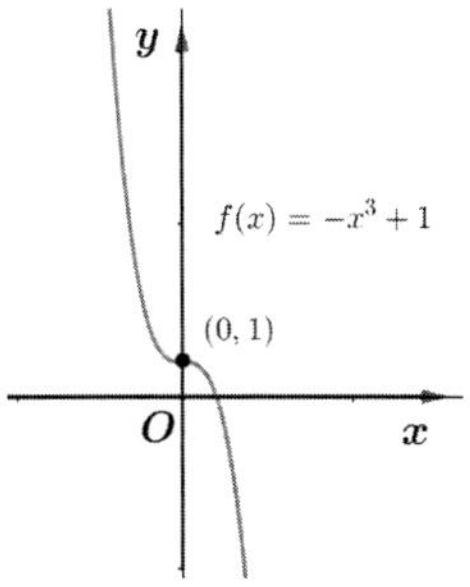

(3) 극대점 $(-1, 0)$, 극소점 $(1, -4)$, 변곡점 (0, -2), 점근선 없음.

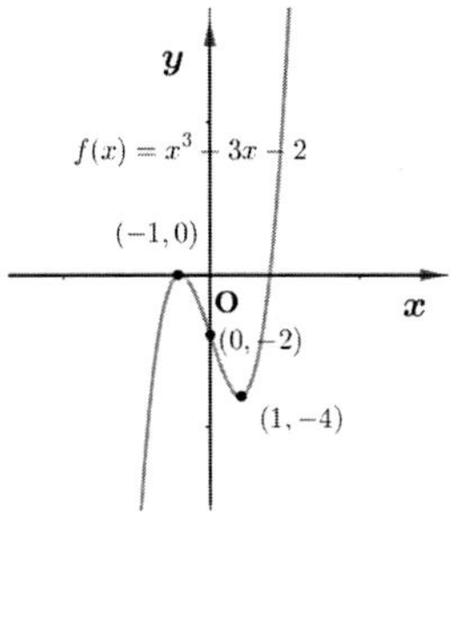

(4) 극대점 $(0,-2)$, 극소점 $(-\frac{\sqrt{2}}{2}, -\frac{9}{4})$, $(\frac{\sqrt{2}}{2}, -\frac{9}{4})$,

변곡점 $(-\frac{\sqrt{6}}{6}, -\frac{77}{36})$,$(\frac{\sqrt{6}}{6}, -\frac{77}{36})$, 점근선 없음

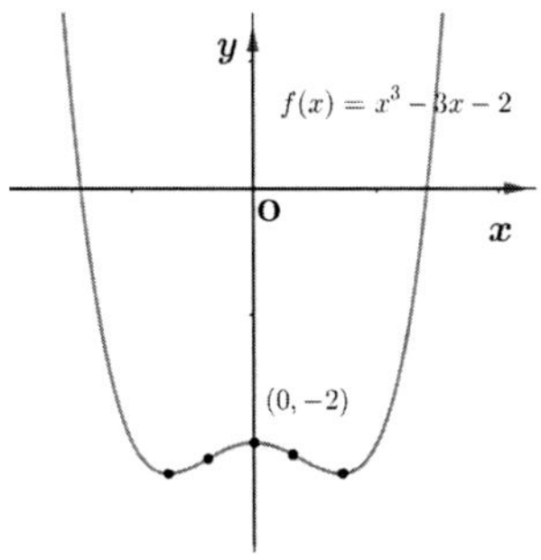

(5) 극대점 $(1, \frac{1}{e})$, 변곡점 $(2, \frac{2}{e^2})$, 수평점근선 $y=0$

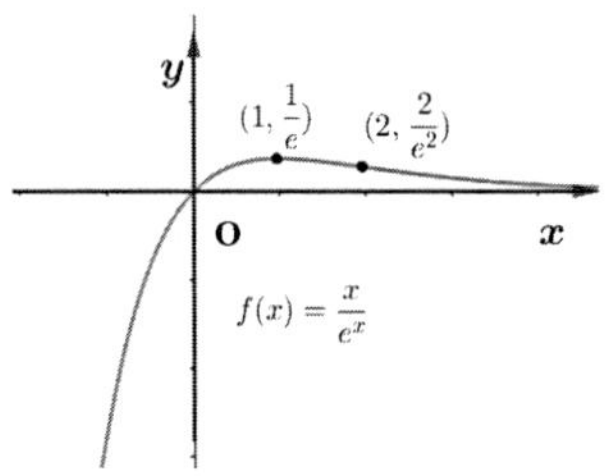

(6) 극대점 $(0,2)$, 변곡점 $(-\frac{\sqrt{3}}{3}, \frac{3}{2})$, $(\frac{\sqrt{3}}{3}, \frac{3}{2})$, 수평점근선 $y=0$

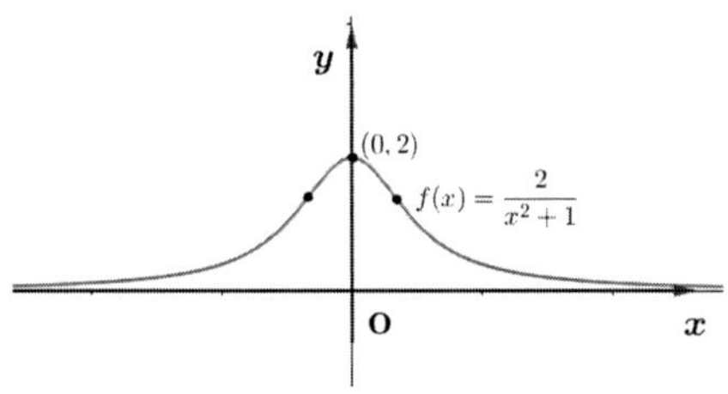

(7) 극대점 $(1, \frac{1}{4})$, 변곡점 $(2, \frac{2}{9})$, 수직점근선 $x=-1$, 수평점근선 $y=0$

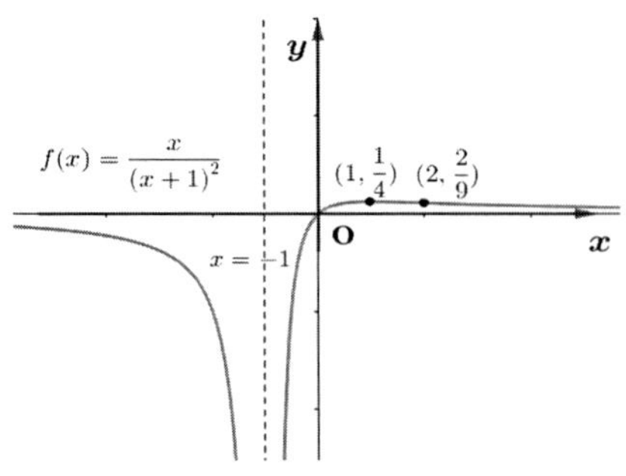

(8) 극대점$(-\sqrt{2}, \frac{3\sqrt{2}}{2})$, 극소점$(\sqrt{2}, \frac{5\sqrt{2}}{2})$, 점근선 $y=2x$, 수직점근선 $x=0$, 변곡점 없음,

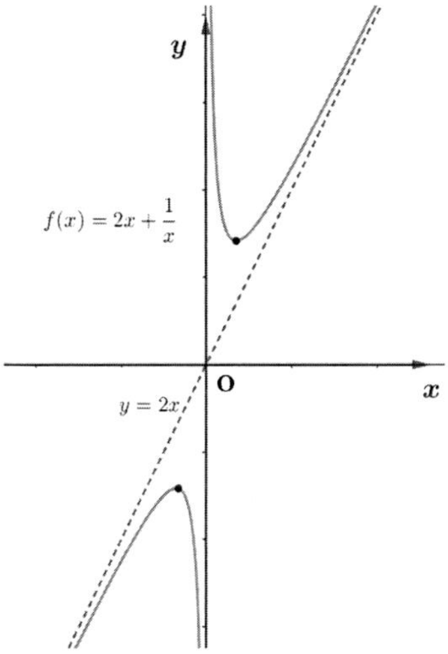

연습문제 3.8

1. 3

2. $\frac{1}{3}$

3. ∞

4. 0

5. ∞

6. 0

제4장 적분법

연습문제 4.1

1. (1) $3x+C$ (2) $2\pi t+C$ (3) $et+C$

(4) $3x^4+4x^2+C$ (5) $\frac{2}{3}x^3+\frac{3}{2}x^2-2x+C$ (6) $3x^4+4x^2+C$

(7) $3x^3+3x^2+x+C$ (8) $\frac{1}{3}x^3-8x+C$ (9) $6x\sqrt[3]{x}-12\sqrt{x}$

2. $F(x)=\frac{1}{3}x^3-\frac{3}{2}x^2+\frac{23}{6}$

3. (1) $\frac{1}{6}(2-x)^6+C$　(2) $\frac{1}{6}(x^2+3)^3+C$

(3) $\frac{1}{2}\ln|x^4-2x|+C$　(4) $\frac{e^{x^2}}{2}+C$

(5) $\ln(e^x+1)+C$　(6) $\frac{2\sqrt{x-3}(x+6)}{3}$

4. (1) $x^3e^x-3x^2e^x+6xe^x-6e^x+C$　(2) $x(\ln x)^2-2x\ln x+2x+C$

(3) $-(x^2+1)e^{-x}-2xe^{-x}-2e^{-x}+C$　(4) $-\frac{(\ln x)^2}{2x^2}-\frac{\ln x}{2x^2}-\frac{1}{4x^2}+C$

5. (1) $2\ln|x+5|-\ln|x-2|+C$　(2) $\frac{1}{2}x^2-x+2\ln|x+1|+C$

(3) $-\frac{3}{2}\ln|x+1|+\frac{3}{2}\ln|x-1|+C$

(4) $16\ln\left(\left|\frac{x-2}{x+2}\right|\right)+\frac{1}{5}x^5+\frac{4}{3}x^3+16x+C$

연습문제 4.2

1. (1) 8　(2) -1　(3) 10　(4) $-\frac{142}{3}$

2. (1) -4　(2) $\frac{8}{3}$　(3) $2\ln3+\frac{2}{3}$

(4) $\frac{43}{12}$　(5) $\ln2$　(6) $4\sqrt{3}-\frac{8}{3}$

3. $\frac{9}{4}-2\pi$

4. (1) $-\frac{3}{5}\sqrt{3}+\frac{16}{15}\sqrt{2}$ (2) $\frac{1}{5}\ln\frac{17}{5}$　(3) $\frac{1}{2}-\frac{1}{2e}$　(4) 5

5. (1) $\ln12-1$　(2) $4\ln\frac{27}{4}-4$　(3) e　(4) $\frac{3e^4}{2}$

연습문제 4.3

1. (1) $\frac{2}{3}$　(2) 9

2. $\frac{1}{3}Ah$

3. (1) $\frac{16}{15}\pi$　(2) $\frac{1023}{5}\pi$　(3) $\frac{1}{6}\pi\backslash$

4. $100\ln\left(\frac{4}{3}\right)+50$

제5장 다변수함수

연습문제 5.1

1. (1)

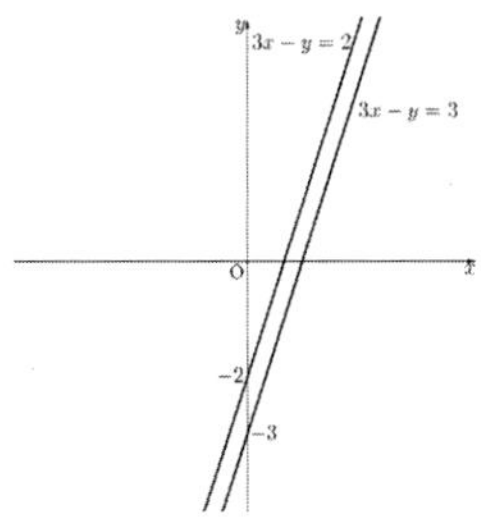

(2)

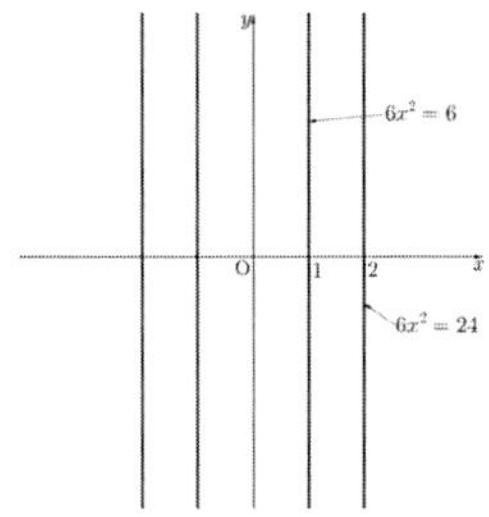

(3)

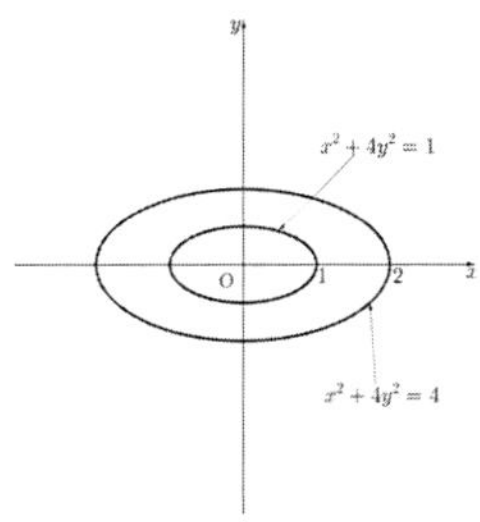

(4)

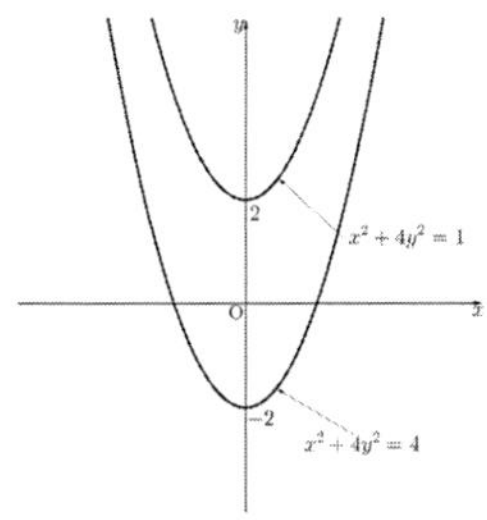

2. (1)

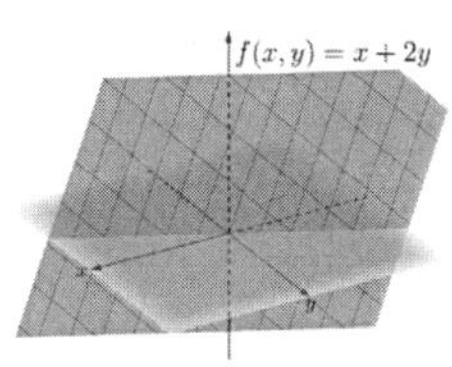

(2)

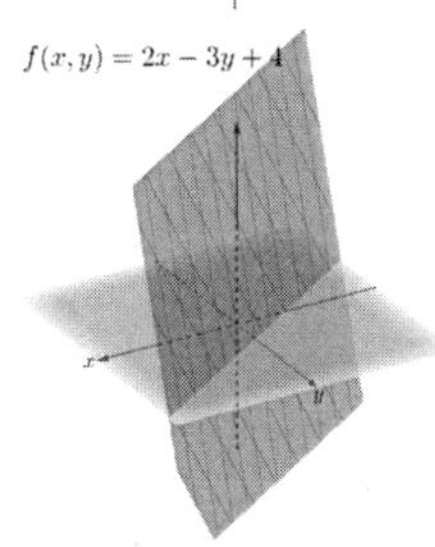

(3)

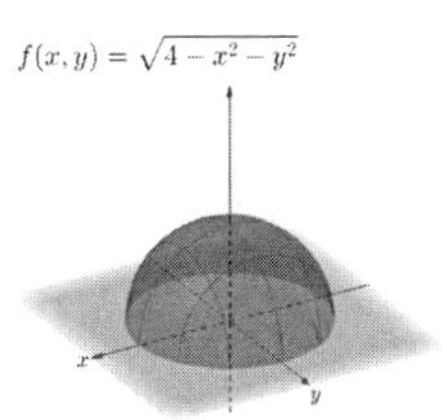

(4)

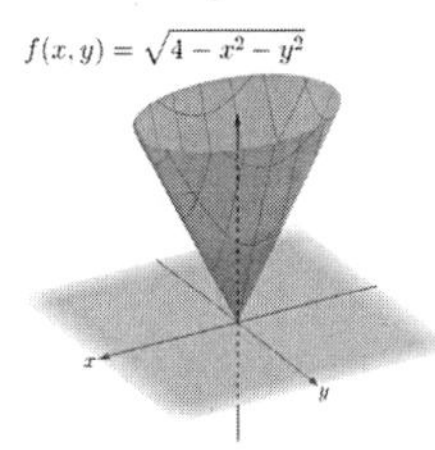

3. (1)

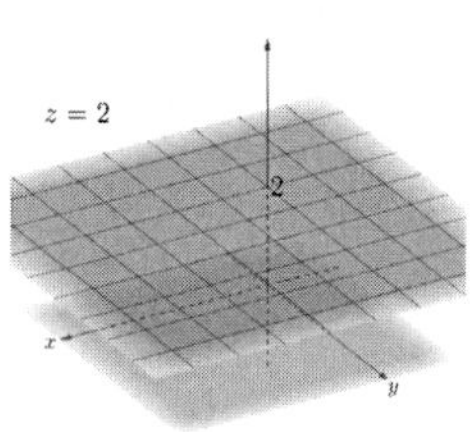

(2)

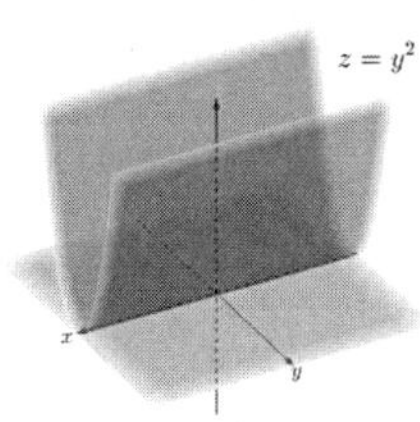

(3)

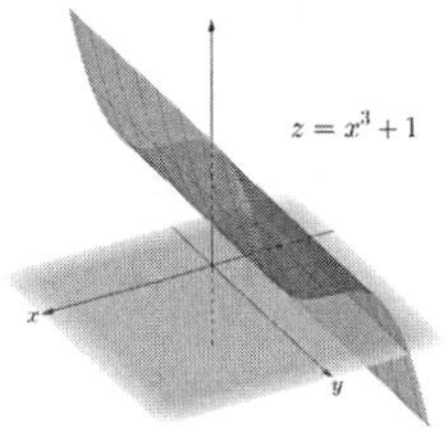

(4)

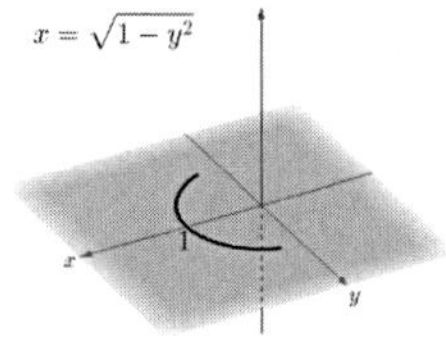

4. (1)

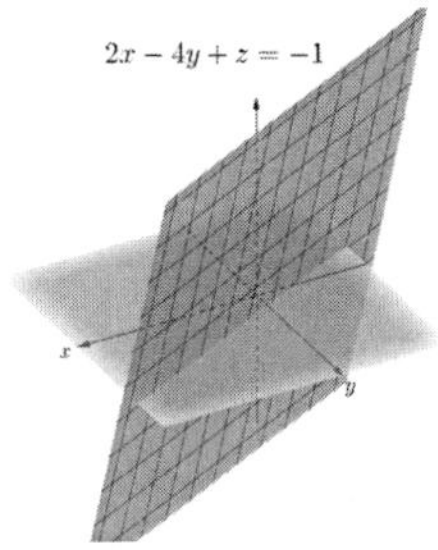

(2)

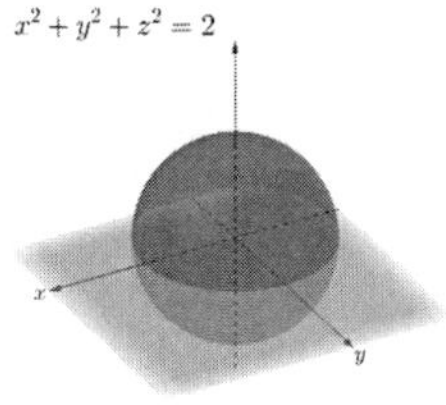

5. (1) 1 (2) 2 (3) 2 (4) 4

6. 1

7. (1) $\{(x, y, z) \mid z \neq 0\}$ (2) $\{(x, y) \mid (x, y) \neq (0, 0)\}$

연습문제 5.2

1. (1) $f_x = -2x,\ f_y = -8y$

(2) $\dfrac{\partial z}{\partial x} = \dfrac{-y}{|1+xy|\sqrt{xy(2+xy)}},\ \dfrac{\partial z}{\partial y} = \dfrac{-x}{|1+xy|\sqrt{xy(2+xy)}}$

(3) $\dfrac{\partial w}{\partial x} = e^x(\cos y + \sin z),\ \dfrac{\partial w}{\partial y} = -e^x \sin y,\ \dfrac{\partial w}{\partial z} = e^x \cos z$

(4) $\dfrac{\partial z}{\partial x} = yx^{y-1},\ \dfrac{\partial z}{\partial y} = x^y \ln x$

(5) $\dfrac{\partial z}{\partial x} = yx^{y-1},\ \dfrac{\partial z}{\partial y} = x^y \ln x$

(6) $\dfrac{\partial w}{\partial x} = \dfrac{1}{x+2y+3z},\ \dfrac{\partial w}{\partial y} = \dfrac{2}{x+2y+3z},\ \dfrac{\partial w}{\partial z} = \dfrac{3}{x+2y+3z}$

2. (1) $f_{xx} = 12x^2y - 12xy^2,\ f_{xy} = 4x^3 - 12x^2y,\ f_{yx} = 4x^3 - 12x^2y,\ f_{yy} = -4x^3$

(2) $f_{xx} = \dfrac{y^2}{(x^2+y^2)\sqrt{x^2+y^2}},\ f_{xy} = -\dfrac{y}{(x^2+y^2)\sqrt{x^2+y^2}},$

$f_{yx} = -\dfrac{x}{(x^2+y^2)\sqrt{x^2+y^2}},\ f_{xx} = \dfrac{x^2}{(x^2+y^2)\sqrt{x^2+y^2}}$

3. (1) $12xy$ (2) $6x^2 + 9y^2$ (3) $12y$ (4) $18y$ (5) 72 (6) 105

4. (1) $f_{xy} = -z\sin xy - xyz\cos xy,\ f_{yx} = -z\sin xy - xyz\cos xy$

(2) $f_{xy} = \dfrac{-xy}{(x^2+y^2)\sqrt{x^2+y^2}}$, $f_{yx} = \dfrac{-xy}{(x^2+y^2)\sqrt{x^2+y^2}}$

5. $c=-1$

6. $\dfrac{\partial x}{\partial p}=-5$, $\dfrac{\partial y}{\partial p}=2$

연습문제 5.3

1. (1) $\dfrac{dz}{dt}=\pi\left(\dfrac{ye^{\pi t}+3xe^{-\pi t}}{(x+2y)^2}\right)$　　(2) $\dfrac{dz}{dt}=\dfrac{12xe^{2t}+y^2t^{-\frac{2}{3}}}{3x^2+y^3}$

2. (1) $\dfrac{\partial z}{\partial u}=5v(x-y)^4(2u-v)$, $\dfrac{\partial z}{\partial v}=5u(x-y)^4(u-2v)$

(2) $\dfrac{\partial z}{\partial u}=2xe^{x^2y}\left(\dfrac{yv}{\sqrt{uv}}-\dfrac{x}{u^2}\right)$, $\dfrac{\partial z}{\partial v}=\dfrac{2xye^{x^2y}u}{\sqrt{uv}}$

3. $\dfrac{dw}{dt}=e^{\frac{y}{z}}\left(2t-\dfrac{x}{z}-\dfrac{2xy}{z^2}\right)=\dfrac{t(4t^2+5t+2)}{(1+2t)^2}e^{\frac{1-t}{1+2t}}$

4. $\dfrac{\partial w}{\partial \alpha}=e^{yz}(2\alpha\beta+xz\beta^2+xy\gamma^2)=\alpha\beta e^{\alpha^2\beta^2\gamma^2}(2+\alpha^2\beta^2\gamma^2+\alpha^2\beta^2\gamma^2)$,

$\dfrac{\partial w}{\partial \beta}=e^{yz}(\alpha^2+2xz\beta\alpha)=\alpha^2e^{\alpha^2\beta^2\gamma^2}(1+2\alpha^2\beta^2\gamma^2)$, $\dfrac{\partial w}{\partial \gamma}=2e^{yz}xy\gamma\alpha=2\alpha^4\beta^3\gamma e^{\alpha^2\beta^2\gamma^2}$

5. (1) $\dfrac{dy}{dx}=\dfrac{x-2y}{2x-y}$　　(2) $\dfrac{dy}{dx}=-\sqrt[3]{\dfrac{y}{x}}$

제6장 행렬과 행렬식

연습문제 6.1

1. $A^T=\begin{bmatrix}1 & 2\\ -1 & 2\end{bmatrix}$, $A+2B=\begin{bmatrix}1-2 & -1+2\\ 2+0 & 2-6\end{bmatrix}=\begin{bmatrix}-1 & 1\\ 2 & -4\end{bmatrix}$

2. $(A+A^T)^T=A^T+(A^T)^T=A^T+A=A+A^T$

3. $AB=\begin{bmatrix}1 & 2\\ 3 & -1\end{bmatrix}\begin{bmatrix}2 & 0\\ 1 & 1\end{bmatrix}=\begin{bmatrix}2+2 & 0+2\\ 6-1 & 0-1\end{bmatrix}=\begin{bmatrix}4 & 2\\ 5 & -1\end{bmatrix}$,

$BA=\begin{bmatrix}2 & 0\\ 1 & 1\end{bmatrix}\begin{bmatrix}1 & 2\\ 3 & -1\end{bmatrix}=\begin{bmatrix}2+0 & 4+0\\ 1+3 & 2-1\end{bmatrix}=\begin{bmatrix}2 & 4\\ 4 & 1\end{bmatrix}\neq AB$

4. $XA=\begin{bmatrix}1 & 1 & 0\end{bmatrix}\begin{bmatrix}1 & 2 & 3\\ 1 & 0 & 1\\ 1 & 2 & 1\end{bmatrix}=\begin{bmatrix}1+1 & 2+0 & 3+1\end{bmatrix}=\begin{bmatrix}2 & 2 & 4\end{bmatrix}$

5. (1) $A=\begin{bmatrix} a & b \\ c & d \end{bmatrix}$, $B=\begin{bmatrix} x & y \\ z & w \end{bmatrix}$라고 하면 $A-2B$ 와 $A-B$ 성분에서

$a-2x=1$와 $a-x=2$ 에서 $x=1$이고 $a=3$. $A=\begin{bmatrix} 3 & 0 \\ 3 & -3 \end{bmatrix}$, $B=\begin{bmatrix} 1 & -1 \\ 2 & -2 \end{bmatrix}$

(2) $A=\begin{bmatrix} 2 & -1 \\ 2 & 2 \end{bmatrix}$, $B=\begin{bmatrix} 1 & 1 \\ 1 & -1 \end{bmatrix}$

6. A가 정사각행렬일 때 $B=A+A^T$, $C=A-A^T$ 라고 하면 B는 대칭행렬이고 C는 교대행렬이 된다. 이 때 $A=\frac{1}{2}B+\frac{1}{2}C=\frac{1}{2}(A+A^T)+\frac{1}{2}(A-A^T)$.

7. $A^2=\begin{bmatrix} 0 & 0 & 1 \\ 0 & 0 & 0 \\ 0 & 0 & 0 \end{bmatrix}$이고 $A^3=A^4$은 영행렬(zero matrix)

8. (1) $(AB)C=\begin{bmatrix} 1 & 0 \\ 0 & 0 \end{bmatrix}\begin{bmatrix} 1 & 3 \\ 3 & 1 \end{bmatrix}=\begin{bmatrix} 1 & 3 \\ 0 & 0 \end{bmatrix}$ 이고 $A(BC)=\begin{bmatrix} 1 & 2 \\ 1 & 1 \end{bmatrix}\begin{bmatrix} -1 & -3 \\ 1 & 3 \end{bmatrix}=\begin{bmatrix} 1 & 3 \\ 0 & 0 \end{bmatrix}$

(2) $(AB)C=\begin{bmatrix} 16 & 2 & 0 \\ 0 & 3 & 0 \end{bmatrix}\begin{bmatrix} 1 & 0 \\ 3 & 0 \\ 1 & 5 \end{bmatrix}=\begin{bmatrix} 22 & 0 \\ 9 & 0 \end{bmatrix}$ 이고 $A(BC)=\begin{bmatrix} 2 & 4 & 2 \\ 3 & 0 & -1 \end{bmatrix}\begin{bmatrix} 4 & 0 \\ 2 & 0 \\ 3 & 0 \end{bmatrix}=\begin{bmatrix} 22 & 0 \\ 9 & 0 \end{bmatrix}$

연습문제 6.2

1. (1) -20 (2) 5 (3) 24 (4) 24 (5) 40 (6) 45

2. $\begin{vmatrix} 1 & x_1 & x_1^2 & x_1^3 \\ 1 & x_2 & x_2^2 & x_2^3 \\ 1 & x_3 & x_3^2 & x_3^3 \\ 1 & x_4 & x_4^2 & x_4^3 \end{vmatrix}=\begin{vmatrix} 1 & x_1 & x_1^2 & x_1^3 \\ 0 & x_2-x_1 & x_2^2-x_1^2 & x_2^3-x_1^3 \\ 0 & x_3-x_1 & x_3^2-x_1^2 & x_3^3-x_1^3 \\ 0 & x_4-x_1 & x_4^2-x_1^2 & x_4^3-x_1^3 \end{vmatrix}=\begin{vmatrix} x_2-x_1 & x_2^2-x_1^2 & x_2^3-x_1^3 \\ x_3-x & & \end{vmatrix}$

찾아보기

(ㅈ)

(ㅊ)

(ㅍ)

(ㅎ)

(기호)

수학교재편찬위원회 (가나다순)

강윤수 · 김권욱 · 김민주 · 김방옥 · 김이슬 · 박희숙 · 신향근
양기열 · 유시순 · 이혁준 · 임미란 · 정권수 · 정수연

경상 · 인문계열을 위한 **대학수학**

초판 발행 2019년 8월 20일
초판 2쇄 발행 2023년 10월 10일

지은이 수학교재편찬위원회
펴낸이 오판근
펴낸곳 (주) 교우
주 소 서울시 동대문구 약령시로 8 교우빌딩 2층 (주)교우
전 화 02-925-2861 / **팩 스** 02-925-2860. **편집부** 02-925-2825
홈페이지&북스토어 www.kyowoo.co.kr / 이메일 kyowoo@kyowoo.co.kr

등 록 1994년 3월 24일 제1994-000013호
ISBN ISBN 979-11-251-0295-3 (93410)

Published by Kyowoo Co., Ltd. Printed in Korea

값 20,000원

교우미디어는 (주) 교우의 Imprint 사입니다.
수학정원·과학정원은 (주) 교우의 새로운 브랜드명입니다.